Luciano Rezzolla

Die unwiderstehliche Anziehung
der Schwerkraft

Luciano Rezzolla

Die unwiderstehliche Anziehung der Schwerkraft

Eine Entdeckungsreise zu den
Schwarzen Löchern

*Aus dem Italienischen
von Enrico Heinemann*

C.H.Beck

Titel der italienischen Originalausgabe:
«L'irresistibile attrazione della gravità. Viaggio alla scoperta dei buchi neri»
Copyright © 2020 Luciano Rezzolla
Published by arrangement with The Italian Literary Agency

Zuerst erschienen 2020 bei Rizzoli da Mondadori Libri S.p.A., Mailand

Mit 38 Schwarz-Weiß-Abbildungen
und 16 Abbildungen in Farbe

Für die deutsche Ausgabe:
© Verlag C.H.Beck oHG, München 2021
www.chbeck.de
Umschlaggestaltung: geviert.com, Christian Otto
Umschlagabbildung: © Shutterstock
Satz: Fotosatz Amann, Memmingen
Druck und Bindung: Druckerei C.H.Beck, Nördlingen
Gedruckt auf säurefreiem und alterungsbeständigem Papier
Printed in Germany
ISBN 978 3 406 77520 8

myclimate
klimaneutral produziert
www.chbeck.de/nachhaltig

Für Emilia und Domenico,
der unleugbare Ursprung von allem

Solange es Vorstellungskraft gibt, gibt es Fragen.
Solange es Fragen gibt, ist Hoffnung.

Inhalt

Der Beginn der Reise

Die Schwerkraft zieht an: Um dieses so selbstverständliche Phänomen hervorzuheben, braucht es nicht erst dieses Buch. Weniger selbstverständlich ist, dass die Gravitation, noch bevor wir sie als eine physikalische Wechselwirkung wahrnehmen, unsere Aufmerksamkeit auf sich zieht und unsere Fantasie beflügelt. Kaum geboren, wenn wir noch keinen bewussten Bezug zum physischen Universum entwickelt haben, sind wir schon mit einem instinktiven Gespür für sie ausgestattet, das dafür sorgt, dass wir sie als die einzige der vier Grundkräfte der Physik für den Rest unseres Lebens bewusst erfahren. Und der wir uns häufig zu entziehen versuchen.

Ich habe dieses Buch aus dem Bedürfnis heraus geschrieben, Ihnen zu erklären, was die Schwerkraft ist und warum wir uns – auch nur auf unbewusster Ebene – von ihr unwiderstehlich angezogen fühlen. Dazu lade ich Sie zu einer gemeinsamen Reise mit mir durch den Makrokosmos und insbesondere in die Gefilde der Physik ein, die uns Einsteins revolutionäre Gravitationstheorie, die Allgemeine Relativitätstheorie, offenbart hat. Diese Reise, die natürlich virtuell stattfindet, führt uns an einen Ort ohne Grenzen – ins Reich der grundlegenden Fragen, die sich die Menschheit stellt. Wie hinter allen Reisen steht auch hinter ihr das ehrgeizige Anliegen, die eigene Weltsicht zu bereichern, Horizonte zu erweitern und am Ende zu entdecken, dass wir im Lernen weitergekommen sind. Ich kann mit Bestimmtheit sagen, dass sich für mich dies alles mit der Arbeit an diesem Buch erfüllt hat.

Auf der Route, die ich Ihnen vorschlage, versuche ich die tückischen Gewässer von Gelehrtheit und Fachwissen nach Kräften zu umschiffen. Stattdessen steuern wir mit der Intuition als unserem Kompass und der Vorstellungskraft als unserem Polarstern auf die hohe See hinaus. Auf unserer Fahrt legen wir auch einige Zwischenstationen ein, um etwas Atem zu schöpfen angesichts der Begriffe, die ich in jedem

Kapitel einführe, aber vor allem wegen der Ruhe, um einige einfache, aber mitnichten banale Fragen zu beantworten wie zum Beispiel:

Warum fällt ein Apfel vom Baum herab, anstatt in der Luft zu schweben? Was ist die Raumzeit? Worin besteht ihre Krümmung, und wie kommt sie zustande? Kann man die Zeit krümmen? Wie funktioniert ein Schwarzes Loch, und wie können wir eines «konstruieren»? Wie kann man es fotografieren, wenn es kein Licht ausstrahlt? Was sind Gravitationswellen, und warum sind sie schwierig zu messen?

Wie bei jeder Reise tut man gut daran, sich vorzubereiten, zu wissen, was einen erwartet, und das in die Koffer zu packen, was unterwegs von Nutzen ist. Ich nehme mit, was ich in dreißig Jahren der Beschäftigung mit der Gravitation und insbesondere mit denjenigen ihrer Aspekte gelernt habe, die untrennbar mit der Astrophysik der Schwarzen Löcher, der Neutronensterne und der Gravitationswellen zusammenhängen. Die Lehren aus diesen Jahrzehnten haben dazu geführt, dass ich Vorhersagen getroffen und Entdeckungen gemacht habe. Die zeitlich letzte Errungenschaft in der Reihe – im April 2019 – ist der Zusammenarbeit mit dem Event Horizon Telescope (EHTC) zu verdanken: die erste Aufnahme eines supermassenreichen Schwarzen Lochs. Was Ihr Gepäck angeht, darf es leichter sein und muss nur zwei unverzichtbare Dinge enthalten: ein reichhaltiges Maß an Vorstellungskraft und einen guten Vorrat an Geduld. Ersteres hilft Ihnen, die Antworten zu finden, die «wir vom Fach» aus den Gleichungen herauslesen. Letzteres ist dagegen deshalb von Nutzen, weil nicht alles, was ich schreibe, auf Anhieb klar sein wird. Nicht alles, was Sie lesen, wird Ihnen unmittelbar einleuchten. Vielleicht erscheint es Ihnen sogar aberwitzig. Aber wenn Sie sich mit Fantasie und Geduld wappnen, dürfen Sie sicher sein, dass Sie auf sämtliche oben aufgeworfene Fragen eine Antwort bekommen und verstehen, welche Rolle die Begriffe Raumzeit und Raumkrümmung bei einer Erklärung spielen, was Gravitation, diese geheimnisvolle und uns alle anziehende Kraft, eigentlich ist.

Ausgehend von dem irrationalen Instinkt der Neugeborenen, führt uns unsere Reise zu den Gestaden der reinen Verblüffung, wenn wir verstehen, was es mit der Schwerkraft tatsächlich auf sich hat und wie einige ihrer seltsamsten Ausdrucksformen wie Neutronensterne und Schwarze Löcher funktionieren.

1

Die Schwerkraft ... zieht an

Wie schon angedeutet, ist die Überschrift über dieses Kapitel in einem weniger banalen Sinn zu verstehen, als es auf den ersten Blick vielleicht erscheint. Ich möchte nicht schlicht die Existenz einer physikalischen «Kraft» bestätigen, die zwischen zwei mit Masse versehenen Objekten wirkt und dafür sorgt, dass sie sich auch über große Entfernungen hinweg wechselseitig anziehen. Im Gegenteil entdecken wir in Kapitel 3, dass diese Vorstellung, so verbreitet und einleuchtend sie auch sein mag, in Wirklichkeit unzutreffend ist und zumindest teilweise in die Irre führt. Vielmehr hebe ich hervor, dass es etwas – eben die Schwerkraft – gibt, das uns in einem übertragenen Sinn anzieht und vor allem unsere Aufmerksamkeit auf sich lenkt. Die Gravitation übt nicht nur auf die physischen Objekte, sondern auch auf unsere Vorstellungskraft eine unwiderstehliche Anziehung aus. Sie kann unserer Fantasie radikal neue, bislang völlig ungewohnte Horizonte eröffnen und uns Panoramen erschließen, die sich bis weit über unsere Alltagserfahrung hinaus erstrecken.

Aber gehen wir schrittweise vor. Für eine etwas bessere Definition, was Gravitation ist, untergliedere ich die Kenntnis, die wir von ihr haben, oder unseren Bezug zu diesem Begriff, in drei verschiedene Ebenen, die aber miteinander verbunden sind. Im Einzelnen können wir sagen, dass wir von der Schwerkraft eine *instinktive*, eine *rationale* und schließlich eine *imaginative* Kenntnis haben.

Schauen wir uns gemeinsam an, worum es sich handelt und wie sich diese Ebenen voneinander unterscheiden.

Instinktive Kenntnis

Wie allseits bekannt, ist der Instinkt ein natürlicher und angeborener Antrieb, der ohne das Zutun von Verstand oder Nachdenken ein bestimmtes Verhalten auslöst. Ein Beispiel sind Reaktionen wie die, den Kopf einzuziehen, wenn uns unversehens ein lautes und nicht zuzuordnendes Geräusch erschreckt. So formuliert, ist schwer nachzuvollziehen, wieso wir zur Schwerkraft einen instinktiven oder irrationalen Bezug haben sollen. Und doch ist dem so.

Wer einmal mit einem Neugeborenen zu tun hatte, hat vielleicht selbst schon den *Moro-Reflex* beobachtet, der nach dem österreichischen Kinderarzt Ernst Moro (1874–1951) benannt ist. Dieser zählt zu den wichtigsten Reflexen von Säuglingen und wird ausgiebig dazu genutzt, um die Funktionstüchtigkeit des Zentralen Nervensystems zu beurteilen. Um ihn auszulösen, hebt man das Neugeborene schon wenige Sekunden nach der Geburt in eine waagrechte Lage und lässt es sanft, aber schnell nach unten sinken. Auf diesen «gefühlten» Verlust seines Halts reagiert der Säugling, indem er auf der Suche nach etwas, an dem er sich festklammern kann, die Arme ausstreckt und die Finger ausspreizt, wie Abbildung 1.1 zeigt.

Aus medizinischer Sicht ist dieser auftretende Reflex ein wichtiger Hinweis darauf, dass das Zentrale Nervensystem des Neugeborenen physiologisch einwandfrei funktioniert. Deswegen sind wir alle einst dieser Überprüfung unterzogen worden. Wer ihr als Elternteil beigewohnt hat – ich schon dreimal –, kennt sehr gut die sich einstellende Erleichterung, wenn das eigene Kind auf den Reiz richtig reagiert.

Aus anthropologischer Sicht erinnert der Moro-Reflex an unsere Vergangenheit als Primaten, als wir aller Wahrscheinlichkeit nach jederzeit bereit sein mussten, uns an den Schultern unserer Mütter festzuklammern, wenn die Reise weiterging. Aber was hier mehr interessiert, ist die Bedeutung aus physikalischer Sicht. Dass dieser Instinkt schon wenige Sekunden nach der Geburt – wenn wir, noch ganz hilflos, von der Welt um uns herum nichts wissen – in Erscheinung tritt, offenbart tatsächlich etwas Bedeutendes dazu, wie wir auf die Schwerkraft reagieren: Wir sind instinktiv mit ihr vertraut, noch ehe wir mit dem übrigen physischen Universum in eine bewusste Interaktion treten. Nach neun bequem verbrachten Monaten im Mutterleib, in dem wir

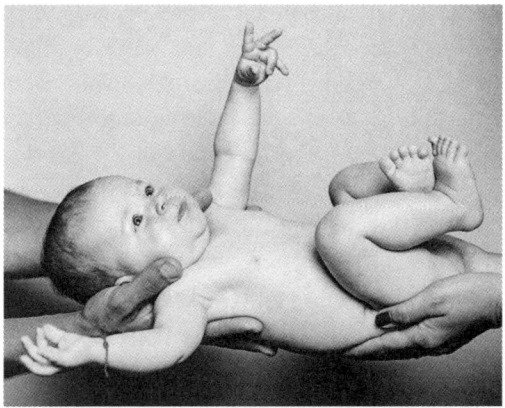

Abb. 1.1: Ein Beispiel für den Moro-Reflex: Ein Neugeborenes reagiert instinktiv auf den Verlust des Halts, streckt die Arme aus und versucht, sich an etwas festzuklammern, um seinen Sturz aufzuhalten.

fast gegen alles abgeschottet waren, können wir urplötzlich auf die Schwerkraft reagieren. Das ist keine Kleinigkeit.

Der Moro-Reflex verschwindet nach ungefähr sechs Lebensmonaten. Auch wenn unsere Kenntnis der Schwerkraft teilweise instinkthaft bleibt, verändert sie sich folglich mit der Zeit, wenn wir unsere Fähigkeit weiterentwickeln, das physische Universum zu beobachten und seine Gesetze zu verstehen.

Rationale Kenntnis

Je mehr wir unsere Welterfahrung erweitern und unsere geistigen Fähigkeiten verfeinern, desto stärker verschiebt sich unsere Kenntnis der Schwerkraft weg vom Instinktiven hin zum Rationalen. Sie wird zu einem festen Teil der Erwartungen, die wir den Abläufen in der Welt um uns herum entgegenbringen. Klar nachgewiesen wurde dies anhand einfacher visueller Experimente mit Kleinkindern, denen Trickfilme gezeigt wurden. Obwohl manche der kleinen Probanden noch nicht einmal laufen konnten, zeigten sie schon die Fähigkeit, die Bewegung eines dinglichen Objekts so zu interpretieren, dass ein Schwerefeld auf es einwirkt. Das klassische Beispiel ist eine Kugel, die über einen Tisch rollt. Die Kinder reagieren – mit Mimik und Augenbewegungen – unterschiedlich, je nachdem, ob die Kugel, wenn sie den Tischrand erreicht hat, entweder herunterfällt oder ihre Bewegung unverändert fortsetzt oder sogar davonfliegt. Dies bestätigt einmal mehr, wie tief die Kenntnis der Gravitation als einer «Kraft» in unserem Verstand verankert ist.

Sie spielt eine grundlegende Rolle bei unserer rationalen Wahrnehmung der Welt, und ebendieser tiefgreifenden Prägung verdankt unser Gehirn seine Fähigkeit, selbst komplexe Probleme, die mit Bewegungsabläufen zu tun haben, in kürzester Zeit – und im Grunde mühelos – zu lösen. Ein einfaches Beispiel ist die Aufgabe, eine Treppe hinabzueilen. Sie stellt Wissenschaftler, die Roboter programmieren, vor größte (und bislang noch unbewältigte) Herausforderungen, aber wir Menschen werden mit ihr fertig, ohne uns überhaupt bewusst mit ihr auseinanderzusetzen. Dabei ist es alles andere als einfach, zu ermitteln, in welcher Abfolge und mit welcher Geschwindigkeit wir die einzelnen Bewegungen ausführen müssen, ohne dass dabei das labile Gleichgewicht zwischen der Gravitation und den verschiedenen anderen einwirkenden Kräften aus der Balance gerät.

Und schließlich hat die Schwerkraft noch eine weitere Eigenschaft, über die sich ein Nachdenken lohnt: ihre Fähigkeit, unsere Fantasie zu beflügeln.

Imaginative Kenntnis

Wenn klar ist, dass wir von der Gravitation eine zugleich instinktive und rationale Kenntnis haben, dann leuchtet wohl ebenso klar ein, dass sie auch auf unsere Fantasie eine unwiderstehliche Anziehungskraft ausübt. Eben weil wir unser gesamtes Leben in einem Schwerefeld zubringen und ihm unterworfen sind, faszinieren uns Szenarien, in denen die Gravitation nur schwach wirkt oder ganz aufgehoben ist. Wer hätte noch nie davon geträumt, sich von einer hohen Felsklippe oder vom Gipfel eines Berges in die Tiefe zu stürzen und ... davonzufliegen? Wer hätte sich noch nie vorgestellt, als Astronaut an Bord der internationalen Raumstation oder als Figur in einem Science-Fiction-Film schwerelos dahinzugleiten. Mir passiert dies oft ... Mit anderen Worten, die Gravitation zieht unsere Aufmerksamkeit auf sich und beflügelt unsere Fantasie, gerade deshalb, weil sie die einzige «Kraft» ist, die wir bewusst erleben und von der wir wissen, wie schwierig es ist, uns ihr zu entziehen. Was, wenn nicht die Fantasie, trieb Newton und später Einstein dazu an, die Gesetze, die die Schwerkraft regieren – auf ganz unterschiedlich Art –, zu erklären?

Auch wenn es für die gewaltige Anziehungskraft, die die Gravitation auf unsere Fantasie ausübt, vielfältige Beispiele gibt, beschränke ich mich auf ein einziges, das ich repräsentativ und leicht nachvollziehbar finde. 2013 drehte der Regisseur Alfonso Cuarón den Film mit dem symbolträchtigen Titel *Gravity*. In den annähernd zwei Stunden, die er dauert, ist von nichts anderem als von der Schwerkraft oder, besser, von deren Abwesenheit die Rede. Aber nur wenige wissen, dass *Gravity* unter den im Herbst herausgekommenen Filmen am ersten Wochenende einen neuen Einnahmenrekord aufstellte. Selbst wenn dieser Erfolg vor allem den beiden Superstars Sandra Bullock und George Clooney in den Hauptrollen zu verdanken sein könnte, spielte meiner Meinung nach dabei auch eine entscheidende Rolle, dass wir uns – ob wir wollen oder nicht – der Schwerkraft und ihrer unwiderstehlichen Faszination nicht entziehen können.

Eine von vier, aber so ganz anders als die anderen

Dies führt uns denn auch zu der Rolle, welche die Schwerkraft innerhalb unseres Naturverständnisses spielt. Wie uns die moderne Physik lehrt, gibt es fundamentale Wechselwirkungen oder Grundkräfte der Physik, die im Kern alle Abläufe im Universum beschreiben: die *elektromagnetische*, die *starke*, die *schwache* und die *gravitative Kraft*.

Der ersten, der elektromagnetischen Wechselwirkung, verdanken Sie es unter anderem, dass Sie dieses Buch lesen können, unabhängig davon, welches Format Sie nutzen. Tatsächlich breiten sich von der Seite, auf die Sie schauen, elektromagnetische Wellen (Photonen oder, einfacher, Licht) aus, die unter anderem auch auf die Netzhaut Ihrer Augen treffen. Dort werden sie in elektrische Signale umgewandelt und über den Sehnerv bis ins Gehirn weitergeleitet, das sie – dank einer vielfältigen Kombination aus elektrischen und chemischen Abläufen –

in die Worte übersetzt, die Sie soeben gelesen haben. Die elektromagnetische Wechselwirkung ist zudem dafür verantwortlich, dass sich die Moleküle, aus denen wir bestehen, verbinden und zusammenhalten können. Ohne sie würden wir als Menschen gar nicht existieren, und unsere Grundbausteine würden sich wie Papierfetzen im Wind zerstreuen. Die Theorien zu dieser Kraft sind wohlbekannt, sowohl in der klassischen Physik (wo die Maxwell-Gleichungen herrschen) als auch in der Quantenphysik, die zur Beschreibung der Elementarteilchen gebraucht wird (mit der Theorie der Quantenelektrodynamik, QED).

Die zweite, die starke Wechselwirkung entfaltet sich dagegen auf der kleinsten uns zugänglichen Skala der Natur, in einer Größenordnung von wenigen Fermi (oder Femtometer): die einiger tausendstel milliardstel Millimeter. Rund hundert Mal stärker als die elektromagnetische wirkt diese Grundkraft der Physik zwischen *Quarks*, also den Teilchen, die zu den Grundbausteinen von Elementarteilchen wie Protonen und Neutronen gehören. Tatsächlich findet diese Wechselwirkung auch auf etwas größeren Skalen statt, nämlich im Inneren der Atomkerne (die im Allgemeinen eine Ausdehnung in der Größenordnung um 10 Fermi haben), wo sie als *starke Atomkraft* bezeichnet wird. In beiden Fällen wird die starke Wechselwirkung durch unterschiedliche Teilchen vermittelt: Im ersten Fall durch sogenannte *Gluonen* und bei der starken Atomkraft durch *Pionen*. Die starke Wechselwirkung ist gleichsam der Leim, der die Atomkerne zusammenhält, von den kleinsten (denen des Wasserstoffs) bis zu den größten (zum Beispiel denen des Urans). Zudem beherrscht sie die sich einstellende Dynamik, wenn zwei Protonen mit nahezu Lichtgeschwindigkeit aufeinandergeschossen werden oder wenn ein Neutronenstern entsteht (wovon im Einzelnen noch in Kapitel 5 die Rede sein wird). Die ausgefeilte Theorie, die diese Wechselwirkung beschreibt, wird als *Quantenchromodynamik* (QCD) bezeichnet. Leider ist es wegen der Komplexität dieser Theorie und der sie beschreibenden Gleichungen häufig schwierig, präzise Vorhersagen zu treffen, insbesondere dann, wenn wie bei den Neutronensternen hohe Energien oder eine große Anzahl an Teilchen beteiligt sind.

Die dritte, die schwache Wechselwirkung, ist für den radioaktiven Zerfall mancher Atomkerne verantwortlich und wirkt zwischen *Leptonen* – eine Klasse von Teilchen, zu der auch die Elektronen als die sicherlich «vertrautesten» der Gruppe gehören – und Quarks. Ihr ist es zu verdanken, dass *Neutrinos* – ultraleichte Teilchen, die bei hoher Dichte und Temperatur aus Materie wie im Zentrum der Sonne entstehen – mit den Protonen und Neutronen, aus denen auch wir bestehen, nur selten (also «schwach») wechselwirken. Es sei daran erinnert, dass eben in diesem Moment Milliarden Neutrinos, die rund acht Minuten zuvor in der Sonne freigesetzt wurden und fast mit Lichtgeschwindigkeit bis zu uns gelangt sind, durch unseren Körper hindurchsausen. Davon «spüren» wir deshalb nichts, weil diese Teilchen mit der gewöhnlichen *(hadronischen)* Materie, aus der wir bestehen, eben nur schwach wechselwirken. Anders gesagt, gibt es wenig Grund zur Sorge: Für Neutrinos sind wir im Grunde durchlässig. Die ausgefeilte Theorie, die die schwache Wechselwirkung beschreibt, lässt sich, wie nachgewiesen wurde, mit der des Elektromagnetismus zu einer einheitlichen zusammenfassen: zu der der sogenannten *elektroschwachen Wechselwirkung.*

Und so kommen wir schließlich zur vierten, der gravitativen Wechselwirkung. Noch ist es nicht an der Zeit, im Einzelnen zu erklären, worin sie besteht und wie sie mit einem der scharfsinnigsten und elegantesten Konzepte der theoretischen Physik zusammenhängt: der Krümmung der Raumzeit. Aber wir können schon jetzt darüber nachdenken, was sie von den anderen unterscheidet. Tatsächlich ist die Schwerkraft die einzige Grundkraft der Physik, die wir bewusst erfahren; die einzige, bei der Sie bewusst spüren können, wie sie in diesem Moment, da Sie dies lesen, auf Ihren Körper einwirkt. Ob Sie auf einem Bett liegen, in einem Sessel sitzen oder stehen, Sie *wissen*, dass Ihre Haltung von irgendeiner «Kraft» beeinflusst wird. Ohne sie würden Sie den Halt unter sich verlieren und wie ein Astronaut auf der Internationalen Raumstation frei im Raum schweben.

Dieser entscheidende Punkt macht die Überschrift zu diesem Kapitel und ihre tiefere Bedeutung erst so richtig verständlich. Die Gravitation lenkt unsere Aufmerksamkeit schon deshalb auf sich, weil wir sie unmittelbar – und auf spürbare Weise – erfahren, im Gegensatz zu den anderen fundamentalen Wechselwirkungen. Wir bekommen nichts davon mit, wie gut die Moleküle in unserem Körper zusammenhalten, wie selten es vorkommt, dass dieser mit einem Neutrino wechselwirkt, oder wie viele radioaktive Teilchen er abstrahlt.[1]

Allein schon wegen der Tatsache, dass wir die Schwerkraft unmittelbar und bewusst erfahren, gebührt ihr unter den fundamentalen Wechselwirkungen eine Sonderstellung – und meiner Meinung nach auch ein Platz auf einer höheren Stufe über den anderen. Und noch

stärker ragt sie dadurch heraus, dass wir uns ihrer seit unserer Geburt
in jeder Sekunde unseres Lebens gewärtig sind. Wenn auch nur unbe-
wusst, ist sie uns präsent, noch ehe wir uns beim Laufenlernen die Knie
aufschlagen, und sicher, bevor wir in der Schule oder an der Universität mit den Gesetzen der Physik in Berührung kommen.

Aber was ist Schwerkraft und wie wirkt sie?

Aller Wahrscheinlichkeit nach sind viele von Ihnen überzeugt, die einfachen Fragen vernünftig beantworten zu können: «Was ist Schwerkraft? Und wie wirkt sie?» Dies deshalb, weil Sie auf instinktiver und
rationaler Ebene mit ihr vertraut sind und in der Schule oder an der
Universität zu ihr schon eine «wissenschaftliche» Erklärung bekommen haben. Aber ebenso wahrscheinlich ist, dass die Erklärungen, die
Sie bekommen haben, nicht ganz stimmen, auch wenn sie nicht völlig
aus der Luft gegriffen sind. Kurzum, was man Ihnen da gesagt hat, ist
nicht unbedingt *falsch,* aber auch nicht ganz *richtig.*

Dieser scheinbare Widerspruch beruht darauf, dass man die Gravitation auf verschiedenen Ebenen verstehen kann. So schlug Newton
zum Beispiel die einfachere und eingängigere Erklärung vor, die von
einer *allgemeinen Massenanziehung* ausgeht, die mathematisch relativ
leicht zu beschreiben ist. Gleichzeitig ist auch ein anderes, grundlegen-
deres Verständnis möglich: das von Einsteins Gravitationstheorie vermittelte, die eine geometrische Sicht von Raum und Zeit mit einer deutlich komplexeren mathematischen Beschreibung verbindet.

In den folgenden Kapiteln erwartet uns also eine Art Entwicklung,
in der wir unser Verständnis von der Schwerkraft heranreifen lassen. In
einer ersten Phase – auf der ersten Etappe unserer virtuellen Reise –
bewegen wir uns, ausgehend von dem Grundverständnis, das unserem
Gehirn eingeprägt ist, zu ihrer Beschreibung durch Newtons Theorie.
In der zweiten Phase – oder auf der nachfolgenden Etappe der Reise –
gelangen wir dagegen zu der mathematisch kompakten und physikalisch tiefgründigen Beschreibung, die Einstein in seiner Allgemeinen
Relativitätstheorie vorschlägt und die seine Feldgleichungen elegant
verkörpern.

Auf die Art lernen wir, die Erfahrungswelt auf unserem Planeten mit seinen sehr schwachen Gravitationsfeldern mit unseren Beobachtungen im Universum zu verbinden, in dem Schwerefelder von gigantischer Stärke so phänomenale Erscheinungen wie Schwarze Löcher, Neutronensterne oder Gravitationswellen hervorbringen. Dabei entdecken wir, dass unsere Kenntnis und unser Verständnis der Schwerkraft stark davon beeinflusst sind, wie diese auf unserem Planeten in Erscheinung tritt. Und wir erkennen, dass wir uns von einer derartigen Sichtweise verabschieden müssen, weil sie nicht nur irrig ist, sondern auch unser Vorstellungsvermögen allzu sehr einengt.

Am Ende liegt dann die Antwort auf die oben gestellten Fragen klar auf der Hand: «Gravitation ist schlicht die Manifestation der Krümmung der Raumzeit.» Ich weiß, fürs erste erscheint diese Aussage noch rätselhaft. Aber wie schon in der Einführung gesagt: Für die vor uns liegende Reise braucht es einen guten Vorrat an Geduld. Ich kann Ihnen versprechen, dass am Ende von Kapitel 3 alles viel klarer ist.

Die Väter der Schwerkraft

Um umfassend zu verstehen, was Schwerkraft ist, müssen wir zunächst in die Vergangenheit zurückblicken und ihre Erforschung historisch betrachten. Dieser kurze Exkurs beschränkt sich auf die Gelehrten, die unser Verständnis von ihr mehr als andere geprägt haben.

Galileo Galilei: die Bedeutung der Methode

Der Reihe nach: Um ein historisches Porträt der Gravitationstheorie zu erstellen und deren «Väter» auszumachen, müssen wir Italien und insbesondere Pisa zum Ausgangspunkt nehmen. Dort versuchte am Ende des 16. und zu Anfang des 17. Jahrhunderts erstmals Galileo Galilei (1564–1642) die Dynamik materieller Objekte, also deren Zustand von Ruhe und Bewegung, zu entschlüsseln. Für die Naturwissenschaften herrschten noch schwierige Zeiten: Deduktive Logik und experimenteller Pragmatismus standen ganz im Schatten des philosophischen und religiösen Dogmatismus. Galilei erfuhr dies am eigenen Leib mit der Anklage wegen Ketzerei, die ihn 1633 ereilte.

Nichtsdestotrotz untersuchte er mithilfe der *wissenschaftlichen Methode*, die er selbst eingeführt hatte, Größen wie die Geschwindigkeit und den Bewegungszustand mit konstanter Geschwindigkeit. Dabei erkannte er als Erster das *Trägheitsprinzip*, das über ein Jahrhundert später, dank Isaac Newton, zu einem Axiom der Dynamik wurde. Es besagt, dass ein Körper seine gleichförmige, geradlinige Bewegung (also eine mit konstanter Geschwindigkeit) oder seinen Ruhezustand beibehält, wenn keine äußere Kraft auf ihn einwirkt. Dieses Prinzip ist gar nicht so wirklichkeitsfremd, wie es vielleicht erscheint. Wir spüren seine Auswirkungen immer dann, wenn wir in einem Bus oder in einer U-Bahn sitzen und dieses Verkehrsmittel anfährt oder abbremst. Im ersten Fall werden wir entgegen der Fahrtrichtung in den Sitz gedrückt, weil wir zur Beibehaltung des Ruhezustands neigen; im zweiten Fall neigen wir uns in Fahrtrichtung nach vorn, weil uns die «Trägheit» auferlegt, unseren bisherigen Bewegungszustand beizubehalten.

Aus dieser Entdeckung leitete Galilei zudem das *galileische Relativitätsprinzip* ab (aus dem auch die sogenannten *Galilei-Transformationen zwischen zwei Bezugssystemen* hervorgingen). Im Kern besagt dieses Prinzip, dass in zwei Bezugssystemen, die sich mit gleichförmiger Geschwindigkeit bewegen oder ruhen, dieselben physikalischen Gesetze gelten. Wie wir noch sehen, sollte sich dieses Prinzip rund drei Jahrhunderte später auch für Einstein als nützlich erweisen, weshalb Galilei als der «erste Relativist» gelten kann.

Mehr noch als für die gleichförmige Bewegung interessierte sich Galilei allerdings für die von Objekten, auf die Kräfte einwirken, also für eine Beschleunigung. Aus Gründen, die bald deutlich werden, lässt sich diese am besten dadurch erforschen, dass man Objekte fallen lässt: Folglich verbrachte Galilei einen Großteil seiner Zeit hoch oben auf Türmen (so auf dem von Pisa und auf den zahlreichen in Bologna und Florenz) und beobachtete aufmerksam die «Bewegung schwerer Körper», also von Objekten im freien Fall.

In der Praxis stieß er dabei auf das Problem, dass seine schweren Körper eine ziemlich starke Beschleunigung erfuhren. Obwohl er recht hohe Bauten nutzte, landeten sie so geschwind auf dem Boden, dass sich ihre kurze Falldauer nur schwerlich messen ließ. Folglich erfand er eine – genial einfache – Vorrichtung, mit der er die «Falldauer» beliebig verlängern konnte: die sogenannte *schiefe Ebene*. Man kann sie sich schematisch als die nach oben gerichtete Hypotenuse eines rechtwinkligen Dreiecks vorstellen. Mit einer Veränderung des *Neigungswinkels,* also des spitzen Winkels, lässt sich auch das Gefälle und damit die Wirkung der Schwerkraft auf die Bewegung verändern. Dank dieser höchst einfallsreichen Lösung konnte Galilei die Geschwindigkeit von Kugeln, die er diese Ebene hinabrollen ließ, verlangsamen und dabei genauer messen, wobei er eine glattpolierte Bahn benutzte, damit die Rollreibung das Ergebnis nicht verfälschte.

Wie in seinem Hauptwerk *Dialog über die beiden hauptsächlichsten Weltsysteme* von 1632 dargelegt, errechnete Galilei auf diese Art, dass die Erdbeschleunigung rund 9,80 m/s² beträgt. Diese Schätzung überrascht schon durch ihre Genauigkeit angesichts der Messtechnik zu Beginn des 17. Jahrhunderts und der Präzision, die sie ermöglichte. Heute wissen wir, dass diese Beschleunigung je nach Position auf der Erdoberfläche zwischen 9,764 und 9,834 m/s² schwankt und zudem von der Höhe abhängt, in der die Messung durchgeführt wird. Als Normalfall gilt der Durchschnittswert von 9,80665 m/s². Auch erkannte Galilei ganz richtig, dass die Strecke, die ein Objekt im freien Fall zurücklegt, proportional zum Quadrat der Fallzeit ist.

Noch heute fragen sich die Historiker, ob Galilei für seine Experimente tatsächlich den Schiefen Turm von Pisa genutzt und von ihm Gegenstände hinabgeworfen hat: solche aus verschiedenen Materialien (Holz, Gold und Silber) oder aus dem gleichen Material und mit unterschiedlichen Massen (Kanonen- und Musketenkugeln). Gesichert ist immerhin eines: In seinem *Dialog* fasste er eine Reihe von Feststellungen – eigene und die früherer Gelehrter – zusammen, die darauf hindeuteten, dass es ein universelles Gesetz der Schwerkraft gab. Diese Hypothese, die er niemals explizit als Gesetz ausformuliert hat, besagt im Kern, dass alle Objekte in einem Schwerefeld auf die gleiche Weise beschleunigt werden, unabhängig von ihrer Masse oder Beschaffenheit. Galilei hatte bereits intuitiv erkannt, dass eine Kanonenkugel und eine Musketenkugel, die von einem hohen Turm hinabgeworfen werden, gleichzeitig auf dem Boden aufschlagen.

Diese Hypothese, von der wir heute wissen, dass sie – mit einer relativen Genauigkeit von einem millionstel Milliardstel – den Tatsachen entspricht, verdient wegen ihrer fundamentalen Bedeutung aus zwei Gründen höchste Beachtung. Erstens widersprach sie der Festlegung des Aristoteles, wonach die Erdbeschleunigung direkt proportional zum Gewicht der Objekte sei und schwerere folglich schneller als leichtere hätten zur Erde fallen müssen. Mit unserem wissenschaftlich geprägten Denken können wir uns heute kaum vorstellen, welche geistige Anstrengung und wie viel Mut es brauchte, um sich zu Beginn des 17. Jahrhunderts gegen den kulturellen Ballast zu stemmen, den das aristotelische *ipse dixit* damals darstellte. Zweitens erforderte die Schlussfolgerung, dass eine Kanonenkugel und eine Vogelfeder im freien Fall auf die gleiche Weise beschleunigt werden – unsere unmittelbare Erfahrung legt ja das Gegenteil nahe –, einen beachtlichen imaginativen Kraftakt. Und diese Schlussfolgerung bestätigte eine grundlegende Erkenntnis: Das als selbstverständlich Erscheinende unserer Alltagserfahrung trügt mitunter. Die Feder landet nicht deshalb später als die Kanonenkugel auf dem Boden, weil sie eine geringere Erdbeschleunigung erfährt, sondern weil sie ein höherer Luftwiderstand bremst. Würde man die Feder und die Kanonenkugel im Vakuum – also ohne Luftwiderstand – fallen lassen, landeten beide tatsächlich gleichzeitig auf dem Boden. Natürlich konnte Galilei am Schiefen Turm von Pisa kein Vakuum erzeugen, aber sein Vorstellungsvermögen brachte ihn auf die richtige Spur. Auf den nächsten Seiten sehen wir, dass fast dreihundert Jahre später Einstein einen ähnlichen «geistigen Kraftakt» vollbrachte.

Galileis Ergebnisse und vor allem die Tatsache, dass er als Erster eine *(seine!)* wissenschaftliche Methode anwandte, bei der er eine metaphysische Deutung der Fakten zugunsten eines deduktiv-experimentellen Ansatzes aufgab, waren gewiss wesentlich für das, was nach ihm mit Blick auf die Schwerkraft erkannt und verstanden wurde. Allerdings beschränkte sich bei seinem Tod im Jahr 1642 das einschlägige Wissen noch fast ganz auf die rein empirischen Fakten. Es sollte noch vierzig Jahre dauern, bis eine neue und umfassendere Sichtweise von der gravitativen Wechselwirkung möglich wurde.

Isaac Newton: ein vollständiges mathematisches Bild

Eingeführt wurde diese neue Sichtweise – in vielerlei Hinsicht der erste mathematische Ausdruck der Gravitationstheorie – durch Isaac Newton (1642–1726), der folglich zu Recht zu den «Vätern» der Gravitationstheorie gezählt werden darf. Dieser geniale Gelehrte trug in gewaltigem Maß dazu bei, dass sich das moderne wissenschaftliche Denken herausbildete, und dies in den verschiedensten Bereichen: von der Astronomie bis zur Mathematik, und von der Theologie bis zur Alchemie ... Um seine Leistungen auch nur ansatzweise mit Beispielen zu belegen, bräuchte es ein eigenes Buch. Aber das ist nicht mein Ziel. Ich konzentriere mich vielmehr darauf, was Newton zum Verständnis der Gravitation in jener Schrift beigetragen hat, die als sein Hauptwerk gilt: die *Philosophiae Naturalis Principia Mathematica*, kurz *Principia*, die im Deutschen unter anderem unter dem Titel *Mathematische Grundlagen der Naturphilosophie* erschienen sind.

In dieser Abhandlung aus drei Büchern von 1687 führt Newton drei Prinzipien der Bewegung von Körpern ein, welche die Grundstruktur der *newtonschen Physik* ausmachen. Obwohl sie bestens bekannt sind und fast schon als Inbegriff des Schulwissens in Physik gelten, erinnere ich trotzdem kurz an sie.

1. *Trägheitsprinzip:* Ohne die Einwirkung einer äußeren Kraft behält jeder Körper seinen Ruhezustand oder seine geradlinige, gleichförmige Bewegung bei.
2. *Energieerhaltungssatz (gegeben durch das Produkt von Masse und Geschwindigkeit):* Die Änderung der Bewegung ist der Einwirkung der bewegenden Kraft proportional und geschieht nach der Richtung derjenigen geraden Linie, nach welcher jene Kraft wirkt.
3. *Prinzip von Aktion und Reaktion:* Jeder Aktion eines Körpers auf einen anderen entspricht eine gleich große und entgegengesetzte Reaktion.

Neben diesen drei Grundgesetzen schlägt Newton auch das sogenannte *allgemeine Gesetz der Schwerkraft* vor, das er in vielerlei Hinsicht als einen Sonderfall einer Klasse von Kräften ansieht. Die Grundeigenschaften der von Newton postulierten Schwerkraft lassen sich folgendermaßen zusammenfassen:

1. *Sie ist eine Anziehungskraft zwischen zwei Körpern mit Masse.* Mit anderen Worten, diese Kraft wirkt in Form einer Anziehung zwischen zwei mit Masse ausgestatteten Körpern (eine Eigenschaft, die man jedem materiellen Körper zuschreiben kann), und zwar entlang der Verbindungslinie zwischen beiden.
2. *Es ist eine augenblicklich wirkende Kraft.* Im Wesentlichen erfahren die beiden betreffenden Körper eine solche Kraft unmittelbar. Sobald sich an einem der beiden etwas verändert (zum Beispiel die Masse oder die Position), wirkt sich dies sofort auf den anderen aus.
3. *Diese Kraft wirkt proportional zur Masse der beiden betreffenden Körper.* Je größer also deren Masse, desto stärker ihre Wirkung. Dabei ist hervorzuheben, dass diese Kraft weder von der Zusammensetzung noch von der Ausdehnung der Körper abhängt. Ausschlaggebend ist allein ihre Masse. Als eine unmittelbare Konsequenz ist ein masseloser Körper der Gravitationskraft nicht unterworfen.

4. *Diese Kraft wirkt umgekehrt proportional zum Quadrat der Entfernung zwischen den beiden Körpern.* Das heißt: Bei gleicher Masse ziehen sich weit voneinander entfernte Körper deutlich weniger stark an als solche in größerer Nähe zueinander. Körper in unendlicher Entfernung zueinander ziehen sich folglich faktisch gar nicht an, und auf ein und denselben Körper wirkt eine desto schwächere Kraft ein, je weiter er sich von einem Schwerezentrum entfernt.

Ich habe dieses Buch mit der klaren Entscheidung geschrieben, die Mathematik auf ein unverzichtbares Minimum zu reduzieren. Aber nicht noch stärker. Schon deshalb, weil die Mathematik zum rechten Zeitpunkt hilfreich sein kann, um die Bedeutung bestimmter physikalischer Gesetze besser zu verstehen, auch wenn sie diese nur qualitativ beschreibt. In diesem Sinne können wir mit mathematischen Ausdrücken – eben mit denselben, auf die Newton vor drei Jahrhunderten zurückgegriffen hat – das zusammenfassen, was in den vier Aussagen oben ausgedrückt ist. So lassen sich diese mit folgender «begrifflichen Gleichung» auf einen Nenner bringen:

$$(\text{Stärke der Schwerkraft}) = \frac{(\text{Masse von Objekt 1}) \times (\text{Masse von Objekt 2})}{(\text{Abstand zwischen Objekt 1 und 2})^2}$$

Das Wichtigste an diesem Ausdruck – den auch Mathematik-Allergiker verstehen dürften – ist das Gleichheitszeichen. Ebendieses uns allen bekannte Symbol = macht den Ausdruck zu einer Gleichung. Es legt fest, dass das links von ihm Stehende gleichwertig mit dem rechts von ihm Stehenden ist. Wenn wir das Gravitationsgesetz indes mit einer echten mathematischen Gleichung ausdrücken wollten, dann sähe die so aus:

$$\vec{F}_{\text{grav}} = -G \frac{M_1 M_2}{r^2} \left(\frac{\vec{r}}{r} \right) \tag{2.I}$$

M_1 und M_2 stehen für die jeweilige Masse der beiden Körper, während r ihr Abstand zueinander ist. Der kleine Pfeil über $\vec{F}_{grav}$ (für die zwischen den Massen wirkende Kraft) und $\vec{r}$ erinnert uns daran, dass die Variablen für Größen stehen, die eine Intensität, eine Richtung und eine Orientierung haben. Mit anderen Worten, es geht um sogenannte *Vektoren:* um den Gravitations- und den Abstandsvektor zwischen den Körpern.[1] Und das Symbol G schließlich steht für eine Proportionalitätskonstante im Verhältnis zwischen den beiden Termen rechts und links. Sie hat keine grundlegende Bedeutung und muss anhand von Experimenten ermittelt werden. Laut dem internationalen Einheitensystem gilt heute: $G = 6,67430(15) \times 10^{-11}$ m³/(kg s²).

Das Eindrucksvolle – und Faszinierende – an diesem Ausdruck ist, dass Newton mit ihm eine befriedigende und äußerst präzise Beschreibung der Schwerkraft geliefert hat. Dank dieses Instruments ließ sich tatsächlich jedes mit der Schwerkraft zusammenhängende Phänomen deuten. Es erklärte, warum ein Apfel vom Baum fällt oder warum die Erde um die Sonne kreist. Der polnische Astronom Nikolaus Kopernikus (1473–1543) hatte entdeckt, dass sämtliche damals bekannten Planeten um die Sonne kreisen, worauf Johannes Kepler (1571–1630) erkannt hatte, dass ihre Umläufe auf elliptischen Bahnen erfolgen, wobei die Sonne in einem von deren Brennpunkten steht. Im Verbund mit diesen bahnbrechenden Erkenntnissen konnte Newtons allgemeines Gravitationsgesetz, wie von Gleichung (2.I) formuliert, sämtliche astronomischen Beobachtungen der damaligen Zeit erklären. Ihm war es zu verdanken, dass die Astronomen rund zwei Jahrhunderte lang äußerst genaue Vorhersagen dazu treffen konnten, wie sich die Planeten in unserem Sonnensystem bewegten.

Und schließlich ist der von Newton gefundene Ausdruck zur Beschreibung der Schwerkraft «universell». Allein mit ihm können wir, zumindest annähernd, *jedwedes* Phänomen auf der Erde erklären, das mit Gravitation zu tun hat. Wenn wir zum Beispiel die längste Brücke oder den höchsten Wolkenkratzer der Welt bauen wollen, benötigen wir im Prinzip nicht mehr als die einfache und schöne Gleichung (2.I). Nichtsdestotrotz sind die Vorstellungen, auf denen sie beruht, in Wirklichkeit *unrichtig*. Genauer gesagt, sind wir uns inzwischen bewusst, dass die Gravitation in Wahrheit:

1. *eigentlich keine Kraft ist.* Heute wissen wir, dass der Begriff «Schwerkraft» nicht nur unnütz, sondern eher irreführend ist. Er muss folglich durch ein anderes Konzept ersetzt werden, das besser geeignet ist, die Natur der Gravitation zu erklären, auch wenn es mathematisch komplizierter zu beschreiben ist und sich unserem intuitiven Verständnis widersetzt.

2. *nicht unmittelbar wirkt.* Tatsächlich baut die gesamte moderne Physik auf dem Gegenteil auf. Jede Wechselwirkung hat eine Ausbreitungsgeschwindigkeit, und die höchste ist die des Lichts. Diese Einschränkung gilt auch für die Gravitation, also breitet sich eine Veränderung im Gravitationsfeld in einer endlichen Zeitspanne aus, vor deren Ablauf sie nicht feststellbar ist.

3. *nicht allein durch die Masse beschrieben werden kann.* Neben ihrem Wert muss tatsächlich auch die Verteilung der Masse im Raum bekannt sein. Mit anderen Worten, auch das Volumen, in dem die jeweilige Masse enthalten ist. Bei einem ausgedehnten Objekt wie der Sonne hängen die Eigenschaften der Gravitation ebenso sehr von seiner Masse wie von seinem Radius ab.

Das newtonsche Gravitationsgesetz war über zwei Jahrhunderte ausgiebig und unangefochten in Gebrauch, mit einer endlosen Serie an Erfolgen und experimentellen Bestätigungen, sodass es unter anderem zu einer tragenden Säule der Navigation und damit des Seehandels wurde. Aber eine einfache astronomische Beobachtung genügte, um eine Theorie ins Wanken zu bringen, die bislang in Stein gemeißelt erschien und als universelles Gesetz geradezu Ehrfurcht einflößte.

In der imposanten Fassade des Bauwerks, das Newton errichtet hatte, tat sich ein kleiner Riss auf und beschwor dessen unvermeidlichen Einsturz herauf: die *Periheldrehung des Merkurs.* Dieser rätselhaft erscheinende Name bezeichnet einen ganz einfach zu beobachtenden Ablauf: Ungefähr alle 88 Tage vollendet der Merkur einen Umlauf um die Sonne und erreicht dabei den sonnennächsten Punkt auf seiner Bahn, das *Perihel.* In Newtons Theorie ist dieser Punkt unveränderlich immer derselbe, wenn andere äußere Einflüsse unberücksichtigt bleiben. Eigentlich müsste der Merkur die Sonne auf einer «geschlossenen» Bahn umlaufen, also nach einer vollen Runde stets zum exakt gleichen Punkt zurückkehren. Dies zeigt Abbildung 2.1, in der die gestrichelte Ellipse die Umlaufbahn nach Newtons Gravitationstheorie darstellt.

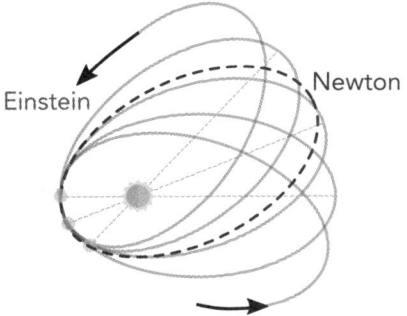

Abb. 2.1: Schematische Darstellung der Umlaufbahn des Merkurs.
Nach Newtons Gravitationstheorie müsste diese geschlossen sein
(gestrichelte Ellipse). Dagegen sagt uns die Einsteins (durchgezogene Linie),
dass sie sich weiterbewegt und dass sich das Perihel mit jeder
Umlaufperiode verschiebt.

Aber die astronomischen Beobachtungen zeigten etwas ganz anderes! Auch wenn man die veränderlichen Einflüsse durch andere Körper im Sonnensystem berücksichtigt, verändert sich das Perihel des Merkurs stärker als von Newton vorhergesagt: um 0,1035 Bogensekunden pro Umlauf und damit 0,4297 Bogensekunden pro Jahr.[2]

Jahrzehntelang versuchten die damaligen Astronomen, für die seltsame Anomalie der Bewegung des Merkurs eine plausible Erklärung zu finden, die sich mit Newtons Gravitationstheorie vereinbaren ließ. Und das wohl Überraschendste dabei war, dass ihnen dies tatsächlich gelang, worauf wir in einer Überlegung am Ende des Kapitels noch zurückkommen werden. Erkauft wurde diese Erklärung freilich zu einem Preis, der mit der Zeit immer weiter stieg, nämlich mit der Hypothese, wonach ein Himmelsobjekt mit einer bestimmten Masse und Position, zum Beispiel ein kleiner Planet, die Umlaufbahn des Merkurs beeinflusse und zum opportunen Zeitpunkt die beobachtete Abweichung hervorrufe.

Das einzige Problem dieser eigentlich gar nicht so abwegigen Annahme bestand darin, dass dieser «Kleinplanet» in jederlei Hinsicht unsichtbar blieb. Er musste so klein sein, dass ihn die verfügbaren Teleskope nicht ausmachen konnten.

Die Hypothese, die zur Rettung von Newtons Gravitationstheorie vorgetragen wurde, ist als Erklärung zwar *plausibel* – eine solche Theo-

rie hatte unter anderen Umständen bekanntermaßen schon funktioniert –, aber eben auch *wenig wahrscheinlich*, weil sie eine Bahnstörung
durch einen noch nie beobachteten Himmelskörper voraussetzte. Um
diese Lösung als unvernünftig auszusondern, vertraue man nur auf das
methodische Prinzip von *Ockhams Rasiermesser*. Dieses ist nach dem
englischen Philosophen und Franziskanermönch Wilhelm von Ockham
(1288–1347) benannt und besagt mit seiner ehernen Logik: Immer wenn
mehrere Hypothesen ein bestimmtes physikalisches Verhalten gleichermaßen plausibel erklären können, darf die einfachere als die richtige
gelten. Auch wenn die Natur selbstverständlich nicht immer den einfachsten Weg geht, diente Ockhams Rasiermesser vor allem dazu, die
verworrensten Hypothesen «vom Tisch zu bekommen». Aber in diesem
Fall setzte sich dieses methodische Prinzip nicht durch. Im Gegenteil
stellte die Hypothese vom «Kleinplaneten» mangels einer besseren Gravitationstheorie und wegen der Ehrfurcht vor Newtons Theorie jedermann zufrieden.

Albert Einstein: eine revolutionäre Vision

Über zwei Jahrhunderte nach Veröffentlichung von Newtons *Principia*
bekam die Welt eine neue Theorie geboten. Sie war nicht nur allgemeiner und lieferte eine vollkommen natürliche Erklärung für die Bewegung des Merkurs, sondern beinhaltete auch Vorhersagen zur Periheldrehung, die sich perfekt mit den Beobachtungen deckten. Anfangs
erschien sie selbst den renommiertesten Wissenschaftlern der Zeit unverständlich und erschütterte die tiefverwurzelten Gewissheiten zur
Gravitation, die mit Newton gewonnen worden waren. Und ihre Sichtweise war so radikal anders, dass wir uns noch heute schwer damit tun,
ihre Schlussfolgerungen zu akzeptieren. Ich rede von der Allgemeinen
Relativitätstheorie, das wunderbare Ergebnis der Ideen Albert Einsteins (1879–1955).
    Diese wissenschaftliche Theorie gilt völlig zu Recht als eine der be-
deutendsten jemals formulierten und bildet eine tragende Säule der
modernen Physik. Ohne sie wäre ein Großteil der Beobachtungen aus
der Teilchenphysik, der Astrophysik und der Kosmologie nicht zu erklären.

Im Verlauf der letzten hundert Jahre hat die Allgemeine Relativitäts-theorie – sie wurde Ende 1915 veröffentlicht – einer ganzen Serie experimenteller Überprüfungen standgehalten, und sie ist noch heute die Gravitationstheorie, die mit den astronomischen Beobachtungen und Laborexperimenten am besten übereinstimmt. Dieser Erfolg ist noch beeindruckender, wenn man bedenkt, dass sie eine der mathematisch komplexesten Theorien ist, die in der Physik jemals formuliert wurden: Ihre Gleichungen zu lösen stellt nach wie vor eine Herausforderung dar.

Auf ihre Einzelheiten komme ich erst im nächsten Kapitel zu sprechen, in dem wir sehen werden, wie wichtig diese Theorie ist und welche weitreichenden Folgen sie hat.

Einstweilen kehre ich zu dem geisterhaften Kleinplaneten zurück, der zur Erklärung des Merkurumlaufs nach Newtons Gravitationstheorie herhalten musste.

Wie wir sahen, war eine solche Erklärung zwar möglich und sogar plausibel, aber wenig wahrscheinlich. Gerade dies trieb kühnere Geister dazu an, nach weniger weit hergeholten Alternativen zu suchen. So gesehen, zeigt uns die Entwicklung der Gravitationstheorie – von Galilei über Newton bis Einstein – beispielhaft, dass eine wissenschaftliche Theorie als ein logisch-mathematisches Gebilde anzusehen ist, das die Naturgesetze unter bestimmten Bedingungen erklärt. Sie liefert uns zu diesen in einer bestimmten Phase der Geschichte eine mehr oder weniger befriedigende Erklärung. Jede Theorie muss deswegen aus sich heraus in dem Maße verbessert werden, in dem unser Wissen über die Natur voranschreitet (zum Beispiel durch Beobachtungen und Experimente, welche die getroffenen Grundannahmen erschüttern), oder sie verbessert unsere Fähigkeit, ihre Lücken mathematisch zu beschreiben.

Dieses Kapitel lehrt uns folglich, dass eine physikalische Theorie – im Gegensatz zu einer mathematischen, die auf Postulaten und Logik beruht – nur eine zeitweilig gültige Darstellung der – oftmals komplexen – Erscheinungsformen der Natur liefert. Sie entsteht, um ständig verbessert, korrigiert oder gar aufgegeben zu werden, wenn sie sich unfähig zeigt, einen neu entdeckten und unerwarteten Aspekt der Naturgesetze zu erklären. Dieses Schicksal steht auch der besten Gravitationstheorie bevor, die wir kennen, der Allgemeinen Relativitätstheorie. In deren Fassade zeigen sich nach rund hundert Jahren ihrer Verbreitung allmählich ebenfalls winzige Risse.

3
Raumzeit, Krümmung und Gravitation

Dieses Kapitel dient der mühseligen und ehrgeizigen Aufgabe, auf einfache Weise eine Reihe von Grundkonzepten von Einsteins Allgemeiner Relativitätstheorie zu erläutern. Deren Mathematik formuliert diese Konzepte auf transparente und elegante Weise, sodass für einen Physiker oder Mathematiker alles – oder fast alles – klar wird, sobald er die entsprechenden Gleichungen vor sich sieht. Ich könnte mich also darauf beschränken, diese vorzulegen und zu sagen: «Da steht es doch, sehen Sie es nicht?» Aber ich weiß, dass wir mit so einer Herangehensweise nicht besonders weit kämen, da meine Aufgabe als fürsorglicher Führer ja darin besteht, Sie auf dieser Reise zu begleiten.

Was ich also versuche, ist eindeutig schwieriger: die neue Deutung der Gravitation anhand von Anschauungen verständlich zu machen, die uns allen vertraut sind. Dass ein solcher Ansatz eine Herausforderung bedeutet, hat nichts mit der Komplexität der Materie zu tun – sie betrifft ganz die Mathematik –, sondern mit der Anstrengung, die es erfordert, Ihnen eine Interpretation der physikalischen Realität nahezubringen, die zu unserer Alltagserfahrung im Widerspruch steht. Mit anderen Worten, mit den Mühen, die es Ihnen abverlangt, wenn Sie sich eine Realität vorstellen müssten, die von Ihrer gewohnten sehr weit entfernt ist. Aber das gehört ja auch mit zum Gepäck für diese Reise ...

Beginnen wir also da, wo das vorige Kapitel geendet hat: Einsteins Gleichungen fassen die Gleichwertigkeit zwischen Gravitation und Krümmung der Raumzeit auf elegante Weise zusammen. Genauer gesagt, stellen sie grundsätzlich fest:

$$\left. \begin{array}{c} \text{Die Gravitation ist die Manifestation} \\ \text{der \textbf{Krümmung} der \textbf{Raumzeit}} \end{array} \right\} \qquad (3.\text{I})$$

Aus Erfahrung weiß ich, dass dieser Satz völlig unverständlich klingt, schon deshalb, weil ich dieses Unverständnis schon allzu vielen Studierenden vom Gesicht abgelesen habe, als er zum ersten Mal an der Tafel stand. Und doch ist er richtig und wahr, zumindest nach dem, was wir anhand wissenschaftlicher Experimente überprüfen können. Aber nur Mut! Jetzt bloß nicht nachlassen! Wenige Seiten weiter hinten werden Sie merken, dass Sie ihn verstehen und sogar ermessen können, welche weitreichende Bedeutung er hat.

Die Raumzeit: alles was geschehen ist und was geschehen wird

Um Aussage (3.I) nachzuvollziehen, setzen wir uns am besten zunächst mit den Begriffen auseinander, die in ihr auftauchen. Zunächst der der *Raumzeit*. Wichtig ist hier vor allem anzumerken, dass ich nicht «Raum-und-Zeit» und nicht «Raum-Zeit» geschrieben habe. Auch wenn der Unterschied vielleicht minimal und unbedeutend erscheint, ist er in Wahrheit grundlegend, weil er eine der Lehren verkörpert, die wir aus der Allgemeinen Relativitätstheorie ziehen können. Tatsächlich postuliert Einstein in dieser Theorie, dass unsere Vorstellung von Raum und Zeit als gesonderte Seinsheiten in Wirklichkeit falsch ist, weil beide Elemente völlig gleichbedeutend sind. Daraus folgt, dass eine Bewegung im Raum von einem Punkt zum anderen – und so ist es in den Gleichungen – einer in der Zeit von einem Moment zum anderen gleichkommt. Sich nach rechts oder nach links, nach oben oder nach unten zu bewegen, ist – zumindest auf mathematischer Ebene – nichts anderes, als sich zeitlich voran- oder zurückzubewegen.

In Einsteins Konzeption ist die Raumzeit also ein einziges Objekt, das im Wesentlichen als ein «Behälter» von Elementen (oder eine Menge) gesehen werden kann, die als *Ereignisse* bezeichnet werden. Verdeutlichen wir dies mit einem Beispiel. Die Europäische Union kann als eine «Menge» von Bürgern ihrer verschiedenen Länder gelten. Diese bilden daher die konstitutiven Elemente der Menge EU. Auf vollkommen entsprechende Weise ist die Raumzeit die Menge sämtlicher Ereignisse: vergangener, gegenwärtiger und zukünftiger. Ein Ereignis – oder ein Element der Raumzeit – ist als etwas zu verstehen, das irgendwo zu irgendeinem Zeitpunkt geschehen ist, geschieht oder geschehen wird.

Am Morgen den Wecker ausschalten, frühstücken, mit einem Verkehrsmittel zur Arbeit fahren ... all dies sind Ereignisse, ebenso wie das Lesen dieses Buchs in diesem Moment, sofern feststellbar ist, dass es an einem bestimmten Ort (zum Beispiel auf dem Sofa) und zu einem bestimmten Zeitpunkt (eben jetzt) geschieht. Wenn zur Bestimmung eines jeden Ereignisses vier Stücke Information – drei für die Position im Raum und eines für die in der Zeit – angegeben werden müssen, ergibt sich daraus schlicht, dass die Raumzeit ein Behälter in vier Dimensionen (drei räumlichen und einer zeitlichen) für Elemente, sogenannte *Ereignisse*, ist.

Dieser Definition fügt Einstein hinzu, dass dieser Behälter für Ereignisse an sich und ohne zusätzliche Regeln noch nicht besonders nützlich ist. Ihm müssen folglich genaue Regeln zugewiesen werden, um die jeweilige Position der verschiedenen Elemente, also ihren *Abstand* zueinander zu bestimmen. Mit anderen Worten, bei den Ereignissen A und B ist festzulegen, ob A vor oder nach, rechts oder links von, über oder unter B geschehen ist, und schließlich, ob die beiden irgendwie zusammenhängen oder ob sie, im Gegenteil, völlig unabhängig voneinander eingetreten sind.

Um solche Regeln zu erstellen, braucht es eine Auswahl an Koordinaten oder eine eingeführte geordnete Zahlenfolge, mit denen sich die Abfolge, in der die Ereignisse eintreten, und damit die relative Position von A und B ermitteln lassen. Wichtig ist hier der Hinweis, dass diese Auswahl von Koordinaten völlig willkürlich ist – daher die *Relativität* der Theorie –, aber dass die sich daraus ergebende Reihenfolge, unabhängig von der getroffenen Wahl, die gleiche bleibt. Aus diesem Grund ist es innerhalb der Allgemeinen Relativitätstheorie in jedem Fall möglich, mit Sicherheit festzulegen, was man an diesem Morgen von zwei Dingen zuerst getan hat: aufstehen oder frühstücken.[1] Zudem bemerkt diese Reihenfolge jeder, der sie beobachtet hat, unabhängig davon, in welchem Bewegungszustand er sich befand.

Die Krümmung

Da der Begriff der Raumzeit nun geklärt ist, wenden wir uns erneut unserer Aussage (3.1) zu und befassen uns mit dem zweiten dort auftauchenden Begriff, dem der *Krümmung*.

Auch hier liefert uns die Mathematik ausgefeilte und elegante Instrumente, um die Krümmung einer Oberfläche in einem Raum in beliebiger Größe zu messen. Ohne ins Detail zu gehen, ist hier von Interesse, dass es «gekrümmte» Oberflächen gibt und sich der Grad ihrer Krümmung mit ziemlich einfachen mathematischen Mitteln messen lässt: Zum Beispiel, wenn wir das Konzept des *Paralleltransports entlang einer geschlossenen Rundstrecke* einführen. Fachsprachlich können wir sagen: Wenn wir einen Vektor (also einen «Pfeil» einer bestimmten Länge) in einer bestimmten Mannigfaltigkeit (also einem Abschnitt der Raumzeit) nehmen und ihn entlang einer geschlossenen Rundstrecke parallel transportieren, können wir mithilfe eines mathematischen Instruments (des sogenannten *Riemanntensors* oder des *riemannschen Krümmungstensors*) messen, wie ausgeprägt eine vorhandene Krümmung ist.

Einige Beispiele können dieses Konzept vielleicht verdeutlichen: Betrachten wir eine Oberfläche in zwei Dimensionen, zunächst die denkbar einfachste, nämlich eine Ebene. Stellen wir uns die geschlossene Rundstrecke als ein Dreieck A–B–C vor und nutzen zur Angabe einer bestimmten Richtung einen Pfeil mit vorgegebener Länge, der seinen Startpunkt in A hat und entlang der Seite A–B ausgerichtet ist. In der Mathematik und Physik ist ein solcher Pfeil ein *Vektor*, der eine bestimmte Länge (Betrag) und eine durch seine Pfeilspitze angegebene Richtung hat. Jetzt können wir unseren entlang A–B ausgerichteten

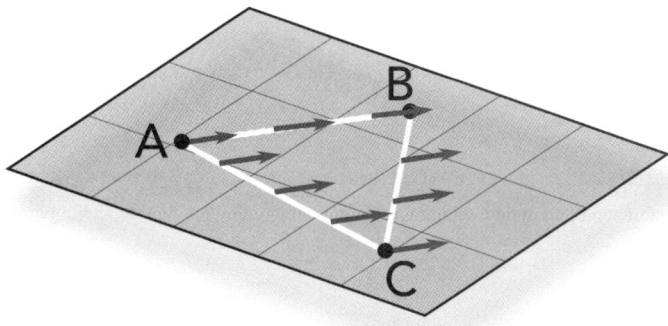

Abb. 3.1: Paralleltransport eines Pfeils (Vektors) entlang des Dreiecks A–B–C auf einer Ebene in zwei Dimensionen. Der Vergleich des Vektors am Ende mit dem am Anfang in A zeigt, dass beide identisch sind. Die Ebene ist eine flache Oberfläche, weil sie eine Krümmung null hat.

Vektor zunächst zum Punkt B und dann zum Punkt C verschieben. Dabei ist freilich wichtig, dass seine ursprüngliche Ausrichtung erhalten bleibt, weil gerade dies die Idee hinter dem Paralleltransport ist. In C angelangt, transportieren wir den Vektor entlang der Seite C–A und vollenden so die Rundstrecke, wie Abbildung 3.1 zeigt. An diesem Punkt vergleichen wir den Vektor am Ende mit dem ursprünglichen und stellen fest, dass beide identisch sind. Beim Paralleltransport entlang einer Rundstrecke auf einer Ebene hat sich nichts verändert. Wir können sagen, dass sich deshalb nichts verändert hat, weil die Oberfläche keine Krümmung aufweist, dass also die Ebene, da mit einer Krümmung null versehen, eine *flache* Oberfläche ist.

Betrachten wir nun ein Beispiel für eine Oberfläche, die nicht einfach flach ist. Nehmen wir eine in zwei Dimensionen, die die Mathematiker wegen ihrer Einfachheit und ihrer reichhaltigen Eigenschaften lieben: eine sogenannte *2-Sphäre*, nämlich die Oberfläche einer regelmäßigen Kugel. Im Grunde können wir uns eine 2-Sphäre als eine absolut glatte und hauchdünne Orangenschale oder als eine vereinfachte Darstellung der Erdoberfläche vorstellen.

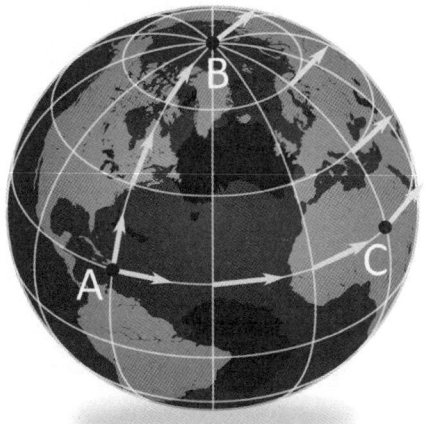

Abb. 3.2: Paralleltransport eines Vektors entlang einer geschlossenen Rundstrecke auf einer 2-Sphäre. Der Vergleich zwischen dem Vektor am Ende und dem am Anfang zeigt einen Unterschied. Sie stehen in einem rechten Winkel zueinander. Die 2-Sphäre ist eine gekrümmte Oberfläche, insofern sie eine Krümmung ungleich null aufweist.

Hier können wir unsere geschlossene Rundstrecke – immer noch dargestellt durch ein Dreieck A–B–C – aus zwei Längenkreisen konstruieren, die von einem Breitenkreis geschnitten werden. Stellen wir uns also vor, wir starten am Punkt A, vielleicht auf einer schönen Karibikinsel, und ziehen von dort aus mithilfe eines Kompasses nach Norden. Solange wir präzise der Ausrichtung der Nadel folgen, transportieren wir unseren Vektor parallel am ersten Meridian entlang bis zum Nordpol hinauf, also zum Punkt B. Von dort aus folgen wir einem anderen Meridian, zum Beispiel dem, der in einem rechten Winkel zum ersten steht, in Richtung Süden, achten dabei aber darauf, dass der Vektor seine ursprüngliche Ausrichtung beibehält. Schließlich langen wir am Punkt C irgendwo im nördlichen Afrika an. Von diesem Punkt aus – er liegt auf der Höhe von A – bewegen wir uns entlang dem Breitenkreis, der die Seite C–A bildet, weiter nach Westen mit unserem Vektor, der immer noch in die gleiche Richtung wie bei unserer Ankunft am Nordpol zeigt.

Nachdem wir, wie in Abbildung 3.2 gezeigt, mit der Rückkehr nach A unsere Rundstrecke geschlossen haben, vergleichen wir den Vektor mit dem ursprünglichen und stellen fest, dass beide diesmal nicht mehr identisch sind. Sie stehen in einem rechten Winkel zueinander. Der eine zeigt nach Norden, der andere nach Westen. Wir haben entdeckt, dass der Paralleltransport eines Vektors entlang einer geschlossenen Rundstrecke auf einer 2-Sphäre dazu führt, dass sich die Richtung des Vektors verändert. Und diese Veränderung hängt damit zusammen, dass die Kugeloberfläche eine Krümmung aufweist. Mit anderen Worten, wir haben gelernt, dass eine 2-Sphäre eine *gekrümmte* Oberfläche ist, weil sie eine Krümmung ungleich null hat.

Dieses einfache Experiment müsste selbst diejenigen, die die Erde für eine Scheibe halten, vom Gegenteil überzeugen. Aber auch uns zeigt es etwas sehr Interessantes auf, zu dem wir mehrere wichtige Feststellungen am Rande treffen können. Erstens ist ziemlich klar, dass der Unterschied zwischen den beiden Vektoren kaum so gut zu erkennen gewesen wäre, wenn wir ein sehr kleines Dreieck gewählt hätten. Bei einer Seitenlänge von kaum hundert Metern beispielsweise wäre die Abweichung ohne ausreichend feine Messinstrumente kaum messbar gewesen. Folglich kann sich eine gekrümmte Oberfläche, zumindest *lokal*, also im Umfeld ihrer einzelnen Punkte, an eine flache Oberfläche annähern. Die Krümmungseffekte sind nur in Größenordnungen erkennbar, die mit dem *Krümmungsradius* der gekrümmten Oberfläche vergleichbar sind.

Um diesen Punkt grob vereinfacht zu verdeutlichen, können wir sagen, dass es, zumindest lokal, immer möglich ist, eine gekrümmte mit einer kugelförmigen Oberfläche anzunähern. In diesem Fall hat die 2-Sphäre, die die gekrümmte Oberfläche annähert – die sogenannte *Schmiegkugel* –, einen Radius gleich dem Krümmungsradius der gekrümmten Oberfläche. Wenn wir uns auf eine Oberfläche in einer einzigen Raumdimension – also auf eine Kurve – beschränken, lässt sich diese lokal immer an einen Umfang annähern, dessen Radius den der lokalen Krümmung darstellt. Wollen wir dagegen die Raumzeit in ihren vier Dimensionen berücksichtigen, bekommen wir eine – nur schwer vorstellbare, wie ich unumwunden zugebe – vierdimensionale Kugel, die sich in jedem Punkt an die lokale Krümmung der vierdimensionalen Raumzeit anschmiegt.

Wenn wir uns dies und die Definition des Krümmungsradius anschauen, überrascht wohl kaum, dass eine flache Oberfläche – eine, wie wir sahen, mit einer Krümmung null – trotzdem einen Krümmungsradius hat: allerdings einen unendlich großen. Bei der Erde ist der Krümmungsradius gleich lang wie ihr Radius, also rund 6400 Kilometer, und deswegen braucht es schon eine Wegstrecke von der Karibik bis zum Nordpol, um den Unterschied zwischen den Vektoren zu messen. Würden wir uns beim gleichen Experiment auf einem Raum in der Größe des Markusplatzes in Venedig beschränken, wäre eine Messung des Unterschieds zwischen den Vektoren sehr schwierig, wenn nicht gar unmöglich.

Die zweite Feststellung folgt unmittelbar aus der ersten und bringt uns eine grundlegende Einsicht nahe, auf die wir im Verlauf dieser Reise noch zahlreiche Male zurückkommen. Da wir unsere Erfahrung mit der physikalischen Welt auf einer Längenskala von mehreren zig Kilometern – weiter in die Ferne können wir nicht blicken – und auf der Grundlage der Schravereverhältnisse auf der Erde machen, nehmen wir die Gesetze der Physik zwangsläufig als die einer flachen, also mit einer Krümmung null versehenen Raumzeit wahr. Tatsächlich trägt dieser Eindruck ebenso wie die Annahme, dass die Erde flach sei, weil ihre Krümmung nur schwer zu erkennen ist. Um uns aus den Fesseln unserer Wahrnehmung einer flachen Raumzeit zu befreien, müssen wir uns erneut Einsteins Intuition anvertrauen. Darauf kommen wir im nächsten Kapitel zurück.

Als dritte Feststellung können wir sagen, dass das soeben erörterte Instrument – also der Paralleltransport eines Vektors entlang einer geschlossenen Rundstrecke – ganz allgemein funktioniert, also auch auf Oberflächen mit einer deutlich komplizierteren Krümmung als der bislang betrachteten. Abbildung 3.3 zeigt eine zweidimensionale Oberfläche, bei der sich die Krümmung von einem Punkt zum anderen verändert, abgesehen von denen, die vom Mittelpunkt gleich weit entfernt liegen. Denkt man insbesondere an den lokalen Krümmungsradius, so ist dieser nahe am Zentrum der Oberfläche sehr klein und vergrößert sich desto stärker, je weiter man sich nach außen bewegt. Genau im Zentrum ist er unendlich groß, weil ich die Darstellung einer Funktion – $\sin(r)/r$ – gewählt habe, die im Zentrum mit seiner flachen Spitze einen konstanten und nahe bei eins liegenden Wert hat. Überdies zeigt die Illustration, dass die Krümmung das Vorzeichen wechseln, also positiv oder negativ werden kann, je nachdem, ob die Oberfläche – wie im Fall der 2-Sphäre – konvex oder konkav ist.

Die Allgemeine Relativitätstheorie setzt auf ausgefeilte mathematische Instrumente – viele wurden von Italienern wie Tullio Levi-Civita und Gregorio Ricci-Curbastro zu Beginn des 20. Jahrhunderts entwickelt –, um den Krümmungsradius und sein Vorzeichen zu bestimmen.

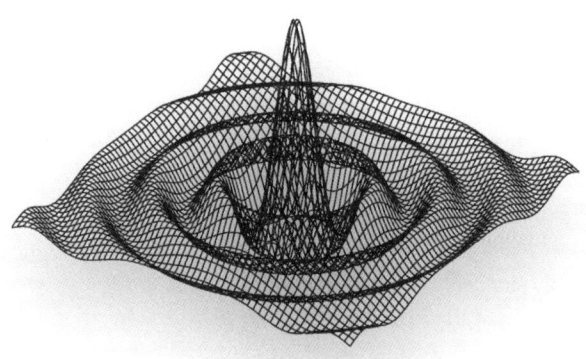

Abb. 3.3: Eine allgemeine gekrümmte Oberfläche kann komplex ausgestaltet sein und lokal ganz unterschiedliche Krümmungsradien aufweisen, auch mit positiven oder negativen Werten, je nachdem, ob die Oberfläche konvex oder konkav gekrümmt ist.

Dank ihrer lassen sich ohne jede Science-Fiction Anwendungen vorstellen, mit denen sogar unsere Smartphones ausgestattet werden können, um eines Tages die lokale Krümmung zu messen, ähnlich wie jetzt schon Messungen der lokalen Höhe möglich sind.

Die bislang aufgeführten Beispiele führen uns schließlich zu einer letzten Feststellung. Wenn es möglich ist, die Stärke der Krümmung einer Oberfläche in zwei Dimensionen zu messen, dann geht dies auch bei einer Oberfläche in drei Dimensionen (also einem Volumen) und in Erweiterung zudem bei einer in vier Dimensionen (wie der Raumzeit). Mit anderen Worten, man kann mithilfe der gleichen Logik und der gleichen mathematischen Instrumente die *Krümmung der Raumzeit* messen und feststellen, ob diese flach ist oder nicht.

Die Krümmung und Einsteins Gleichungen

Da wir sahen, wie Krümmungen in Erscheinung treten und mit welchen mathematischen Instrumenten sie sich messen lassen, können wir einen wichtigen Schritt zum Verständnis vollziehen und sehen, wie die Allgemeine Relativitätstheorie Krümmung mit Materie und Energie in einen Zusammenhang bringt. Diese Verbindung drücken die Feldgleichungen aus, die Einstein 1915 vorstellte und die eines der wichtigsten Kapitel der modernen Physik markierten. Vor ihrer Erörterung muss ich allerdings an eine andere Gleichung (Achtung: hier in der Einzahl!) erinnern. Sie stammt ebenfalls von Einstein, hat aber nichts mit Gravitation zu tun. Tatsächlich hatte er sie gut zehn Jahre vor der Allgemeinen Relativitätstheorie eingeführt, und zwar mit der *Speziellen Relativitätstheorie* (1905). Sie lässt sich so ausdrücken:

$$E = mc^2 \qquad (3.\text{II})$$

Diese auch als die *Einsteingleichung* bekannte Formel ist inzwischen zu einem Sinnbild für die wissenschaftliche Leistung dieses deutschen Physikers avanciert. Und auch, wenn sie ohne einen Gedanken an die Gravitation erstellt wurde, drückt sie ein wichtiges Konzept aus, das

wir im Folgenden häufig nutzen werden. Kurz, sie gibt über das Zeichen
= eine Äquivalenz zwischen der Energie (*E*, links) und der Masse (*m*,
rechts vom Gleichheitszeichen) an. Das Quadrat der Lichtgeschwindigkeit, *c²*, ist für das hier zu Erörternde im Grunde gleichgültig: Die Angabe dient nur dazu, die beiden Glieder mit Blick auf die Einheit vergleichbar zu machen (deshalb ist sie grau gesetzt).[2] Mit anderen Worten
sagt uns Gleichung (3.II), dass jede Masse – ob die einer Feder oder die
eines Felsblocks – eine bestimmte Menge an Energie enthält.

Dank dieses grundlegenden Faktums können Sterne dadurch Energie erzeugen, dass sie – über den Prozess der *thermonuklearen Fusion* –
jeweils vier Wasserstoffatome zu einem Heliumatom verschmelzen, dessen Masse etwas geringfügiger ist als die Summe der Massen der vier
Ausgangsatome. Diese kleine Differenz an Masse setzen sie dabei in
Form von Energie frei. Das gleiche Prinzip gilt für Atomkraftwerke: Bei
der Kernspaltung wird ein komplexes Atom wie das des Urans in sehr
viel kleinere «aufgebrochen», deren Gesamtmasse unter der ursprünglichen liegt. Auch hier wird der Unterschied in Form von Energie frei.

Deshalb reden wir ab jetzt von *Masseenergie*, ohne genau festzulegen, ob es sich um Masse im Sinn einer Ansammlung von Elementarteilchen (wie etwa Elektronen, Protonen oder Neutronen) handelt, denen sich eine Ruhemasse zuordnen lässt, oder um reine Energie. Damit
können wir ohne längere Umschweife zu Einsteins Gleichungen (hier in
der Mehrzahl!) übergehen:

$$G_{\mu\nu} = \left|\frac{8\pi G}{c^4}\right| T_{\mu\nu} \qquad (3.\mathrm{III})$$

Wie leicht zu erahnen ist, sind solche Gleichungen wohl den meisten
von Ihnen so klar wie ein chinesischer Text. Zumindest, wenn Sie des
Chinesischen nicht mächtig sind. Aber das ist völlig normal: Um sie zu
verstehen, muss man ein komplettes Universitätsseminar zur Allgemeinen Relativitätstheorie besucht haben. Meines, das ich in Frankfurt am
Main gebe, dauert beispielsweise rund sechs Monate und vermittelt
eine ganze Reihe notwendiger mathematischer Instrumente, um sie detailliert nachzuvollziehen und den Umgang mit ihnen zu beherrschen.[3]
Aber von der Mathematik dürfen wir uns nicht «beirren» lassen: Kon

zentrieren wir uns vielmehr auf die eigentliche Bedeutung dieser Gleichungen, die den Eckstein der Allgemeinen Relativitätstheorie bildet – und damit den Kern von Einsteins revolutionärer Sichtweise von der Gravitation.

Gehen wir wieder vom Gleichheitszeichen aus, das eine Gleichwertigkeit zwischen dem, was links – dem *Einsteintensor* ($G_{\mu\nu}$) – und dem, was rechts steht, ausdrückt. Der zweite Term ist das Produkt aus zwei Faktoren: aus einem in Klammern, der nur zur Wiedergabe der Einheiten dient, aber keine physikalische Bedeutung hat (und deshalb grau gesetzt ist), und einem anderen, dem sogenannten *Energie-Impuls-Tensor* ($T_{\mu\nu}$). Eigentlich können die einsteinschen Gleichungen (3.III) auch wie eine begriffliche Gleichsetzung gelesen werden:

$$(\text{Einstein-Tensor}) = (\text{Energie-Impuls-Tensor}) \qquad (3.\text{IV})$$

Der Einsteintensor stellt ein Maß für die Krümmung der Raumzeit dar – und ist proportional zum Riemanntensor, der ebendiese Krümmung misst –, während der Energie-Impuls-Tensor ein Maß für die Menge an Materieenergie in der Raumzeit ist, für das gilt: Je größer die Menge an Materie und deren Konzentration, desto größer ist der Zahlenwert dieses Tensors. Damit drücken diese komplexen Gleichungen (3.III) in der Kernaussage eine Gleichsetzung folgender Art aus:

$$(\text{Geometrie-Krümmung}) = (\text{Masseenergie}) \qquad (3.\text{V})$$

Dies ist zweifelsfrei das wichtigste Konzept des gesamten Buchs. Es drückt genau das aus, was auf höchst komplexe Weise – aber auch mathematisch elegant und physikalisch revolutionär – von den einsteinschen Gleichungen bestätigt wird: *Wo immer Materie (oder Energie) vorhanden ist, ruft diese eine Krümmung hervor.* Dies gilt immer, unabhängig davon, ob von der Masse einer Galaxie oder der eines Sandkorns, von einem Lichtstrahl oder einer Kanonenkugel die Rede ist. Was sich jeweils verändert, ist nur die Größe dieser Krümmung, also wie stark ausgeprägt sie ist. Im nächsten Kapitel lernen wir, Krümmungen verschiedener Intensität zu unterscheiden, und verstehen dann auch, wie es die Natur schafft, sie entstehen zu lassen. Zunächst müssen wir allerdings noch sehen, wie die Gravitation in diesen gedanklichen Rahmen hineinpasst.

Die Raumzeit ist ein elastisches Gewebe

Aber auch wenn Ausdruck (3.V) eine Vielfalt an wichtigen Konsequenzen hat, auf die wir weiter hinten im Buch näher eingehen, so erklärt er noch nicht, was die Gravitation mit all dem zu tun hat. Es ist nicht unbedingt deutlich, wie die einsteinschen Gleichungen erklären können, warum ein Apfel vom Baum herabfällt. Diesem Phänomen müssen wir in einem nächsten gedanklichen Schritt auf den Grund gehen. Und auch dabei ist etwas Konzentration hilfreich.

Um zu verstehen, warum Krümmung und Gravitation untrennbar miteinander verknüpft sind, stellen wir uns zunächst eine flache, aber elastische und verformbare Ebene vor, zum Beispiel ein frisch aufgezogenes Bettlaken. Da keine Gegenstände auf ihm liegen, erscheint es vollkommen glatt und eben, und dies bleibt auch so, solange seine Oberfläche durch nichts verändert wird. Dies zeigt Abbildung 3.4, die uns verstehen hilft, was die einsteinschen Gleichungen eigentlich be-

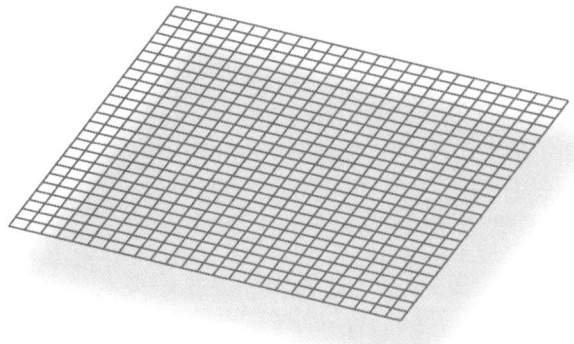

Abb. 3.4: Ohne Materieenergie entsteht eine krümmungsfreie, also flache Raumzeit.

deuten. Ohne Materieenergie entsteht eine Raumzeit mit der Krümmung null, also eine flache. Wenn wir in ihr einen Vektor einer geschlossenen Rundstrecke entlang parallel transportieren, sehen wir am Ende, dass sich seine Richtung nicht verändert hat.

Pingelig könnte man sagen, dass es so eine Raumzeit – also eine völlig flache – gar nicht geben kann, weil ja jedwede Materie, egal wie winzig die Masse ist, in ihr eine Störung hervorruft, sodass sie sich von ihrer «Flachheit» verabschieden muss. Hilfreich ist das Beispiel aber trotzdem, denn man kann häufig Raumzeiten in Betracht ziehen, die «annähernd flach» oder «lokal flach» sind (also nicht absolut oder auf großer Skala, aber zumindest in einer kleinen Region).

Stellen wir uns also vor: Was würde geschehen, wenn wir ein schweres Objekt, zum Beispiel eine Bowlingkugel, auf dieses Bettlaken legten? Wie man sich gut denken kann, würde das Laken sich um diese Last herum «krümmen», sich also so eindellen, wie Abbildung 3.5 zeigt. Dies liefert uns eine nützliche Analogie zu dem, was mit den einsteinschen Gleichungen ausgedrückt wird. Wo Materie (oder Energie) vorhanden ist, entsteht eine Raumzeit mit einer Krümmung ungleich null, also eine gekrümmte. Wenn wir einen Vektor nähmen und ihn in ihrem Inneren parallel entlang einer geschlossenen Rundstrecke herumtrügen, würden wir am Ende unseres Weges feststellen, dass er sich gegenüber dem Anfangszustand verändert hat.[4]

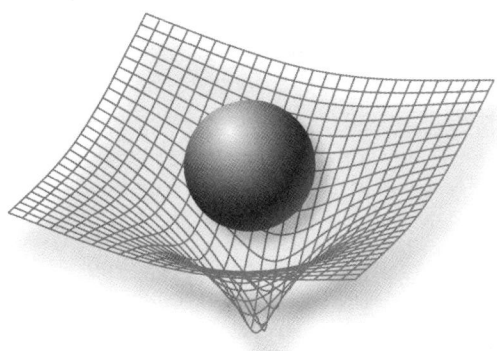

Abb. 3.5: Masseenergie – hier dargestellt mit einer Kugel, die für einen Planeten oder ein Sandkorn stehen könnte – lässt eine Raumzeit mit einer Krümmung ungleich null, also eine gekrümmte, entstehen.

Anhand des Beispiels vom Bettlaken lassen sich drei verschiedene Feststellungen «am Rande» treffen. Die erste hat mit einem sehr wichtigen Aspekt von Abbildung 3.5 zu tun, auf den ich die Aufmerksamkeit lenken möchte: Die von der Bowlingkugel hervorgerufene Krümmung ist nicht überall gleich, sondern verändert sich von einem Punkt zum anderen. Insbesondere ist sie an den Rändern des Lakens sehr schwach ausgeprägt, sodass diese fast flach erscheinen, und verstärkt sich mit zunehmender Nähe zu der Stelle, an der die Kugel liegt, wo sie dann auch ihren maximalen Wert erreicht. Anders gesagt, wie zu erwarten, hängt die Krümmung allgemein von der Position ab. Nur unter ganz besonderen Umständen – wie im Fall einer 2-Sphäre – ist sie überall gleich.

Die zweite Feststellung betrifft die «Gestalt» dieser Verformung. Obwohl einleuchtend erscheint, dass die Bowlingkugel eine *konkave* – oder *positive* – Krümmung im Laken verursacht, lassen die einsteinschen Gleichungen völlig gleichwertig auch konvexe Krümmungen zu. Aus unserer physischen Erfahrung wissen wir, dass sämtliche bekannte Materie um uns herum, mit der wir experimentieren können, genau wie in Abbildung 3.5 gezeigt, positive Krümmungen verursacht. Aber das schließt keineswegs aus, dass auch Materie existiert, die eine *negative* Krümmung hervorruft. Den einsteinschen Gleichungen zufolge ist dies vielmehr zulässig.

Die letzte Feststellung schließlich betrifft die Auswirkung der Krümmung. Tatsächlich ist wichtig, dass eine bestehende Krümmung die Dynamik (also die Bewegung) der Objekte in ihrem Umfeld beeinflusst. Stellen wir uns vor, dass wir neben die Bowlingkugel eine zweite, kleinere und leichtere Kugel aufs Laken legen, die keine vergleichbar starke Krümmung wie die erste hervorruft. In so einem Szenario kommt diese – wenn keine Reibung wirkt – zwangsläufig ins Rollen und «fällt» ins Zentrum der Krümmung, die von der Bowlingkugel verursacht wird. Anhand dieses Beispiels können wir nachvollziehen, wie die Gravitation in geometrischer Hinsicht in Erscheinung tritt. Indem sie die Raumzeit verformt, in der Bewegungen ablaufen, wirkt sie auf die Dynamik von Körpern ein, die sich ohne sie auf ihrer geradlinigen Bahn weiterbewegen beziehungsweise in ihrem Ruhezustand verharren würden.

Krümmung und Gravitation

Nachdem nun die Begriffe Raumzeit und Krümmung eingeführt und erschöpfend erklärt sind, ist jetzt wohl der Augenblick der Wahrheit gekommen. Wir sind bereit, uns erneut der einfachen, aber unverständlichen Aussage (3.I) zuzuwenden, die da lautete:

$$\left(\begin{array}{c}\text{Die Gravitation ist die Manifestation}\\ \text{der }\textbf{Krümmung}\text{ der }\textbf{Raumzeit}\end{array}\right)$$

In meinem Kurs geschieht es gewöhnlich an diesem Punkt, dass der verstörte und skeptische Blick, der bei der ersten Begegnung mit dieser Aussage auf dem Gesicht der Studierenden erschienen ist, dem zufriedenen Lächeln des Aha-Effekts weicht, wenn man denkt: «Na klar! Was denn sonst?» Der Satz hat nicht nur seine Rätselhaftigkeit verloren, sondern strahlt jetzt sogar eine tiefe Faszination aus.

Einstein sagt: Wenn die Raumzeit leer ist – in dem Sinn, dass sie keine Materie mit ausreichend Masse enthält, um eine Krümmung hervorzurufen –, dann ist sie auch flach, und jedes Objekt behält seinen Bewegungszustand bei. Es verharrt entweder in Ruhe oder bewegt sich weiterhin mit konstanter Geschwindigkeit auf einer geradlinigen Bahn (das Trägheitsprinzip). Aber wenn Materie in der Raumzeit eine Krümmung erzeugt, beeinflusst diese den Bewegungszustand aller Objekte in deren Umgebung. Die ruhenden werden in eine Bewegung gezwungen, wenn sie sich nicht gerade an einem Punkt befinden, an dem die Raumzeit lokal flach ist. Und die anderen, die mit konstanter Geschwindigkeit auf gerader Bahn durch die Raumzeit reisen, werden in ihrer Bewegung zwangsläufig abgelenkt.

Nach dieser alternativen und rundweg revolutionären Sichtweise von der Gravitation fällt der Apfel folglich nicht deshalb zu Boden, weil ihn eine Kraft dorthin zieht. Vielmehr sorgt die Erde mit ihrer Materie und Energie für eine Krümmung der Raumzeit um sich herum, die die Objekte in Bewegung versetzt. Wenn ein Apfel nicht mehr von dem Baum festgehalten wird, der ihn an seiner freien Bewegung hindert, folgt er zwangsläufig der lokalen Krümmung so lange in Richtung des

Erdmittelpunkts, bis sich ihm die Oberfläche unseres Planeten in den Weg stellt. Dies zeigt uns ganz schematisch, aber natürlich nicht maßstabsgetreu, Abbildung 3.6.

Dem wäre noch etwas hinzufügen, das jetzt unmittelbar einleuchten dürfte: Dass der Apfel, sobald er sich vom Baum löst, nicht davonfliegt und im interplanetaren Raum verschwindet, hängt mit dem *Vorzeichen* der Krümmung, also damit zusammen, dass die Erde eine positive (oder konkave) Krümmung erzeugt. Wenn wir allerdings – rein hypothetisch – davon ausgingen, dass eine bislang unbekannte Art Materie existiert, die eine negative Krümmung erzeugt, dann würde die Oberfläche des «Bettlakens» in Abbildung 3.5 zu einer konvexen Krümmung verzogen. Wie Sie sich leicht vorstellen können, hätte die Gravitation dann ein umgekehrtes Vorzeichen, sodass sie keine Anziehung, sondern eine *Abstoßung* hervorriefe! Zum Glück bliebe der Titel dieses Buchs, das Sie in Händen halten, auch dann noch gültig. Dann würde die Schwerkraft auf uns eine noch größere Anziehung ausüben!

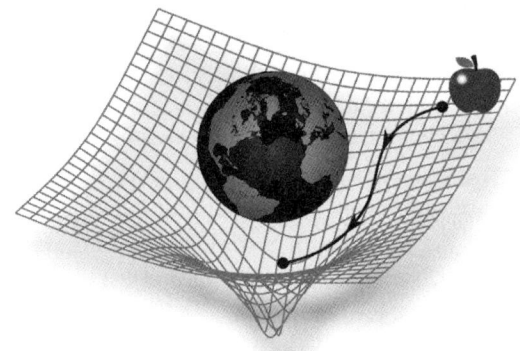

Abb. 3.6: Interpretation des Falls eines Apfels nach Einsteins Gravitationstheorie: Die Erde erzeugt eine Krümmung der Raumzeit und zwingt den Apfel in eine ihr folgende Bewegung, bei der er in Richtung Mittelpunkt des Planeten «fällt».

So widersinnig dieses Szenario einer abstoßenden Gravitation auch erscheinen mag, so ist es doch genau das, was sich unserer Überzeugung nach derzeit im Universum als Ganzem abspielt. Tatsächlich lassen Beobachtungen ferner Supernovae darauf schließen, dass sich unser Kosmos gegenwärtig in einer Phase befindet, in der er sich beschleunigt ausdehnt. Die Ursache ist bislang noch unklar, könnte aber mit *Dunkler Energie* zusammenhängen: eine schwache Form von Energie, die keine positive, sondern eine negative Krümmung erzeugt – und so anscheinend auf kosmischer Skala als *Antigravitation* wirkt!

Nichts bewegt sich auf gerader Linie

Wie schon in Anmerkung 4 hervorgehoben, hat das Beispiel, das Abbildung 3.5 illustriert, eine logische Schwachstelle. Wir haben zur Erklärung, wie die Schwerkraft entsteht, eine Bowlingkugel angeführt, die ihrerseits schon einem Gravitationsfeld, nämlich dem der Erde, unterliegt. Folglich krümmt sie das Bettlaken eben deshalb, weil sie sich in diesem Schwerefeld befindet. Wir nutzen also die Bewegung eines Objekts in einem Gravitationsfeld zur Erklärung, wie die Krümmung hervorgerufen wird, und behaupten, diese sei der Ursprung der Gravitation. Dass sich diese Argumentation irgendwie im Kreis dreht, ist offensichtlich. Aber zum Glück schadet sie auch nicht. Auch wenn der Vergleich mit dem Bettlaken etwas hinkt, ist er trotzdem ganz nützlich.

Dieser Punkt führt uns zur Frage, wie man die Krümmung veranschaulichen und messen kann, auch ohne dabei auf den Vergleich mit dem Bettlaken und der Bowlingkugel zurückzugreifen. Hierfür braucht es etwas Aufmerksamkeit, aber ich versichere Ihnen, dass sich die Mühe lohnt. Dabei entdecken wir gemeinsam eines der wirksamsten und am häufigsten eingesetzten Instrumente in der modernen Astronomie.

Kehren wir zur Vorstellung einer leeren und damit flachen Raumzeit zurück. In ihr gehorcht ein Objekt mit Masse dem Trägheitsprinzip. Ohne äußere Einflüsse behält es seinen ursprünglichen Ruhezustand bei oder bewegt sich andernfalls auf gerader Bahn gleichförmig (also mit konstanter Geschwindigkeit) weiter. Klar ist, dass sich ein anderes Szenario ergibt, wenn die Raumzeit gekrümmt ist: In dem Fall verändert die Krümmung die Bahn des mit Masse ausgestatteten Objekts, die sich zwangsläufig entsprechend anpasst. In einer gekrümmten Raumzeit kann es folglich keine geradlinige gleichförmige Bewegung geben. In ihr folgt jede Bewegung zwangsläufig einer gekrümmten Bahn. In einer

Raumzeit, die Materie enthält, bewegt sich nichts auf gerader Linie, allenfalls über kürzeste Zeiträume.

Diese eben gezogene Schlussfolgerung hat zwei interessante Konsequenzen. Die erste betrifft unsere alltägliche Erfahrung, wonach die geringste Entfernung zwischen zwei Punkten eine Gerade, die sogenannte *Geodäte*, ist. In einer flachen Raumzeit ist das natürlich richtig, aber nicht mehr in einer gekrümmten. In ihr ist die kürzeste Verbindungslinie keine Gerade mehr.

Diese Feststellung ist tatsächlich gar nicht so merkwürdig, wie sie erscheinen mag. Zwei konkrete Beispiele machen sie sogar offensichtlich. Stellen Sie sich vor, Sie bewegen sich auf einer gekrümmten Oberfläche, wie sie Abbildung 3.7 zeigt, und müssen von einem Punkt A zu einem Punkt B gelangen.

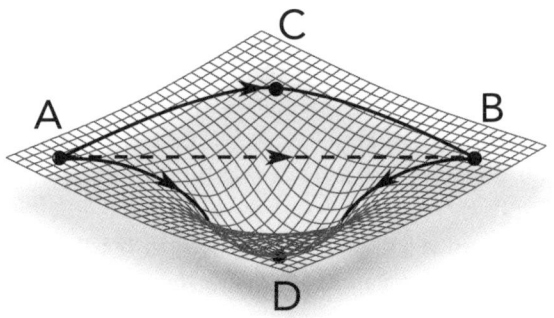

Abb. 3.7: In einer gekrümmten Raumzeit ist die Gerade nicht die kürzeste Strecke, die zwei Punkte verbindet (die Geodäte). Hier ist die Stecke A–C–B die Geodäte zwischen A und B.

In einer solchen Lage könnten Sie sich befinden, wenn Sie etwa durch den Karst über der Triester Bucht spazieren, eine Wanderung, wie ich sie in meiner Freizeit gerne unternehme. Solche Talsenken, sogenannte *Dolinen*, bestimmen dort vielfach das Gelände. Ganz offensichtlich können Sie von A aus B auf keiner geraden Linie erreichen, höchstens, sie fliegen, aber den Fall betrachten wir im nächsten Beispiel. Vielmehr werden Sie der Oberfläche des Geländes auf der Strecke A–C–B oder A–D–B folgen, je nachdem, welche die kürzere und bequemere ist. Nehmen wir beispielsweise an, es sei die erste (bei anderen Verhältnissen könnte es auch die zweite sein). Damit ist A–C–B die Geodäte zwischen A und B, also die Kurve, die man als kürzeste Verbindung zwischen den beiden Punkten ablaufen müsste.[5]

Als zweites Beispiel denke man an die Routen, die Flugzeuge oder Schiffe nehmen, um von einem Punkt auf unserem Planeten zum anderen zu gelangen. Tatsächlich sind auch sie Geodäten, weil auf ihnen als den kürzesten Verbindungslinien der Treibstoffverbrauch und damit die Kosten am geringsten sind. Da sich Flugzeuge und Schiffe über die gekrümmte Erdoberfläche bewegen müssen, können diese Geodäten keine Geraden sein, sondern sind vielmehr Bögen, also Geodäten in einer gekrümmten Raumzeit. Dies hat eine wichtige Konsequenz. Wie wir sahen, lässt sich eine gekrümmte Raumzeit lokal mit einer flachen annähern. Nach dem gleichen Prinzip bewegen sich die Flugzeuge und Schiffe auf Bahnen, die auf kleiner Skala als geradlinig erscheinen, sich aber auf Skalen, die mit dem Krümmungsradius der Erde vergleichbar sind, als gebogen erweisen.

Die zweite wichtige Konsequenz betrifft im engeren Sinn die Astronomie, deren Beobachtungen uns verraten, ob das Universum grundlegend *leer* ist, abgesehen von lokalen Ansammlungen von Materie, die in Form von Planeten, Sternen, Galaxien, Galaxienhaufen und so weiter in Erscheinung treten. Deswegen gibt es in der Raumzeit, die unser Universum beschreibt, ausgedehnte und in ihrem Volumen weitaus vorherrschende Regionen, die *fast flach* sind. Hier bewegen sich Objekte mit Masse entlang gerader Bahnen, die, wenn sie ursprünglich parallel zueinander verliefen, diesen parallelen Verlauf auch beibehalten. In relativ kleinen und selten vorkommenden Zonen, in denen Materie in erheblicher Masse auftritt, ist die Raumzeit dagegen gekrümmt, sodass sich Objekte mit Masse auf gekrümmten Bahnen bewegen: Wenn diese anfangs parallel verlaufen, streben sie zwangsläufig auseinander oder zusammen.

Angesichts dieser Verhältnisse könnten wir «problemlos» Instrumente konstruieren, um zu überprüfen, ob die Raumzeit tatsächlich flach oder gekrümmt ist, ohne dass wir dazu auf das Hilfsmittel der Bettlaken und Bowlingkugeln zurückgreifen müssen. Dazu müssen wir «nur» kleine Objekte mit Masse, zum Beispiel Mikrosatelliten, zu einem ausreichend weit entfernten Himmelskörper schießen – etwa zu Proxima Centauri, dem erdnächsten Stern in nur 4,24 Lichtjahren Entfernung –, und zwar so, dass sie mit parallel verlaufenden Bahnen starten. Wenn sie nach rund 270 000 Jahren (vorausgesetzt, sie fliegen mit der höchsten Geschwindigkeit, die ein künstlicher Satellit bislang erreichte) am Ziel angelangt sind, müssen wir nur noch ihren Abstand zueinander messen. Je nachdem, ob sich dieser gegenüber dem ursprünglichen verringert oder vergrößert hat, wissen wir, ob sie auf ihrer Reise Raumzeitregionen mit einer positiven oder negativen Krümmung durchquert haben.

Aber schon ein minimaler Realitätssinn sagt uns, dass ein solches Experiment, so gut konzipiert es sein mag, in der Praxis undurchführbar ist. Es ist ja auch nur die abstruse Idee eines theoretischen Physikers. Zu unserem Glück hat Einstein bereits vor hundert Jahren ein ähnlich konzeptioniertes Experiment vorgeschlagen, das sogar mit damaliger Technologie umsetzbar war. Und dank dieses Experiments hat er sogar die größten Skeptiker davon überzeugt, dass er mit seiner seltsamen Gravitationstheorie richtiglag.

Um Einsteins Vorschlag besser zu verstehen, müssen wir auf seine Gleichung zur Äquivalenz von Masse und Energie, also auf den Ausdruck (3.11) zurückkommen. Aus ihr lässt sich nämlich Folgendes ableiten: Wenn sich ein Objekt *mit Masse* in einer gekrümmten Raumzeit auf keiner geradlinigen Bahn bewegt, dann gilt dies zwangsläufig auch für ein Objekt *ohne Masse*, zum Beispiel für ein Photon. Nicht einmal ein Lichtstrahl bleibt gerade, wenn er sich durch eine gekrümmte Raumzeit erstreckt: Er wird zwangsläufig gebeugt. Es sei darauf hingewiesen, dass ein Lichtstrahl immer entlang einer Geodäte – also der Linie des kürzesten Abstands – verläuft, aber diese bildet nur in einer flachen Raumzeit eine Gerade, während sie unter den allgemeinen Bedingungen einer gekrümmten Raumzeit als Kurve verläuft.

Photonen anstelle von Satelliten zu nutzen, hat auch zwei Vorteile: Sie sind schneller als jedes Objekt mit Masse (sie reisen sogar mit zulässiger Höchstgeschwindigkeit) und werden von Himmelskörpern wie Proxima Centauri in Überfülle ausgestrahlt. Wir müssen also nur mit Teleskopen diese Photonen auffangen und ermitteln, ob ihre Bahn durch eine Krümmung abgelenkt wurde oder nicht.

Und genau dies schlug Einstein vor gut hundert Jahren mit dem berühmten Experiment vor, das auf der Beobachtung der totalen Sonnenfinsternis von 1919 beruhte. Seine Grundidee verdeutlicht Abbildung 3.8.

Im Kern machte Einstein eine mehr als scharfsinnige Beobachtung: Wenn ein Lichtstrahl von einem massereichen Objekt – zum Beispiel

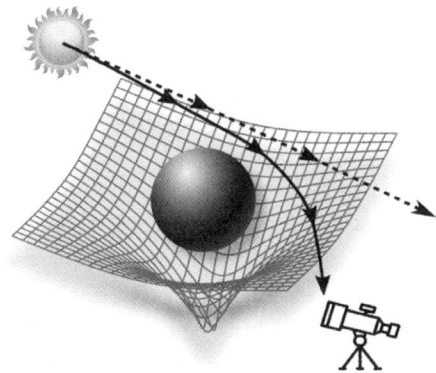

Abb. 3.8: Eine der bedeutendsten Vorhersagen Einsteins bestand darin, dass sich Licht in einer gekrümmten Raumzeit nicht auf gerader Bahn ausbreiten kann. Daraus folgt, dass Himmelskörper mitunter auch dann zu beobachten sind, wenn sie von anderen Objekten im Vordergrund verdeckt werden.

der Sonne –, das die Raumzeit krümmt und ihn tendenziell «anzieht», abgelenkt wird, ist es theoretisch möglich, dass auch das zu «sehen» ist, was sich hinter diesem Objekt verbirgt!

Ob ein geradlinig verlaufender Lichtstrahl abgelenkt wird, hängt natürlich davon ab, wie ausgeprägt die Krümmung ist, die der fragliche Himmelskörper hervorruft (und, wie wir im nächsten Kapitel sehen werden, damit von dessen Masse und Radius).

Anhand einiger Berechnungen mit einer angenäherten Version seiner Gleichungen gelangte Einstein zu dem Schluss, dass ein Himmelskörper, der sich *exakt* hinter dem Zentrum der Sonne befand, verborgen bliebe, dass aber ein ferner Stern, der nahe am Sonnenrand stand, zum Vorschein kommen würde, weil die von unserem Zentralgestirn hervorgerufene Raumzeitkrümmung für eine solche Ablenkung ausreichend stark war.

Aber es gab noch ein Problem: Als die vorherrschende Lichtquelle überstrahlt die Sonne jeden Stern in ihrem Umfeld und macht ihn somit unsichtbar. Um zu überprüfen, ob die Vorhersage einer Lichtablenkung zutrifft, hätte man sie gleichsam «ausknipsen» müssen. Während dies zum Glück unmöglich ist, kommt hier eine totale Sonnenfinsternis zur Hilfe. Bei ihr verdunkelt sich die Sonne fast so vollständig, dass Sterne in ihrer Nähe plötzlich sichtbar werden. Das von Einstein vorgeschlagene Experiment bestand folglich darin, eine totale Sonnenfinsternis von einer optimalen Position aus zu beobachten und festzustellen, welche der hinter der Sonne, aber nahe an ihrem Rand stehenden Sterne, die wegen der Verdeckung theoretisch unsichtbar sein müssten, doch zu sehen sein würden.

Der englische Astronom Sir Arthur Eddington (1882–1944), ein großer Bewunderer Einsteins, der anfangs zu den wenigen Unterstützern der Allgemeinen Relativitätstheorie gehörte, führte zur Überprüfung dieser Vorhersage eine faszinierende Expedition durch, über deren historische Einzelheiten ich hier hinweggehe. An ihrem Ziel – die Insel Príncipe im Golf von Guinea, damals portugiesisches Staatsgebiet und heute Teil der Demokratischen Republik São Tomé und Príncipe – gelangen Eddington am 29. Mai 1919 Beobachtungen, bei denen tatsächlich eine Abweichung des Lichts von fernen Sternen um rund 1,75 Bogensekunden gemessen werden konnte. Dass damit ein physikalisches Phänomen nachgewiesen wurde, das die Prinzipien der newtonschen Gravitationstheorie nicht berücksichtigt hatten, während es von der revolutionären Allgemeinen Relativitätstheorie vorhergesagt worden war, versetzte Newtons Theorie den Todesstoß und bestätigte die «sonderbaren» Konzepte, die in diesem Kapitel erörtert wurden: Raumzeit, Energie, Materie, Krümmung ... Sie waren wohl doch nicht so sonderbar!

Die Vorhersage des oben beschriebenen Phänomens – dass sich Photonen in einer gekrümmten Raumzeit nicht auf gerader Linie bewegen können – ist eine der nützlichsten in Einsteins Theorie, so nützlich, dass sie schon als «Einsteins Geschenk an die Astronomie» bezeichnet wurde. Aus einem einleuchtenden Grund. So wie die Sonne kann auch jedes beliebige astronomische Objekt als eine *Gravitationslinse* wirken: das Licht anderer Objekte ablenken und deren Erscheinung verzerren, es aber auch verstärken und dadurch Objekte sichtbar machen, die ansonsten, da zu lichtschwach, unsichtbar blieben – eben wie eine Linse, die ein Bündel paralleler Lichtstrahlen auf einen Punkt, ihren Brennpunkt, konzentriert.

Die Nutzung dieser höchst interessanten Effekte der Lichtablenkung und -verstärkung gibt Astronomen ein Mittel an die Hand, um Aufnahmen von galaktischen Zentren in gewaltiger Entfernung zu erstellen. Sie markierte denn auch die Geburtsstunde der *Gravitationslinsenastronomie* (englisch: *gravitational lensing astronomy*).

Ein solches Phänomen tritt auch dann auf, wenn das als Linse wirkende Objekt selbst unsichtbar ist, weil es kein Licht ausstrahlt, obwohl es eine beachtliche Masse hat. Hinweise auf ein solches Linsenobjekt gibt die von ihm hervorgerufene Raumzeitkrümmung, die sich dadurch äußert, dass die Bilder anderer ferner Himmelskörper verzerrt in Erscheinung treten. Ein klassisches Beispiel dieser Art Linse ist die *Dunkle Materie*, die kein Licht emittiert, sich aber anhand ihrer Gravitationswirkung auf galaktischer Skala zu erkennen gibt. Tatsächlich verrät uns die Rotationskurve von Spiralgalaxien, dass Dunkle Materie als gewaltige kugelförmige Halos in fast sämtlichen Galaxien die sichtbare Materie umgibt.

Abbildung 3.9 illustriert schematisch, wie Dunkle Materie eine lokale Krümmung der Raumzeit hervorruft, die Mehrfachbilder erzeugt und ferne Galaxien verzerrt erscheinen lässt. Solche Beobachtungen ermöglichen anhand einer Analyse zur Art dieser Verzerrung Rückschlüsse auf die Eigenschaften der Dunklen Materie wie ihre Masse und deren Verteilung.

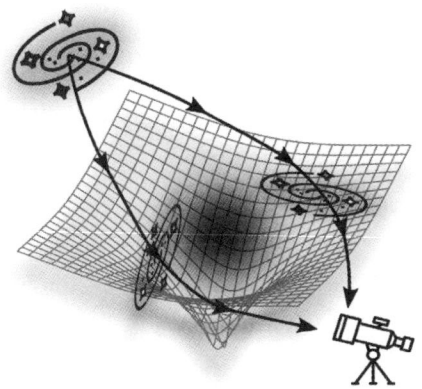

Abbildung 3.9: Kompakte astronomische Objekte können als Gravitationslinsen wirken. Dabei konzentrieren sie die Strahlungen ferner Quellen oder erzeugen Mehrfachbilder. Als Gravitationslinsen können auch unsichtbare Objekte wirken, so Anhäufungen Dunkler Materie.

Doch damit nicht genug: In Kapitel 7 werden wir sehen, wie die Ablenkung eines Lichtstrahls in der Nähe einer starken Krümmungsquelle seltsame Erscheinungen wie doppelte und dreifache Bilder, Vergrößerungen und Absorptionen hervorruft. In diesem Kapitel erkläre ich auch, wie sich das Bild eines Schwarzen Lochs erstellen lässt, wie es meiner Forschungsgruppe zusammen mit dem Gemeinschaftsprojekt Event Horizon Telescope gelungen ist.

4

Die Raumzeit krümmen

Im vorigen Kapitel haben wir die Fundamente gelegt, um einige Grundbegriffe von Einsteins Gravitationstheorie zu verstehen, und dabei gesehen, wie seine Gleichungen zwischen der Krümmung der Raumzeit und der Masseenergie einen festen und unauflöslichen Zusammenhang herstellen. Wie wir sahen, verändert diese Krümmung den Bewegungszustand eines Objekts und setzt damit eine Dynamik in Gang, die wir als Gravitation deuten. All dies wirft mindestens zwei grundlegende Fragen auf, um die bislang angestellten Überlegungen zu Ende zu führen: «Wie krümmt sich die Raumzeit? Und wie misst man ihre Krümmung?»

Vor einer eingehenden Antwort sei daran erinnert, dass uns bereits zwei Methoden begegnet sind, mit denen es – zumindest im Prinzip – möglich ist, Krümmungen zu messen. Die erste besteht darin, einen Vektor parallel über eine geschlossene Rundstrecke zu transportieren, ohne dabei seine Ausrichtung zu verändern. Die zweite sieht vor, die Abweichung eines Lichtstrahls von einer Geraden zu messen. Obwohl beide perfekt funktionieren, sind sie in der Praxis nicht eben einfach umsetzbar. Was wir dagegen gerne hätten, wäre eine einfache und wirkungsvolle Methode, um eine Vorstellung vom jeweiligen Krümmungsgrad einer bestimmten Raumzeit zu gewinnen und dabei sogar die allgemeinen Eigenschaften der Krümmung zu betrachten. Da Krümmung von Objekten mit bestimmten *makroskopischen* Eigenschaften (so Masse und Radius) hervorgerufen wird, suchen wir insbesondere nach einer Messmethode, die auf diesen basiert und uns verrät, welche Krümmung ein bestimmtes Objekt erzeugt. Auf die Art können wir einen Krümmungsgrad nicht nur messen, sondern ihn sogar *erzeugen!*

Dazu müssen wir allerdings einen Schritt hinter das soeben Erörterte zurückgehen. Wie gesagt, ist der Krümmung ein Krümmungsradius oder eine Länge zugeordnet, die den Radius des Krümmungskreises angibt, die in einem bestimmten Punkt die Krümmung der Raumzeit annähert. Diese Länge kann ganz unterschiedlich groß sein, je nachdem, ob die betrachtete Krümmung von einem Objekt mit einer ganz kleinen Masse (wie einem Sandkorn) oder von einem mit einer sehr großen (wie dem einer supermassereichen Galaxie) hervorgerufen wird. Zudem kann eine solche Länge lokal variieren: Sie kann gewaltig sein, wenn die Raumzeit fast flach ist, oder sehr gering, wenn diese in hohem Maße gekrümmt ist.

Um diese Komplikationen zu vermeiden und eine Messung zu bekommen, die ebenso gut bei einem Sandkorn wie bei einer Galaxie funktioniert, brauchen wir ein *relatives Maß*, also eine Beziehung zwischen zwei Größen: einer, die uns sagt, wie stark die Krümmung ist (die also mit der Masse des Objekts zusammenhängt), und einer anderen, die uns verrät, wie weit ausgedehnt sie ist (die also mit ihren Abmessungen verbunden ist). Mathematisch gesehen, lässt sich diese Beziehung sehr einfach berechnen, und Einsteins Gleichungen sind unter diesem Gesichtspunkt äußerst klar. Tatsächlich sagen sie uns, dass der relative Krümmungsgrad durch folgende Beziehung ausgedrückt werden kann.

$$\left(\begin{matrix} \text{relativer} \\ \text{Krümmungsgrad} \end{matrix} \right) \sim \left(\frac{G}{c^2} \frac{M}{R} \right) = \frac{(\text{Masse eines Objekts})}{(\text{Ausdehnung eines Objekts})} \quad (4.\text{I})$$

Auch hier müssen wir die «nebensächlichen» – oder die zumindest für unsere Zwecke eher unwichtigen (und grau gesetzten) – von den wichtigeren Teilen der Gleichung unterscheiden, um deren mathematische und physikalische Bedeutung zu verstehen. Die grundlegenden Elemente sind: die Masse des Objekts *(M)* und sein Radius *(R)*. Der Ausdruck (4.I) oder die Beziehung *M/R* heißt *Kompaktheit*. Als ein Instrument, um die Fähigkeit eines Objekts zu ermitteln, die Raumzeit zu verformen, ist er nicht nur sehr bequem anwendbar, sondern zeigt auch, wie wesentlich es ist, nicht nur einen Aspekt (entweder die Masse oder die Ausdehnung), sondern beide zu berücksichtigen, was eben anhand ihrer Kompaktheit geschieht. Die grau gesetzten Elemente, die Gravitationskonstante *(G)* und die Lichtgeschwindigkeit *(c)*, sind nur deshalb notwendig, um durch ihre Größen teilen zu können, die in verschieden Maßeinheiten ausgedrückt sind. Bei der Masse können es beispielsweise Kilogramm und beim Radius Kilometer sein.[1]

An diesem Punkt können wir mithilfe des Ausdrucks (4.I) den relativen Krümmungsgrad an der Stelle errechnen, an der Sie sich gerade befinden, während Sie dieses Buch lesen, also den der Erdoberfläche. Wenn wir die Masse des Planeten durch dessen Radius dividieren, stellen wir fest, dass der relative Krümmungsgrad einen Wert hat von:

$$\left(\frac{G}{c^2}\frac{M_\oplus}{R_\oplus}\right) \simeq \left(\frac{G}{c^2}\right)\frac{5{,}97 \times 10^{24}\ \text{kg}}{6372\ \text{km}} \approx 7 \times 10^{-10} = 0{,}0000000007 \tag{4.II}$$

Jetzt ist wohl allen klar, dass eine Zahl in einer Größenordnung von 0,0000000007, also eine 7 hinter neun Nullen – äußerst klein ist. Diese Angabe sagt uns, dass die relative Krümmung auf der Erdoberfläche bei nahezu null liegt. Also ist die Raumzeit hier *lokal flach*.[2]

Diese so einfache Schätzung ist durchaus aufschlussreich: Sie liefert eine mathematische Erklärung für Verhältnisse, von denen wir bislang nur eine intuitive Vorstellung hatten. Insbesondere zeigt sie uns, warum unsere Wahrnehmung der Realität fest in einer flachen Raumzeit verankert und dadurch weit von der entfernt ist, die man in einer gekrümmten erwerben könnte. Anders ausgedrückt: Dass wir uns so schwer damit tun, eine Vorstellung von einer gekrümmten Raumzeit zu gewinnen und zu verstehen, was dort geschieht, hängt allein damit zusammen, dass solche Verhältnisse denkbar weit außerhalb unserer Alltagserfahrung liegen.

Wer immer nur in Polynesien gelebt hat, kann sich nur schwerlich vorstellen, wie es ist, in einem Schneesturm aufzuwachen, weil er von einem solchen Szenario nur eine abstrakte Vorstellung hat. Und deswegen reagieren wir hier in der flachen Raumzeit auch so überrascht und neugierig auf den Gedanken, dass sich Licht auf einer gekrümmten Bahn bewegt. Dieser physikalische Prozess liegt außerhalb unseres unmittelbaren Erfahrungsbereichs. Zumindest intuitiv ist für uns undenkbar, dass Sterne, die sich hinter einem anderen Himmelskörper verbergen, für uns sichtbar werden können, wenn eine Krümmung der Raumzeit ihre Lichtstrahlen ablenkt, wie Abbildung 3.8 zeigt.

Eine Schätzung, wie kompakt unsere Erde ist, erklärt zudem auch, warum die Allgemeine Relativitätstheorie eigentlich gar nicht notwendig ist, um die physikalischen Verhältnisse auf unserem Planeten zu erforschen. Deswegen werden ihre Korrekturen in den Experimenten, die in Laboren weltweit durchgeführt werden, auch gar nicht berücksichtigt. Um ein Beispiel zu geben: Wenn Forschende im internationalen Labor des CERN bei Genf Kollisionen von Elementarteilchen untersuchen, interpretieren sie deren Ergebnisse innerhalb der Speziellen Relativitätstheorie, also von einer flachen Raumzeit ausgehend. Nicht etwa deshalb, weil die Raumzeit in der Schweiz *absolut* flach wäre – Ausdruck (4.II) bestätigt das Gegenteil –, sondern einfach deshalb, weil die entsprechenden Korrekturen so geringfügig und kompliziert einzubeziehen wären, dass man getrost auf sie verzichten kann.

Kurzum, die newtonsche Gravitationstheorie genügt vollkommen, um die Auswirkungen der Gravitation auf der Erde zu erforschen und zu berechnen. Auf unserem Planeten unterscheiden sich ihre Ergebnisse von denen, die Einsteins Relativitätstheorie liefert, nur so geringfügig, dass sie vernünftigerweise zu vernachlässigen sind. Die Ingenieure der ganzen Welt können sich also problemlos weiterhin Newton anvertrauen.

Die Zeit krümmen?

Auch wenn sich Newtons Gravitationstheorie fast immer als praxistauglich erweist, wenn physikalische Verhältnisse auf der Erde erklärt oder berechnet werden sollen, bestätigt hier eine wichtige Ausnahme die Regel: das Satellitennavigationssystem GPS (aus dem Englischen für *global positioning system*), mithilfe dessen wir uns alle orientieren können, wenn wir Auto fahren oder durch eine Stadt bummeln. Ohne zu tief ins Einzelne einzusteigen, sei nur daran erinnert, dass sich das GPS hauptsächlich auf mehrere Satelliten in Umlaufbahnen um den Planeten stützt, die mit Empfängern auf der Erde – also mit Geräten wie Smartphones – ständig in Kontakt stehen. Und mithilfe von Daten, die mindestens drei oder vier Satelliten gesammelt haben, lässt sich einigermaßen genau unsere Position *triangulieren*.

Wesentlich für dieses Triangulationsverfahren ist die *Lichtlaufzeit*, also das Zeitintervall, das das elektromagnetische Signal braucht, wenn es von uns zu den Funkmasten auf der Erde und weiter zu den Satelliten übertragen wird. Zu ihrer genauen Berechnung dienen – auf der Erde und auf den Satelliten – Atomuhren von höchster Präzision, deren Abweichung nur 40 Nanosekunden pro Tag beträgt. Mit anderen Worten, die Messungen der Instrumente in den Erdstationen und auf den Satelliten weichen nicht stärker als um 40 der 80 000 Milliarden Nanosekunden ab, die einen Tag ausmachen, also um zwei millionstel Millionstel. Aber trotz dieser gewaltigen Präzision würde das GPS-System nicht funktionieren, wenn unberücksichtigt bliebe, dass die Uhren auf den Satelliten und die auf der Erdoberfläche unterschiedlich «schnell gehen». Also braucht es Korrekturen, die sich aus der Allgemeinen Relativitätstheorie ergeben.

Um zu verstehen, warum die Ganggeschwindigkeit der Uhren von deren Position abhängt, sei an einige der weiter vorn erörterten Konzepte erinnert. Die Zeit spielt in der Allgemeinen Relativitätstheorie eine ähnliche Rolle wie der Raum. Materie verformt das elastische Gewebe der Raumzeit und verändert dabei auch die Abstände zwischen ihren einzelnen Punkten, also ihren Ereignissen.

Daraus können wir schließen, dass Materie in gleicher Weise wie die Bowlingkugel die Entfernung zwischen verschiedenen Bereichen des Bettlakens (also die Abstände zwischen den Punkten eines *räumlichen* Abschnitts der Raumzeit) verändert und auch die zwischen verschiedenen Zeitpunkten zueinander (also die Abstände zwischen den Punkten eines *zeitlichen Abschnitts* der Raumzeit).

Uhren nutzen wir ja gerade dazu, um die Abstände zwischen zwei Ereignissen in der Zeit zu messen. Dazu stehen verschiedenen Techniken zu Verfügung. Bei einer analogen Uhr rückt ein rotierendes Zahnrad, an das ein Zeiger angebracht ist, jeweils um einen bestimmten Bruchteil eines Grads weiter voran, während man sich bei einer Atomuhr den Wechsel zwischen zwei Energiezuständen eines Elektrons in einem angeregten Atom zunutze macht. Von beiden Arten der Uhr erwarten wir allerdings, dass sie überall gleich schnell gehen – zum Beispiel von zwei identischen Schweizer Chronographen, von denen der eine in Zürich und der andere in Frankfurt tickt. Aber die Allgemeine Relativitätstheorie lässt dies nur in einem Fall zu: wenn sich beide Uhren in einer flachen Raumzeit im Ruhezustand befinden. Sind sie dagegen – auch in einer flachen Raumzeit – in Bewegung, tritt eine Zeitdilatation auf, wie sie die Spezielle Relativitätstheorie vorhersagt und wie es die

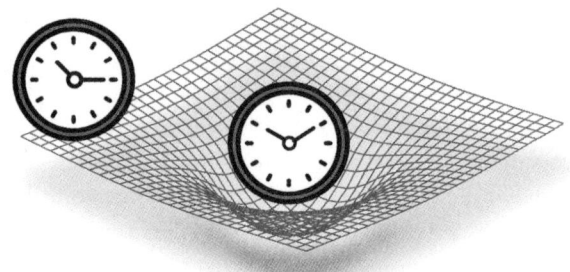

Abb. 4.1: Die Ganggeschwindigkeit von Uhren hängt von der Krümmung der Raumzeit und somit von ihrer Position ab. Uhren in einer fast flachen Zone der Raumzeit gehen schneller als andere in einem Bereich mit starker Krümmung.

Experimente in Teilchenbeschleunigern wie dem des CERN tagtäglich bestätigen. Wenn dann auch noch – wie in Gegenwart von Materie zu erwarten – die Raumzeit gekrümmt ist, hängt die Ganggeschwindigkeit der Uhr zusätzlich von deren Position ab. Zwei baugleiche Schweizer Chronographen zeigen unterschiedliche Zeiten an – je nachdem, ob sie sich in Zürich oder Frankfurt befinden. Denn Zürich liegt 408 Meter über dem Meeresspiegel und damit in einem Gravitationsfeld, das etwas schwächer ist als das in Frankfurt auf einer Höhe von 112 Metern.

Laut der Allgemeinen Relativitätstheorie, die von einer elastischen Raumzeit ausgeht, ist die Zeit ganz selbstverständlich ebenso verformbar wie der Raum. Genauso selbstverständlich hängt die Geschwindigkeit, mit der die Zeit vergeht, von der jeweiligen Position in der Raumzeit ab, eben weil sich – im Allgemeinen – die Stärke der Krümmung, wie in Abbildung 3.5 gezeigt, von einem Ort zum anderen verändert. Tatsächlich war unser Bettlaken an den Rändern fast flach, aber um die Bowlingkugel herum deutlich gekrümmt.

Die schon erwähnte Zeitdilatation, also die Verzögerung des Zeitablaufs in einer gekrümmten Raumzeit, lässt sich mithilfe der Allgemeinen Relativitätstheorie anhand der jeweils verschiedenen Krümmungsgrade mit großer Präzision berechnen. Darauf gehen wir in Kapitel 6 näher ein, wenn wir uns mit der Zeitdilatation befassen, die in der Nähe eines Schwarzen Lochs in Erscheinung tritt. Für den Augenblick beschränke ich mich auf eine Erläuterung dessen, was die Allgemeine Relativitätstheorie vorhersagt: In einer Zone mit ausgeprägter Krümmung (also in einem sehr starken Gravitationsfeld) vergeht die Zeit «langsamer» als in einer Zone mit geringerer Krümmung (also in einem schwächeren Gravitationsfeld). Für unser GPS-System bedeutet dies, dass die Uhren der Erdstationen, die einer stärkeren Krümmung und Gravitation ausgesetzt sind, gegenüber den baugleichen auf den Satelliten im Orbit in 20 000 Kilometer Höhe einen Rückstand von rund 45 Mikrosekunden (oder 45 000 Nanosekunden) pro Tag anhäufen. Diese Verschiebung liegt deutlich über den 40 Nanosekunden pro Tag, die für einen einwandfreien Betrieb des GPS im Höchstfall akzeptabel sind. Ohne eine geeignete Eichung der Uhren würde das System folglich völlig falsche Daten zu unserer Position liefern.

Ich bin mir bewusst, dass dies unglaublich oder gar absurd klingen mag: Auch ich muss meine ganze Vorstellungskraft aufbieten, um ein Phänomen zu akzeptieren, das unserer Wahrnehmung der Realität so fremd ist. Aber zum Glück ist das, was ich Ihnen eben erläutert habe, inzwischen mehr als nur die abstruse Konsequenz einer bislang noch unbewiesenen bizarren Theorie. Es ist eine exakte Vorhersage, die sich heutzutage experimentell überprüfen lässt! Auch wenn es nach Science-Fiction klingt, zeigen schon Atomuhren, die in verschiedenen Etagen eines Gebäudes stehen, einen Unterschied in ihrer Ganggeschwindigkeit. Auf die Art wurde Einsteins Vorhersage von vor über hundert Jahren bestätigt: Eine Uhr, die im ersten Stock eines Wohnhauses steht und damit einem stärkeren Gravitationsfeld ausgesetzt ist, geht gegenüber einer baugleichen im zweiten Stock nach, weil das dortige Gravitationsfeld schwächer ist. Wie Sie sich denken können, ist der Unterschied verschwindend gering: Wer zu einer Verabredung zu spät erscheint, kann sich bestimmt nicht damit herausreden, dass seine Uhr in einer Zone mit einer stärkeren Raumzeitkrümmung gestanden habe …

Auf der Suche nach der Krümmung

Kehren wir zur Schätzung des relativen Krümmungsgrads zurück, den Ausdruck (4.I) beschreibt. Wie wir feststellten, liegt die relative Krümmung auf unserem Planeten bei nahezu null, aber wir können in unserem Umfeld nach einer stärkeren «suchen» und uns sogar fragen, wo die Krümmung in unserem Sonnensystem ihren Höchstwert erreicht.

Stellen wir uns also vor, wir bauen ein Gerät, das den relativen Krümmungsgrad messen kann, und reisen mit ihm von einem Planeten zum nächsten, um zu ermitteln, wie er sich verändert. Was stellen wir fest? Vor allem, dass die Krümmung im interplanetaren Raum – wo wenig Materie vorhanden ist –, fast gleich null (und die Raumzeit folglich nahezu flach) ist. Wahrnehmbar wird sie erst bei der Annäherung an einen Planeten, bleibt aber auch da bei vergleichbaren Werten wie denen auf der Erde. Auf der Weiterreise ins Innere des Sonnensystems offenbart uns dann das Gerät, dass die Krümmung auf der Sonnenoberfläche am höchsten ist.

Um zu erfahren, wie kompakt unser Zentralgestirn ist, müssten wir nur im Ausdruck (4.II) die Werte für Masse und Radius der Erde durch die der Sonne ersetzen.

$$\left(\frac{G \, M_\circ}{c^2 \, R_\circ}\right) \simeq \left(\frac{G}{c^2}\right) \frac{1{,}98 \times 10^{30} \text{ kg}}{695\,000 \text{ km}} \simeq 2 \times 10^{-6} = 0{,}000002 \qquad (4.\text{III})$$

Wie wir sehen, ist die Kompaktheit der Sonne mit einem Wert von 0,000002, also zwei Millionstel, rund dreitausend Mal so groß wie die der Erde. Folglich ist die Raumzeit in ihrem Umfeld auch deutlich stärker gekrümmt, als wir es auf unserem Planeten erleben. Dies deshalb, weil die Sonne bei einem nur hundertfach größeren Radius die dreitausendfache Masse der Erde hat. Mit anderen Worten, während der Nenner des Bruchs M/R bezogen auf die Sonne größer geworden ist, ist der Zähler im Verhältnis dazu deutlich stärker mitgewachsen. So oder so landen wir aber immer noch bei einem erstaunlich geringen relativen Krümmungsgrad. Er ist so niedrig, dass er, auch mit schärfsten Augen betrachtet, immer noch flach erschiene, wollten wir ihn bildhaft als die Verformung eines Bettlakens darstellen.

Immerhin wäre die Raumzeitkrümmung um die Sonne ausreichend groß, um unsere Alltagserfahrung zu verändern, wenn wir ihre Auswirkungen unmittelbar zu spüren bekämen. Das dort herrschende Gravitationsfeld ist rund 28 Mal stärker. Wenn Sie auf der Erde beispielsweise 70 Kilogramm wiegen, würde Ihnen eine Waage auf der Sonnenoberfläche verraten, dass Sie – leider – plötzlich «zugenommen» haben. Jetzt wögen Sie knapp 2000 Kilogramm. Ihre Körpermasse hätte sich dabei nicht verändert, und Sie könnten ihre gute Form immer noch zurückgewinnen, indem Sie sich zum Wiegen auf den Mond begäben, wo Sie dann feststellen würden, dass Sie plötzlich bis auf 12 Kilogramm «abgemagert» sind. In gleicher Weise läge die Diskrepanz bei der Zeitanzeige von Uhren, die entsprechend denen des GPS angeordnet wären, in einer Größenordnung von einer hundertstel Sekunde pro Tag. Wir reden von einer Zeiteinheit, von der wir alle eine reale Vorstellung haben (man denke nur an Sportwettkämpfe).

Dank des Rückgriffs auf die Kompaktheit können wir auf einfache Weise feststellen, welchen relativen Krümmungsgrad ein beliebiges Objekt verursacht, und gelangen dabei mitunter zu überraschenden und ganz unerwarteten Schlussfolgerungen. Nehmen wir zum Beispiel zwei völlig verschiedene Objekte: einen Stern wie die Sonne und eine Galaxie wie unsere Milchstraße. Nun bringt die Erstgenannte eine Masse von 1000 Milliarden Milliarden Milliarden (oder einfach 10^{30}) Kilogramm auf die Waage – ein Wert, der in der Astronomie als Maßeinheit dient und deswegen auch als *Sonnenmasse* bezeichnet wird. Dagegen hat unsere Galaxis rund 1000 Milliarden Sonnenmassen, eine Zahl, die mehr oder weniger der Anzahl der in ihr enthaltenen Sterne entspricht. Diese Angaben könnten uns zu der Schlussfolgerung verleiten, dass die Milchstraße, da sie eine gewaltig größere Masse hat, auch eine proportional stärkere Krümmung verursacht. Aber dem ist nicht so: Um dies zu erkennen, vergleiche man nur die Kompaktheit beider Objekte. An diesem Punkt unserer Reise angelangt, besitzen wir nun auch die Instrumente, um zu verstehen, warum dies so ist. Insbesondere liegt der Radius der Sonne in einer Größenordnung von 700 000 Kilometern, während der unserer Galaxis annähernd 16 000 *Parsec* (ca. 53 000 Lichtjahre oder 10^{17} Kilometer) beträgt.[3] Berechnen wir nun das Verhältnis M/R für die Milchstraße, stellen wir fest, dass es mit dem für die Sonne vergleichbar ist: eine Zahl in der Größenordnung von wenigen Millionstel (genauer: $M/R \simeq 1,80 \times 10^{-6}$). Der Grund liegt auf der Hand: Die deutlich massereichere Galaxis ist auch deutlich ausgedehnter und damit weniger dicht, weshalb sie sich in ihrer Kompaktheit von der Sonne nicht nennenswert unterscheidet. Kurzum, die Krümmung, die diese beiden radikal verschiedenen Objekte jeweils verursachen, ist ungefähr dieselbe. Befänden wir uns folglich in einem Raumschiff und würden uns von weither einem der beiden nähern (wenn unser kleines Gefährt als so etwas wie ein *Probeteilchen* fungierte, wie es fachsprachlich heißt), wä-

ren wir im Wesentlichen einem gleichstarken Gravitationsfeld ausgesetzt und bräuchten für Bahnänderungen gleich viel Treibstoff.

Dieses Beispiel erinnert daran, dass wir uns bei einer Einschätzung,
wie stark die von einem Objekt hervorgerufene Krümmung ausfällt,
nicht entweder nur auf dessen Masse oder nur auf dessen Ausdehnung
konzentrieren dürfen, weil uns beide Größen nur einen Teilaspekt liefern. Entscheidend ist vielmehr das Verhältnis beider Größen zueinander. Es informiert uns darüber, wie viel Masse M eine bestimmte Region
der Raumzeit mit dem Radius R enthält, und über die von ihr hervorgerufene Krümmung, die proportional zu M/R ist.

Wenn wir eine Vorstellung bekommen wollen, wie geringfügig die
Raumzeitkrümmung ist, welche die Sonne mit ihrer speziellen Kompaktheit hervorruft, können wir uns dies einmal mehr mit dem Vergleich mit dem Bettlaken verdeutlichen, das da, wo keine Materie ist,
flach bleibt, und sich zu der Stelle hin, wo die Bowlingkugel liegt, immer
tiefer eindellt.

Aus den Schätzungen zur Kompaktheit von Erde (4.II) und Sonne
(4.III) − und damit zu der von beiden Himmelskörpern jeweils hervor-
gerufenen Krümmung − können wir eine wichtige Erkenntnis ziehen.
Beide Zahlen sind äußerst gering, entsprechen also sehr schwachen
Krümmungen, die Bewegungen nur ebenso geringfügig verändern. Die
Werte der Kompaktheit von Erde und Sonne sagen uns klar, dass die
Raumzeit im Prinzip zwar *elastisch,* aber dabei doch ziemlich steif ist. Im
Grunde lässt sich unser Bettlaken ziemlich schwierig eindellen!

Diese Schlussfolgerung scheint den Verfechtern von Einsteins Allgemeiner Relativitätstheorie fast schon den Wind aus den Segeln zu
nehmen. Sie deutet darauf hin, dass diese eigentlich gar nicht gebraucht
wird. Tatsächlich konzentriert sie sich auf physikalische Bedingungen, unter denen die Krümmung stark ausgeprägt ist, während unsere
Schätzungen uns sagen, dass diese fast immer bei nahezu null liegt oder
jedenfalls so gering ist, dass sie − wie es bei den Experimenten am CERN
geschieht − vernachlässigt werden kann.

Eine Theorie, die keinem gefiel ...

Angesichts all dessen – namentlich in Anbetracht des Umstands, dass die Raumzeit ziemlich steif ist – verstehen wir besser, warum die Allgemeine Relativitätstheorie im Verlauf ihrer Geschichte eine bestimmte Entwicklung genommen und wie sie sich auf die moderne Physik ausgewirkt hat. Insbesondere hilft es uns nachzuvollziehen, warum sie zunächst niemandem gefiel, abgesehen von den wenigen, die sie im Einzelnen verstanden haben und von ihr fasziniert waren. Zu den Letztgenannten zählte der bereits erwähnte Sir Arthur Eddington, der einst als ihr begeisterter Verfechter auftrat und sie in die angelsächsische Wissenschaftsgemeinde einführte, und dies zur Zeit des Ersten Weltkriegs und der unmittelbaren Nachkriegszeit, als diese Welt den Gedanken eines deutschen Wissenschaftlers nicht eben aufgeschlossen gegenüberstand.

Als Einstein seine Allgemeine Relativitätstheorie vorschlug, stieß sie auf den erbitterten Widerstand zahlreicher, auch sehr bedeutender Gelehrter. Diese Haltung gegenüber seinen innovativen Ideen – seine lange zuvor veröffentlichte Spezielle Relativitätstheorie war ebenfalls auf Ablehnung gestoßen – hatte verschiedene Ursachen, darunter auch ganz grundlegende. Zunächst waren die mathematischen Aspekte der Theorie so komplex, dass sie nur wenige im Einzelnen nachvollziehen und ihre Konsequenzen begreifen konnten. Dazu gibt es eine aufschlussreiche Anekdote: Als Eddington seine Messergebnisse zur Ablenkung des Lichts bei der totalen Sonnenfinsternis von 1919 vorstellte, soll ihn ein Journalist gefragt haben, ob es denn richtig sei, dass nur ganze drei Personen auf der Welt die Allgemeine Relativitätstheorie verstünden. In einem scherzhaften Ton soll er geantwortet haben: «Ach, tatsächlich? Und wer ist der Dritte?»

Dass Einsteins neuartige Theorie auf Widerstand stieß, rührte zu einem großen Teil daher, dass sie eine radikal andere Sichtweise von der Schwerkraft ins Spiel brachte mit dem Vorschlag, eine physikalische Wechselwirkung anhand rein mathematischer und geometrischer Überlegungen – nämlich mit der Krümmung der Raumzeit – zu erklären. Noch dazu lag die wichtigste Beteiligte an dieser neuen Theorie – die Krümmung –, soweit experimentell messbar, im Grunde bei null und hatte damit in der Praxis kaum feststellbare Effekte. Erschwerend

kam hinzu, dass die Theorie scheinbar paradoxe und unlösbare Konsequenzen beinhaltete, so zum Beispiel die Zeitdilatation oder die Längenkontraktion.[4]

Ein Großteil der erhobenen Einwände und die offen feindselige Haltung zahlreicher Experten lösten sich in Luft auf, als zwei Vorhersagen
der Theorie – nämlich die bei der totalen Sonnenfinsternis gemessene
Beugung des Lichts und die Erklärung der Periheldrehung des Merkurs – experimentell bestätigt wurden. Diese Erfolge veränderten jedoch
nur die «offizielle», nicht aber die tatsächliche Einstellung der Wissenschaftsgemeinde gegenüber der neuen Theorie. Zahlreiche Physiker betrachteten sie weiterhin – und betrachten sie immer noch – als zwar
nicht falsch, aber für praktische Zwecke eher nutzlos, weil sie auf
Krümmungsverhältnisse anwendbar war, die sich von den in der Natur
üblicherweise anzutreffenden deutlich unterschieden.

Damit galt die Allgemeine Relativitätstheorie über Jahrzehnte als
eine Konstruktion, die hauptsächlich die Mathematiker – wegen ihrer
reichhaltigen Struktur und geometrischen Eleganz – interessierte, während die Physiker ratlos vor ihren abenteuerlichen Vorhersagen standen
und angesichts ihrer komplexen (und abgesehen von wenigen einfachen
Idealfällen häufig unlösbaren) Gleichungen die Waffen streckten. Da sie
auf Verhältnisse angewandt wurde, die von den in der Physik üblichen
meilenweit entfernt waren, wurde diese Theorie weniger wegen ihrer
Stimmigkeit und Bedeutung, als vielmehr wegen ihrer grundlegenden
Irrelevanz akzeptiert … Obwohl ungenau, war Newtons Gravitationstheorie einfacher anwendbar und immer noch ausreichend präzise, um
als die einzige zu gelten, die für sämtliche praktischen Zwecke ihre Aufgabe erfüllte.

Dieses Misstrauen verdammte die Allgemeine Relativitätstheorie zu
einem Schicksal, bei dem sie über Jahrzehnte im Wesentlichen vernachlässigt und nicht so weiterentwickelt wurde (dies geschah erst später),
wie sie es verdiente. Tatsächlich gibt eine frisch formulierte physikalische Theorie zunächst nur eine vage Vorstellung davon, welche Konsequenzen sich spekulativ und mit Blick auf Experimente aus ihr ergeben.
Um sie im Einzelnen zu erkunden, braucht es die gemeinschaftliche
Anstrengung einer ganzen Wissenschaftsgemeinde, die – häufig in loser
Reihenfolge – ihre Tiefen auslotet und schrittweise ihre verschiedenen
Aspekte erhellt. Leider blieb der Allgemeinen Relativitätstheorie all
dies versagt. Zwischen 1916 – dem Jahr ihrer Veröffentlichung – und

dem Beginn der Sechzigerjahre beschäftigte sich nur ein kleiner privilegierter Kreis aus interessierten Physikern und Mathematikern mit ihr.

Die Wende, die man eine «Renaissance der Allgemeinen Relativitätstheorie» nennen könnte, brachten neue und überraschende astronomische Beobachtungen (vor allem durch Röntgensatelliten). Diese lieferten den unwiderlegbaren Beweis, dass es massereiche Himmelsobjekte gab, deren Erscheinungsformen sich innerhalb der newtonschen Gravitationstheorie nicht erklären ließen. Diese extrem kompakten Objekte, die gewaltige Mengen an Energie freisetzen konnten, zwangen die Wissenschaftsgemeinde, sich wieder den «seltsamen Lösungen» zuzuwenden, die die Allgemeine Relativitätstheorie fast fünfzig Jahre zuvor vorausgesehen hatte.

Einsteins Revanche kam, als uns die Natur selbst zeigte, dass die Raumzeit zwar in unserem Sonnensystem, aber eben nicht überall im Universum lokal fast flach ist. Tatsächlich brachten astronomische Beobachtungen Regionen des Kosmos zum Vorschein, in denen es der Natur gelang, die gewaltige Steifheit der Raumzeit zu durchbrechen und Krümmungen hervorzurufen, die zum Beispiel bei Schwarzen Löchern mitunter extreme Ausmaße annahmen. Angesichts solcher Verhältnisse bietet die Allgemeine Relativitätstheorie nicht nur einen geeigneten Rahmen für Berechnungen, sondern als einzige Theorie – und mit enormem Erfolg – eine befriedigende Erklärung dafür, wie die physikalische Welt funktioniert.

In Kapitel 5 und 6 betrachten wir die beiden spektakulärsten Beispiele für extreme Krümmungen, die in der Natur auftreten können, nämlich die von Neutronensternen und Schwarzen Löchern. Aber zuvor erwartet uns noch eine letzte Überlegung.

Ein Gedankenexperiment

Vor Abschluss dieses Kapitels würde ich mit Ihnen gerne noch ein «Gedankenexperiment», wie Einstein es nannte, also einen rein im Kopf stattfindenden Versuch, durchführen. In ihm verwerten wir, was wir bislang mit Blick auf die Kompaktheit eines Objekts gesehen haben.

Ein Experiment zielt allgemein darauf ab zu überprüfen, ob sich ein bestimmtes Phänomen – unter genau festgelegten und wiederholbaren

Bedingungen – so verhält, wie es die Theorie vorhersagt. Zur Durchführung braucht es in der Regel ein Labor, einen Teilchenbeschleuniger oder irgendwelche Instrumente wie einen Satelliten oder ein Teleskop. So gesehen, fällt ein Gedankenexperiment ganz aus dem Rahmen, weil es völlig ohne Gerät auskommt. Es beruht ganz auf geistiger Arbeit, allein auf logischen und physikalischen Überlegungen, die zu «virtuellen» Ergebnissen führen können, wie sie in einem echten Labor nur schwer zu erzielen sind. Mit anderen Worten, ein Gedankenexperiment ist ein anderer Weg, um Fragen zu beantworten wie diese: «Was würde geschehen, wenn …?» Alles, was wir dafür brauchen, ist ein reichhaltiges Maß an Vorstellungskraft und beste Kenntnisse in Physik. Wenn Sie die Vorstellungskraft mitbringen, stelle ich die Kenntnisse zur Verfügung. So können wir zusammen ein Experiment mit dem Ziel unternehmen, die Grenzen der Gravitation auszuloten.

Das vorgeschlagene Experiment startet bei Ausdruck (4.I), der die Kompaktheit eines Objekts misst. Je größer dessen Wert, so sagten wir, desto größer der relative Krümmungsgrad. Wenn die Kompaktheit durch die Beziehung zwischen der Masse M und der Größe R eines Objekts definiert ist, können wir vernünftigerweise davon ausgehen, dass wir den Wert des Bruchs schrittweise dadurch erhöhen können, dass wir seinen Zähler beibehalten und seinen Nenner immer stärker verringern. In unserem Experiment bitte ich Sie, sich aus physikalischer Sicht ein Objekt – zum Beispiel einen Stern wie unsere Sonne – vorzustellen, das durch einen schrumpfenden Radius immer kleiner wird. Denken Sie an eine gigantische Presse, die die Sonne immer stärker «zusammenquetscht», bis der Radius so klein ist, dass er unseren Zwecken dient. Das Ergebnis dieses Prozesses zeigt schematisch Abbildung 4.2. Analysieren wir es gemeinsam.

Im linken Kasten haben wir den Radius der Sonne von ursprünglich 700 000 auf nur 15 Kilometer verringert, also ungefähr auf den einer mittelgroßen Stadt. Die Kompaktheit M/R ist dadurch beachtlich gestiegen, von ungefähr zwei Millionstel nach der Schätzung (4.III) auf rund 0,1, also 10 Prozent. Wie wir sehen, ist die entstandene Verformung der Oberfläche mit bloßem Auge sichtbar, auch ohne dass sie mit einer grauen Farbabstufung verdeutlicht werden müsste. (Das «Bettlaken» in allen drei Kästen von Abbildung 4.2 ist 60 Kilometer lang.) Insbesondere fällt auf, dass die Oberfläche in den Bereichen, die vom Zentrum weit entfernt sind, also an den Ecken, fast keinerlei Verfor-

$R_\odot \simeq 15$ km $R_\odot \simeq 7{,}5$ km $R_\odot \simeq 5$ km

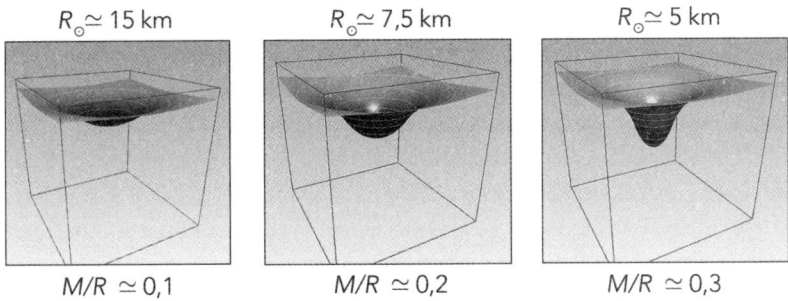

$M/R \simeq 0{,}1$ $M/R \simeq 0{,}2$ $M/R \simeq 0{,}3$

Abb. 4.2: Ein Gedankenexperiment zur Krümmung der Raumzeit durch die Sonne, wenn wir bei gleich bleibender Masse deren Radius auf den Wert verringern, der über den jeweiligen Kästen angegeben ist. Unter den einzelnen Kästen ist der jeweilige Wert für die Kompaktheit M/R angegeben.

mung zeigt. Dort ist die Raumzeit im Wesentlichen noch flach. Dagegen zeichnet sich im Zentrum eine klar erkennbare regelmäßige Krümmung, ähnlich der Form einer Schüssel, ab.

Der mittlere Kasten zeigt dagegen, was geschähe, wenn wir die Verkleinerung weiter vorantrieben, die Sonne noch stärker verdichteten und den Radius gegenüber dem im vorigen Kasten auf 7,5 Kilometer halbieren würden: Die Kompaktheit *M/R* stiege auf rund 0,2 oder 20 Prozent an. Die Krümmung tritt deutlicher hervor, und die «Schüssel» im Bettlaken gewinnt erheblich an Tiefe.

Am Ende unseres Gedankenexperiments ist der Sonnenradius im Kasten rechts auf ganze 5 Kilometer zusammengeschrumpft. Die Kompaktheit *M/R* liegt hier bei rund 0,3 oder 30 Prozent. Die Krümmung ist besonders deutlich ausgeprägt, und unser – für sehr steif befundenes – Bettlaken hat sich gewaltig verformt. Was im ersten Kasten als eher flache Schale erschien, zeigt sich jetzt als eine Vertiefung mit steil abfallenden Wänden.

Dabei ist interessant, dass die Krümmung im letzten Kasten gegenüber der im ersten deutlich stärker ausgeprägt ist, als man erwarten könnte, wenn sich der Radius des Sterns nur um ein Drittel verringert hat. Dies passiert deshalb, weil die Krümmung nicht linear von der Beziehung zwischen Masse und Radius abhängt. Schon eine kleine Veränderung von *R* kann zu einer großen bei der Krümmung führen. Wie Sie sich bei einem Blick auf den Kasten ganz rechts leicht vorstellen können, treten unter Verhältnissen einer solchen Krümmung neuartige – und in Experimenten auch messbare – Phänomene auf, die sich stark von den typischen in einer flachen Raumzeit unterscheiden. Und mit diesen befassen wir uns weiter hinten im Buch.

Ich beschließe dieses Kapitel mit einigen Fragen, die Sie hoffentlich neugierig machen. Wir haben gesehen, was mit der von der Sonne hervorgerufenen Krümmung geschieht, wenn diese auf einen Radius von gerade einmal 5 Kilometern zusammenschrumpft. Aber: «Gibt es eine Grenze, bis zu der ein Objekt wie die Sonne komprimiert werden kann? Und wenn ja, welche? Falls eine existiert, kann sie dann überschritten werden? Und was geschieht dann?»

Antworten auf diese Fragen finden wir auf der nächsten Etappe unserer Reise.

Neutronensterne: Wunder der Physik

In Kapitel 3 und 4 haben wir gemeinsam die Begriffe Raumzeit und Krümmung erkundet und gesehen, inwiefern die Krümmung den Ursprung der Schwerkraft bildet. Auch haben wir darüber nachgedacht, dass die Raumzeit verformbar und gleichzeitig sehr steif ist, und festgestellt, dass die Erde eine verschwindend geringe Krümmung hervorruft (was erklärt, warum unsere Anschauungen durch eine flache Raumzeit geprägt sind). Und am Ende sind wir durch ein Gedankenexperiment zu der Schlussfolgerung gelangt, dass sich beachtliche Krümmungen erreichen lassen, wenn man gewaltige Massen (oder Energien) auf sehr kleine Volumen komprimiert, zum Beispiel, indem man den Sonnenradius bis auf rund 10 Kilometer «verkleinert». Jetzt ist es an der Zeit, gemeinsam zu entdecken, unter welchen Umständen es der Natur gelingt, das zu verwirklichen, was wir in unserem Gedankenexperiment vermutet haben.

Dazu braucht es allerdings eine Rückblende in die Zeit Ende der Fünfziger- und Anfang der Sechzigerjahre und zum damaligen Wissen vom Universum. Damals existierte bereits ein genaues Verständnis der thermonuklearen Prozesse, die im Inneren der Sterne ablaufen, wenn in ihnen durch eine Fusion leichter Elemente wie Wasserstoff und Helium immer schwerere entstehen: vom Kohlenstoff zum Stickstoff und Sauerstoff bis zu den schwersten in diesen Himmelskörpern vorkommenden wie Nickel und Eisen. Diese Erkenntnisse, die aus einer faszinierenden Zusammenarbeit zwischen Kernphysik, Gravitationsphysik und Astronomie hervorgegangen waren, hatten die Wissenschaftler zuversichtlich gestimmt, dass sie die Vorgänge in stellaren Objekten nunmehr nachvollziehen könnten.

Dabei handelte es sich freilich um eine höchst komplexe Theorie, die ein gewaltiges Maß an Fachwissen erforderte, um die nuklearen Prozesse, die in den verborgenen Tiefen der Sterne abliefen, eingehend zu analysieren, ganz zu schweigen davon, die zahlreichen Entwicklungswege nachzuverfolgen, die diese Himmelskörper je nach Alter und Zusammensetzung einschlagen konnten. Aber grundlegend herrschte der Eindruck vor, dass die Nukleare Astrophysik und die Astronomie die ganze Vielfalt der Szenarien, welche die stellare Astrophysik vorhersah, rekonstruieren und erklären könnten. In der Wissenschaftsgemeinde war deshalb die Meinung verbreitet, dass die stellare Astrophysik ein fast vollständiges und gut überprüftes Gesamtbild ihres Gebiets erstellt habe, in dem es nur noch wenige Punkte zu klären gebe. Tatsächlich standen sämtliche Beobachtungen bisher vollkommen im Einklang mit den neuesten Erkenntnissen aus der Elementarteilchenforschung und dem, was damals in der modernen Physik bekannt war. Und was schließlich die Gravitation anging, so lieferte Newtons althergebrachte, aber in Ehren gehaltene Theorie alles, was zur Beschreibung der physikalischen Abläufe in den Sternen notwendig war, ob in unserer Sonne oder in gewaltigeren mit der hundertfachen Masse. Zwar war auf dem Gebiet auch Einsteins Gravitationstheorie verfügbar, wurde von den meisten aber als ein reines mathematisches Konstrukt betrachtet: sehr faszinierend, aber für die stellare Astrophysik bedeutungslos. (Und glauben Sie mir: Viele astrophysikalische Kollegen sehen das heute noch so!)

In diesem Klima der Zuversicht und des «kognitiven Optimismus» kam unter den Astronomen das immer drängendere Bedürfnis auf, Beobachtungen auch in den Bereichen des elektromagnetischen Spektrums durchzuführen, die von der Erde aus nicht erfassbar waren, um zu überprüfen, ob dabei andere Quellen als im optischen Bereich zum Vorschein kämen. Dazu mussten natürlich Detektoren gebaut, auf Raketen aufmontiert und in Höhen oberhalb der Atmosphäre geschossen werden. Als Träger noch besser geeignet waren die Satelliten, die damals leichter verfügbar wurden und technisch weiter ausreiften, weil sie sich auch außerhalb streng wissenschaftlicher Zwecke nutzen ließen.

Obwohl ein so gewaltiges Projekt riesige Investitionen erforderte, liefen die Forschenden mit ihrer Initiative, neue Fenster zu öffnen und unbekannte Horizonte zu erkunden (anders als sonst leider fast immer), keineswegs ins Leere. Es sei daran erinnert, dass sich die beiden Blöcke – USA und Sowjetunion – in jenen Jahren in einem ideologischen und technologischen Wettstreit befanden und sich das Klima des Kalten Krieges allmählich auch auf den wissenschaftlichen Fortschritt auswirkte. So erschien den Politikern die Idee, eine Rakete oder einen Satelliten in den Orbit zu schicken, um Röntgenstrahlen aufzufangen, gar nicht so abwegig. Damit ließen sich nicht nur Strahlungsquellen kosmischen Ursprungs, sondern auch die Spuren möglicher Atombombentests des anderen Blocks auf der Erde ausmachen. Kurzum, diesmal sprang der Funke der Begeisterung von der Wissenschaft etwas leichter auf die Politik über, woraufhin verschiedene Länder reichhaltige Ressourcen bereitstellten, um der *Röntgenastronomie* auf die Beine zu helfen.

In diesem neuen Bereich, in dem in den Folgejahren fantastische Himmelskörper mit geradezu spektakulären Strahlungen auftauchen sollten, machten insbesondere zwei Quellen von sich reden, die zu echten Ikonen der Röntgenastronomie wurden. Beide traten mit einer außerordentlich starken Krümmung der Raumzeit in Erscheinung, also mit extremen Schevereverhältnissen, weshalb wir auf unserer Reise bei ihnen eine besondere Zwischenstation einlegen.

Die Röntgenastronomie und der Einsturz der Gewissheiten

Um zu verstehen, warum es in den Sechzigerjahren einen Gang ins Weltall brauchte, um unser Beobachtungsfenster zu erweitern, sei daran erinnert, dass Himmelskörper elektromagnetische Strahlung in einem ziemlich breiten Spektrum emittieren. Es reicht von der Radiostrahlung mit ihren großen Wellenlängen und damit sehr tiefen Frequenzen (zum Beispiel zwischen 10 und 100 MHz) bis zum Gammabereich, mit dem eine sehr viel geringere Wellenlänge mit höheren Frequenzen (so über 10^{19} Hz) einhergeht.[1] Zwischen diesen beiden Extremen erstreckt sich nahtlos ineinander übergehend das interessanteste Spektrum der elektromagnetischen Strahlung, das vom infraroten Bereich über den des sichtbaren Lichts (den optischen) bis zum ultravioletten und schließlich zum Röntgenbereich verläuft.

Unsere Atmosphäre – die vergleichsweise hauchdünne, aber lebenswichtige Gashülle, die den Planeten umgibt – ist für einen großen Teil der Strahlung der Himmelskörper durchlässig. Nur deshalb können wir dem nächtlichen Schauspiel eines Sternenhimmels beiwohnen oder 24 Stunden am Tag Radio hören. Zu unserem großen Glück absorbiert die Atmosphäre fast sämtliche Strahlung im Hochfrequenzbereich, die für Lebewesen schädlich ist, so die ultraviolette, die Röntgen- und natürlich die Gammastrahlung. Deswegen wurde Ende der Fünfziger- und Anfang der Sechzigerjahre ein großer technologischer und mit Experimenten unterlegter Kraftakt unternommen, um die Grenzen zu überwinden, welche die Atmosphäre der Himmelsbeobachtung auferlegte. Und so hielten erstmals Geräte nach astronomischen Röntgenquellen Ausschau.

Zunächst starteten die Astronomen mit hochfliegenden Ballons und bald mithilfe von Satelliten eine Beobachtungskampagne, die der *Röntgenastronomie* Leben einhauchte. Natürlich erwarteten sie – vielleicht etwas naiv –, dass sich die Sonne als die intensivste sichtbare Röntgenquelle herausstellen würde, vor allem ihre äußerste Zone (die sogenannte *Sonnenkorona*), da ihr Inneres für Röntgenstrahlung ebenfalls undurchlässig ist. Aber als die Instrumente konstruiert und für erste Beobachtungen in Betrieb gegangen waren, erlebte die Wissenschaftsgemeinde eine gewaltige Überraschung, die selbst die optimistischsten Vorhersagen übertraf. Tatsächlich kamen oberhalb der Atmosphäre verschiedenartige Röntgenquellen zum Vorschein, und die Sonne gehörte nicht zu den am hellsten strahlenden! Vor allem eine strahlte – mit einer millionenfachen tatsächlichen Helligkeit der Sonne – so intensiv, dass sie gleichsam alle anderen Quellen in den Schatten stellte. Sie erhielt den bezeichnenden Namen Scorpius X-1 (kurz Sco X-1, X für *X-ray*, Röntgenstrahlen), weil sie im Sternbild Skorpion liegt und als erste Röntgenquelle überhaupt außerhalb des Sonnensystems entdeckt wurde.

Aufgespürt wurde Sco X-1 1962 von einer Forschungsgruppe unter Leitung des italienischen Physikers Riccardo Giacconi (ausgezeichnet 2002 mit dem Nobelpreis für Physik) mithilfe einer Rakete mit einem Niedrigenergie-Röntgendetektor an Bord.[2] Dass Sco X-1 sofort zum Vorschein kam und sich durch eine solche Helligkeit auszeichnete, war von allen Aspekten der Entdeckung sicherlich am einfachsten zu erklären. Beim Start einer neuen Mission mit dem Ziel, Messungen in einem bislang noch unerkundeten Beobachtungsfenster durchzuführen, kommen ziemlich häufig die bei weitem hellsten Objekte zuallererst zum Vorschein. Ein Vergleich kann das verdeutlichen: Stellen Sie sich vor,

Sie haben Stöpsel in den Ohren und ziehen sie in einem großen Saal voller schwatzender Leute heraus. Dann hören Sie nicht unbedingt die Stimmen derer, die sich in Ihrer Nähe befinden oder die interessantesten Gesprächsthemen haben, sondern vielmehr die besonders lauten.

Was die Astronomen damals allenfalls verblüffte, war die Position dieser Quelle, als sie sie mit den Fotoplatten mit Aufnahmen von dieser Himmelsregion verglichen. Wie sie feststellten, war Sco X-1 einem ganz gewöhnlichen kleinen Stern zuzuordnen, der insgesamt anscheinend wenig Interessantes zu bieten hatte: V818 Scorpii. Sie können sich die Überraschung und Aufregung von Astronomen vorstellen, die eine erste Aufnahme im Röntgenbereich von diesem Objekt erstellten, das in einer weitgehend dunklen und «banalen» Himmelsregion stand, aber in einer Röntgenhelligkeit strahlte, die alles zu Erwartende in den Schatten stellte. Kurzum, wie diese allerersten Experimente offenbarten, war es keineswegs ausgemacht, dass ein im optischen Bereich helles Himmelsobjekt auch in anderen Bereichen hell strahlte. Und wie sie auch nahelegten, gab es offenbar Himmelskörper, die Röntgenstrahlung aussandten, aber in anderen Bereichen im Grunde unsichtbar waren.

Nachfolgende Beobachtungen zeigten dann, dass hinter der Strahlung von Sco X-1 nicht ein einzelnes Objekt, sondern ein Doppelsternsystem stand, also eines aus zwei umeinanderkreisenden Sternen. Darauf deuteten klar seine Helligkeitsschwankungen mit einer Periode von ca. 0,8 Tagen (genauer 0,7873) hin. Als die jeweilige Masse seiner beiden Komponenten gemessen wurde, zeigten sich erhebliche Unterschiede. Namentlich hat die massereichere, und deshalb *Primärstern* genannte, eine Masse vom rund 1,4-Fachen der Sonne, während die zweite – der *Sekundärstern* – nur 0,4 Sonnenmassen auf die Waage bringt. Das System als Ganzes ist so rund 1,8 Sonnenmassen schwer. Heute wissen wir, dass Anordnungen dieses Typs ziemlich verbreitet sind, weshalb sie denn auch eine eigene Klasse astronomischer Quellen bilden: die der *Röntgendoppelsterne geringer Masse* (englisch: *low-mass X-ray binary*, LMXB).

Angesichts ihrer unterschiedlichen Massen mussten die Sterne auch verschiedene Größen haben, aber entgegen allen Erwartungen erwies sich gerade der Primärstern gegenüber dem Sekundärstern als der deutlich kleinere (auch wenn sein Radius bis heute nicht exakt feststellbar ist). Und etwas Weiteres zeigte sich ziemlich rasch: Die wahre Röntgenquelle konnte nicht der Sekundärstern sein. Tatsächlich ließ sie sich als

V818 Scorpii identifizieren, den erwähnten «gewöhnlichen» Stern mit einer sehr schwachen Helligkeit im sichtbaren Bereich. Dagegen war der Primärstern vom Halo des Mysteriums umgeben ...

Eine der ersten Fragen, die Sco X-1 in der damaligen astronomischen Gemeinde aufwarf, war die nach dem Ursprung seiner außergewöhnlichen Röntgenhelligkeit. Bei allen vorangegangenen Forschungen ging man davon aus, dass die Helligkeit eines stellaren Himmelskörpers aus thermonuklearen Reaktionen hervorging. Dagegen konnte ein Stern von der 1,4-fachen Sonnenmasse keine so intensive Helligkeit hervorbringen (immerhin strahlt Sco X-1 eine Million Mal heller als die Sonne, hat aber nur eine etwas größere Masse), noch dazu in einem so hochenergetischen Bereich des elektromagnetischen Spektrums, während auch noch ein Großteil dieser erzeugten Strahlung im Kern gefangen blieb. Folglich steckte hinter dieser Strahlung etwas anderes, das mit thermonuklearen Fusionsprozessen nichts zu tun hatte.

Bei einem Doppelsternsystem stand so ab den ersten Beobachtungen die Vermutung im Raum, dass zwischen den beiden Komponenten ein *Massentransfer* stattfand. Die Astronomen gingen davon aus, dass der massereichere Stern – wie häufig in solchen Systemen – seinem Begleiter Material «raubte», das über eine sogenannte *Akkretionsscheibe* auf seine Oberfläche stürzte. Dabei war es durchaus möglich, dass sich die dem Sekundärstern entzogene Masse beim Aufschlag auf der Oberfläche des Primärsterns so stark erhitzte, dass sie Röntgenstrahlung aussandte.

Aber etwas an diesem durchdachten Szenario passte nicht. Um eine so intensive Strahlung hervorzubringen, musste die transferierte Materie eine gewaltige sprunghafte Beschleunigung durch die Gravitation erfahren, deutlich größer als die, welche angesichts der Schwerkraftverhältnisse bei den vermuteten Größen beider Sterne zu erwarten war.

Um dieses Phänomen besser zu verstehen, denken Sie an ein Wasserkraftwerk oder eine Mühle. Beide Anlagen werden nach dem gleichen physikalischen Prinzip betrieben, bei dem *potenzielle* in *kinetische Energie* umgewandelt wird. Mit anderen Worten, Wasser, das aus einer bestimmten Höhe herabstürzt, wird zur Erledigung von Arbeit genutzt. Es treibt Turbinen an, die elektrische Energie erzeugen, oder ein Rad, das Korn zu Mehl zermahlt. Ob seine Fallhöhe Hunderte oder nur wenige Meter beträgt, hat mit Sicherheit Auswirkungen auf die Menge an Arbeit, die sich mit ihm bewältigen lässt. Genauer gesagt, besteht das Prinzip darin, *potenzielle Gravitationsenergie* (Lageenergie) – die eines Objekts wie unser Wasser in einem Schwerefeld, die bei seinem Sturz freigesetzt werden kann – in kinetische Energie, also Bewegungsenergie, umzuwandeln. (Bei einem ruhenden Objekt liegt diese bei null.)

Im Kern die gleiche Art Energieumwandlung sollte den Annahmen nach auch im Doppelsternsystem Sco X-1 stattfinden. Die Materie, die dem Sekundärstern entzogen wurde, gewann (so wie das Wasser aus unserem Beispiel) beim Sturz auf den massereicheren, aber auch kompakteren Primärstern ein gewisses Maß an kinetischer Energie. Und diese musste dann beim Aufschlag auf dessen Oberfläche einen weiteren Prozess durchlaufen. Anstatt sich wie in einem Wasserkraftwerk in elektrische Energie zu verwandeln, sollte Röntgenstrahlung entstehen.

Aber wie erwähnt, passte etwas nicht ins Bild. Nach der freigesetzten Energie zu urteilen, hätte die vom Sekundärstern abgezogene Materie vor ihrem Aufprall auf der Oberfläche in einem Sprung eine gewaltige gravitative Beschleunigung erfahren müssen, die deutlich größer war als bei einem Primärstern mit nur 1,4 Sonnenmassen zu erwarten. Auf unser Kraftwerk übertragen, wäre dies so, als würde die Turbine im Tal von Wasser von einem Berg angetrieben, der eine Million Mal höher als vermutet war. Kurzum, die deutliche Abweichung zwischen den Erwartungen und den Beobachtungen wies eindeutig darauf hin, dass am theoretischen Ansatz und vor allem an der Annahme, um welchen Typ Primärstern es sich handelte, definitiv etwas falsch sein musste.

Noch rätselhafter wurde das Szenario durch ein weiteres Beobachtungsergebnis: Die Röntgenquelle war höchst *variabel*. Sco X-1 zeigte erhebliche Helligkeitsschwankungen, mit Unterschieden zwischen 10 oder 20 Prozent binnen Minuten oder sogar Zehntelsekunden, also deutlich kürzer als bei einem gewöhnlichen Stern mit 1,4 Sonnenmassen zu erwarten.[3]

Und das konfuse und verwirrende Bild, das sich aus den üblichen Annahmen ergab, brach vollends in sich zusammen, als 1964 eine weitere besonders helle Röntgenquelle entdeckt wurde, die den Namen Cyg X-1 erhielt. (Sie ahnen es, es war die erste, die im Sternbild Schwan, lateinisch Cygnus, entdeckt wurde.) Wieder handelte es sich um ein Doppelsystem, diesmal aber um eines, an dem bedeutend größere Massen beteiligt waren. Die des Primärsterns wurde auf rund 40 und die des Sekundärsterns auf 15 Sonnenmassen geschätzt (*Röntgendoppel-*

sterne mit hoher Masse, englisch: *high-mass X-ray binary*, HMXB). Jedenfalls zeigte Cyg X-1 eine so hohe Röntgenhelligkeit, dass es sich unmöglich um gewöhnliche Sterne handeln konnte. Und wie schon Sco X-1 hatte auch dieses Doppelsystem eine kurze Periode (von ca. 5,6 Tagen), mit einem Primärstern, der im optischen Bereich sichtbar und wegen seiner großen Masse und starken Helligkeit gut bekannt war. Aber abgesehen davon entsprach er so ziemlich dem Standard.[4]

Aber was Cyg X-1 wirklich geheimnisvoll machte, war einmal mehr seine Veränderlichkeit. Die Periode konnte unter eine Sekunde absinken und sogar die Größenordnung von einigen Millisekunden erreichen. Wie wir sahen, deutete eine so kurze Periode bei der Helligkeitsschwankung auf eine extrem geringe Größe hin, mit einem Radius von weit unter 300 Kilometern. Zur damaligen Zeit konnte kein Modell erklären, wie ein so kleiner Stern in der Lage sein sollte, so stark im Röntgenbereich zu strahlen.

Kurzum, zu Beginn der Sechzigerjahre standen die Astronomen vor einem Rätsel, das wahrhaftig schwer zu lösen war. Die Beobachtungen von Sco X-1 und Cyg X-1 brachten das Lehrgebäude aus Gewissheiten, zu dessen Errichtung die Nukleare Astrophysik rund dreißig Jahre gebraucht hatte, in weiten Teilen zum Einsturz. Es gab keinen Zweifel: Die Beobachtungen deuteten auf Quellen von einer sehr geringen (kaum noch astronomischen) Größe hin, die dennoch extrem massereich waren und gewaltige Mengen an hochenergetischer Strahlung (insbesondere im Röntgenbereich) erzeugten. Die stellare Astrophysik war ratlos mit Blick auf das Verhalten dieser Gebilde, und die Kernphysik konnte mit keinerlei Mechanismen aufwarten, die deren gewaltigen Wirkungsgrad bei der Energieerzeugung erklärte. Gleichzeitig bedeuteten Sco X-1 und Cyg X-1 aber auch eine unglaubliche Chance: Für Forschende gibt es nichts Interessanteres, als auf etwas scheinbar Unerklärliches zu stoßen!

Sehr bald stellte sich die Erkenntnis ein, dass die Preisfrage um die beiden Röntgenquellen ungelöst bliebe, solange nicht jene bizarre Gravitationstheorie in Erwägung gezogen würde, die fast fünfzig Jahre zuvor der deutsche Physiker Albert Einstein vorgetragen hatte. Diese sagte die Existenz äußerst kleiner Objekte voraus, die eine starke Krümmung der Raumzeit hervorriefen.

Im übrigen Kapitel werden wir sehen, was wir heutzutage über dieses Naturwunder wissen, das für die Strahlung von Sco X-1 verantwortlich ist.

Was von einem massereichen Stern übrig bleibt

Wie fast alle Entdeckungen in der Astronomie zogen auch die Beobachtungen von Sco X-1 und Cyg X-1 eine Fülle an Hypothesen und Erklärungsszenarien nach sich. Wie zu erwarten, erwiesen sich die meisten als sehr realitätsfern, obwohl alle physikalisch richtig waren – ein ziemlich häufiges Vorkommnis auf einem wissenschaftlichen Gebiet wie der Astrophysik, in der man anhand einfacher Beobachtungen auf physikalische Wirkmechanismen schließen muss, ohne dass man die Ergebnisse anhand von Experimenten überprüfen kann. Darauf kommen wir in Kapitel 6 zurück.

Das Modell, von dem wir heute meinen, dass es die Phänomene im Zusammenhang mit Sco X-1 richtig erklären kann, stammt von dem sowjetischen Astrophysiker Iossif Schklowski (1916–1985). Dieser gelangte im Februar 1967 zu dem Schluss, dass sämtliche vormals vorgetragenen Hypothesen wenig befriedigend seien. Tatsächlich erwiesen sich die meisten in einigen Aspekten als unrealistisch und trugen den Beobachtungen nicht ausreichend Rechnung. Dagegen war er überzeugt, dass sich die Erscheinungsformen von Sco X-1 mit einem ziemlich einfachen Ansatz erklären ließen. Sein Modell sah die Bildung einer Akkretionsscheibe vor, über die Materie vom Sekundärstern auf ein extrem kompaktes Objekt, nämlich einen *Neutronenstern*, stürzte.[5]

Was mich an Schklowskis – richtiger – Hypothese stets überrascht hat, war die Tatsache, dass zum damaligen Zeitpunkt noch niemand jemals einen Neutronenstern beobachtet hatte! Schon seit den Dreißigerjahren, nach Entdeckung des Neutrons, galt es als möglich, dass ein stellares Objekt existierte, das nur aus diesen elektrisch neutralen Teilchen bestand, aber das war schon alles. Ins Spiel gebracht hatten diese Vorstellung Walter Baade (1893–1960) und Fritz Zwicky (1898–1974) in einem Artikel, der sich als einer der weitblickendsten in der Astrophysik erwies. In ihm behandelten die beiden erstmals Phänomene wie die Supernova – von denen in Kürze die Rede sein wird –, aber auch den Neutronenstern, und erörterten dabei zudem den Ursprung kosmischer Strahlen.[6] Die von Baade und Zwicky aufgebrachte Idee, dass es Neutronensterne geben könne, tauchte buchstäblich in einer Fußnote ihres Artikels von 1934 auf und war noch nicht Teil einer ausgereiften Theorie. Aber 1967 reichte schon dieser Hinweis, um beim Verständnis von

Sco X-1 eine Wende herbeizuführen und verschiedene faszinierende, aber irrige Deutungen auszusondern.

Schklowskis Modell lieferte eine einfache Erklärung dessen, was die Beobachtungen zeigten, allerdings um den Preis, dass er für sein Rezept eine «exotische Zutat» einführte, nämlich ein geisterhaftes kompaktes Objekt. Dessen Existenz und Ursprung war in astrophysikalischer Hinsicht zwar plausibel – dass massereiche Sterne explodieren und womöglich einen Rückstand hinterlassen konnten, war ja bekannt –, aber bislang war es noch von niemandem entdeckt worden. Dieser Rest an Unsicherheit löste sich am Ende desselben Jahres auf, als in Cambridge die britische Studentin Jocelyn Bell und ihr Doktorvater Antony Hewish ein astronomisches Objekt identifizierten, das gepulste und regelmäßige Radiostrahlung aussandte: Der erste Neutronenstern war entdeckt.[7]

Was aber ist ein Neutronenstern? Und wie entsteht er? Ich habe zu Anfang dieses Kapitels daran erinnert, dass ein Stern Energie vermittels einer Reihe thermonuklearer Fusionsprozesse erzeugt, bei denen Elemente mit größerer *Atommasse* entstehen.[8] Dabei fusioniert Wasserstoff zu Helium, Helium zu Kohlenstoff, Kohlenstoff zu Neon und so weiter. Diese Kette an Reaktionen kann im Wesentlichen deshalb ablaufen, weil jede eine bestimmte Menge an Energie freisetzt, die von den beteiligten Elementen abhängt. Diese wächst wie auf einer Stufenleiter mit deren Atommasse an. So erzeugt die Fusion von Helium zu Kohlenstoff mehr Energie als die des vorigen Schritts vom Wasserstoff zum Helium. Und diese Fusionen setzen auf jeder Stufe Energie in Form von Wärme frei, weshalb sie auch als *exotherme* thermonukleare Reaktionen bezeichnet werden.

Unvermeidlicherweise gibt es bei dieser Stufenleiter allerdings eine Obergrenze, ab der die Energiebilanz negativ ausfällt. Die Grenze markiert das Eisen und insbesondere sein Isotop mit der Atommasse 56 (angegeben mit ^{56}Fe). Damit sich zwei seiner Atome nahe genug kommen und verschmelzen können, braucht es tatsächlich mehr Energie, als bei dieser Fusion frei wird. Fusionen dieses Typs, die von außen Wärmeenergie aufnehmen, werden als *endotherme* thermonukleare Reaktionen bezeichnet.

Nicht alle Sterne gelangen im Verlauf ihres Lebens auf dieser Leiter bis ganz nach oben. Im Gegenteil, kommen diese Abläufe bei den meisten – also jenen mit einer Größe von unter rund zehn Sonnenmassen – schon deutlich früher zum Stillstand. Der Grund ist ganz einfach. Un-

terhalb kritischer Temperaturen und Dichten zünden diese Fusions-
reaktionen nicht. Dies geschieht deshalb, weil sich die beteiligten
Atomkerne mit ihren positiven Ladungen gegenseitig abstoßen. Um sie
zusammenzubringen – die sogenannte *Coulombbarriere* zu überwinden –, braucht es diese hohen Temperaturen und Dichten. Andererseits
sind Temperatur und Dichte im Inneren eines Sterns desto höher, je
größer dessen Masse ist. Deswegen verbrennen «leichte» Sterne – solche mit kleiner Masse – nur leichte Elemente, während in «schweren»
Sternen – mit großer Masse – neben den leichten auch schwere (also
Atomkerne mit einer hohen Anzahl an Protonen und Neutronen wie
Neon und Silizium) entstehen. Insbesondere im Inneren von Sternen
mit einer Größe von 20 bis 30 Sonnenmassen entstehen so hohe Temperaturen, dass Fusionen für schwerere Elemente zünden. In ihnen
erklimmen die Fusionen also die Stufenleiter bis zur Entstehung von
Eisen.

Da Temperatur und Dichte zum Zentrum des Sterns hin immer stärker ansteigen, entstehen die schwereren Elemente in dessen inneren
Regionen, während in den äußeren die leichteren verbrannt werden.
So bildet ein massereicher Stern im Verlauf seines Lebens eine zwiebel-
ähnliche Struktur mit Schichten: Die äußeren sind reich an leichten
Elementen, während in den inneren vor allem die schweren Elemente
enthalten sind. Bei ausreichend großer Masse besteht der Kern eines
Sterns aus Eisen, das sich bei der Verschmelzung schwererer Elemente
wie Neon, Sauerstoff und Silizium gebildet hat.

Wenn der Stern den gesamten Brennstoff zur Bildung von Eisen auf-
gezehrt hat, erreicht er einen Wendepunkt, weil die Fusion zu komplexeren Elementen nun mehr Energie verbraucht, als sie erzeugt. Von diesem Augenblick an ist nichts mehr, wie es war. Wie Sie sich vorstellen
können, gerät ohne die weitere Zufuhr von Energie das bis dahin auf-
rechterhaltene Gleichgewicht aus den Fugen. Millionen Jahre lang
sorgte die Energie aus diesen nuklearen Fusionsprozessen für den Strah-
lungsdruck, der der Schwerkraft entgegenwirkte, die ihn andernfalls
hätte implodieren lassen.

Um nachzuvollziehen, was an diesem Punkt geschieht, hilft wieder
ein Vergleich: Stellen Sie sich einen Stern als eine Montgolfiere vor, prall
gefüllt mit Heißluft dank eines leistungsfähigen Brenners. Physikalisch
gesehen, behält sie deshalb ihre pralle Form, weil in ihrem Inneren ein
größerer Druck als außen herrscht. Und diesen Druck erzeugt die Ener-

gie, die bei der Verbrennung von Gas, seiner Reaktion mit Sauerstoff, freigesetzt wird. In einem Stern entsteht dieser Druck dagegen dank der Energie aus den Kernfusionsreaktionen. Lässt der Druck im Ballon nach, weil der Brennstoff ausgeht – oder im Stern, weil kein weiteres Eisen entsteht –, erschlafft er zwangsläufig, weil der Außendruck und die Schwerkraft auf ihn einwirken. Auf Sterne wirkt zwar keinerlei Außendruck ein, dafür aber die Schwerkraft. Sie erleiden einen *gravitativen Kollaps,* stürzen also unter der Last des eigenen Gewichts in sich zusammen.

Geschieht dies mit einem Stern von 20 bis 30 Sonnenmassen, besteht dessen Kern bis dahin ausschließlich aus Eisen und hat einen Radius von rund 10 000 Kilometern. Ohne die Stütze des Strahlungsdrucks kann dieser Eisenkern sein eigenes Gewicht nicht mehr tragen und fällt (eben wie ein Heißluftballon) rasch in sich zusammen. In dieser Phase wird seine Materie immer weiter zusammengepresst und erreicht ein Höchstmaß an Temperatur und vor allem Dichte. Bei diesem Zusammensturz werden die Atome in Innersten auf einen immer engeren Raum «zusammengepackt» und aneinandergequetscht, bis ein neuer gewaltiger Gegendruck ins Spiel kommt, der diesmal aber nicht thermodynamischen Ursprungs ist, also nicht dadurch entsteht, dass mit zunehmender Dichte die Temperatur steigt. Es ist vielmehr der sogenannte *Entartungsdruck,*[9] der aus quantenmechanischen Effekten – Teilchen wie Neutronen können sich nicht allzu stark einander annähern – hervorgeht. Und er stellt sich nun abrupt einer weiteren Kontraktion entgegen.

Dieser neue und gewaltige Druck bringt den Kollaps des Eisenkerns, der inzwischen auf einen Radius von 100 Kilometern zusammengeschrumpft ist und sich auf Milliarden Kelvin aufgeheizt hat, plötzlich zum Stillstand. Aber während dieser ultraheiße Kern, dessen Materie die dichteste und starrste uns bekannte ist, in seiner Bewegung gleichsam eingefroren ist, stürzen nun die äußeren Schichten des Sterns auf ihn herab. Beim Aufschlag auf der Oberfläche des Kerns «prallt» dieser stellare Mantel zurück und erzeugt dabei eine gewaltige *Schockfront,* die sich mit Überschallgeschwindigkeit nach außen hin ausbreitet. Nach der Beschleunigung, die diese durch den Einsturz des Mantels empfangen hat, wird sie von der Energie der Neutrinos, die der heiße und dichte Kern in einem Übermaß ausstrahlt, mit noch größerer Wucht nach außen «katapultiert». Das Ergebnis ist so katastrophal wie spektakulär: Die Schockwelle durchläuft den gesamten Stern und fegt –

mit gewaltiger Geschwindigkeit – alle Materie, auf die sie trifft, nach außen hin davon. Binnen weniger Zehntelsekunden wird ein Stern von 20 bis 30 Sonnenmassen in einer gigantischen Explosion – bei einer *Supernova* – zu Staub zerfetzt. Eine Supernova-Explosion ist also nichts anderes als der «Rückprall» des Materials aus den äußeren Schichten des Sterns, die auf den vom Entartungsdruck geschaffenen harten Kern herabgestürzt sind.

Diese Explosion, bei der die äußeren Schichten des Sterns weggesprengt werden, setzt gewaltige Mengen an Strahlung im sichtbaren Bereich frei, durch die sie auch aus größten Entfernungen zu beobachten ist. Würde sich eine Supernova in unserer Nähe – zum Beispiel innerhalb unserer Galaxis – ereignen, sähen wir sie selbst am helllichten Tag mit bloßem Auge! Und genau dies geschah im Jahr 1054, als chinesische Astronomen am Taghimmel plötzlich einen neuen Stern entdeckten. Heute wissen wir, dass es eine Supernova im Sternbild Krebs war. Gegenwärtige astronomische Beobachtungen ermöglichen es uns, die «Überreste» von Explosionen dieses Typs in Form *galaktischer Nebel* zu untersuchen. Sie bestehen aus den zerfaserten Überbleibseln sämtlicher stellaren Materie, die von der Explosion mit enormen Geschwindigkeiten (um 1500 Kilometer pro Sekunde) ins All geschleudert und über astronomisch weite Räume verteilt wurden (etwa 10 Lichtjahre, während unser Sonnensystem einen Durchmesser von nur 5 Lichtjahren hat).

Supernovae-Explosionen sind in der Astrophysik ziemlich häufige Erscheinungen, die Schätzungen zufolge in unserer Galaxis, der Milchstraße, alle dreißig bis vierzig Jahre zu beobachten sind. Da die letzte – SN 1987A – im Jahr 1987, also vor dreißig Jahren sichtbar wurde, warten alle Astronomen gespannt auf die nächste … Dieses sicherlich denkwürdige Schauspiel werden wir auf ganz unterschiedliche Arten beobachten können, wie ich in Kürze erkläre.

Ein Kondensat aus Extremen

Aber kehren wir zu Sco X-1 und damit zum eigentlichen Anliegen dieses Buchs zurück: zur Schwerkraft. Tatsächlich entsteht bei dem fantastischen Feuerwerk einer Supernova-Explosion ein Objekt, das mit einer der extremsten Erscheinungsformen der Physik und eben mit Gravitation zu tun hat.

Fast unsichtbar im Zentrum eines galaktischen Nebels verbirgt sich der Kern eines explodierten Sterns, der dessen Kollaps überlebt hat: ein extrem dichter und kompakter Himmelskörper, dessen Eigenschaften nur Staunen auslösen können. Mich persönlich hat immer beeindruckt, dass der Schlussakt des strahlenden und stürmischen Lebens eines massereichen Sterns – und ebenso dessen katastrophaler Untergang – zugleich die Geburt eines der faszinierendsten Objekte der Physik markiert: die eines Neutronensterns. In ihm ist auf einem Radius von rund einem Dutzend Kilometern eine deutlich größere Masse als die der Sonne zusammengepackt. (Bei Beobachtungen sind inzwischen Neutronensterne mit doppelter Sonnenmasse aufgetaucht.)

Sie müssen sich also einen Himmelskörper in der Größe einer Metropole wie Frankfurt oder Mailand vorstellen, aber mit einer Masse und einer Dichte, die, an unseren physikalischen Maßstäben gemessen, unvorstellbar erscheinen. Den schrillen Kontrast verdeutlicht schematisch und aufschlussreich Abbildung 5.1, die einen typischen Neutronenstern – mit einem heute geschätzten Radius von 12 bis 14 Kilometern – mit einem Stadtplan von Frankfurt am Main ins Größenverhältnis setzt. Rechts unten ist der internationale Flughafen der Stadt

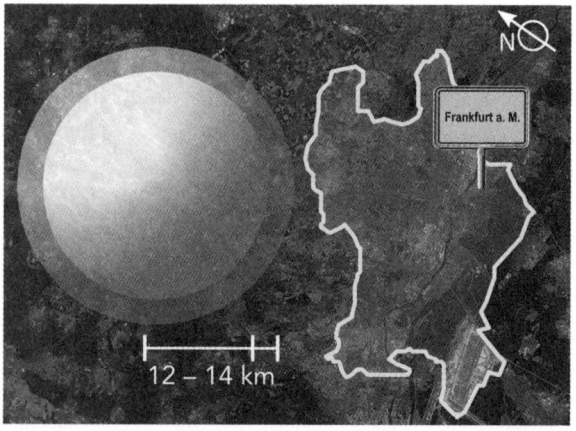

Abb. 5.1: Die Illustration zeigt das Größenverhältnis zwischen einem typischen Neutronenstern und dem Frankfurter Stadtgebiet. Unten, in der rechten Ecke, ist der Rhein-Main-Flughafen erkennbar.

sichtbar, der zu den frequentiertesten Europas zählt. Tatsächlich sind hier viele von Ihnen wahrscheinlich schon einmal durchgekommen. Aber wie Sie sehen, ist der Radius des Neutronensterns etliche Male länger als die Start- und Landebahnen …

Wir haben auf dieser Reise schon mehrfach hervorgehoben, dass unser Realitätssinn und unsere physikalischen Maßstäbe zwangsläufig von den Alltagserfahrungen auf unserem Planeten geprägt sind. Deswegen haben wir Schwierigkeiten, uns auch nur vorzustellen, welche physikalischen Bedingungen auf einem typischen Neutronenstern herrschen. Aber versuchen können wir es zumindest, angefangen bei seiner Dichte (oder wie viel Materie auf ein bestimmtes Volumen konzentriert ist). Nehmen wir zum Vergleich die vertraute Dichte des Wassers: Sie beträgt $1\,\text{g/cm}^3$, also ein Gramm pro Kubikzentimeter. Die mittlere Dichte von Steinen liegt bei einem ziemlich ähnlichen Wert, bei $2{,}6\,\text{g/cm}^3$, ist also etwas mehr als doppelt so hoch wie die des Wassers. Dagegen beträgt die mittlere Dichte eines Neutronensterns rund $10^{14}\,\text{g/cm}^3$, während ihr Wert in dessen Zentrum sogar $10^{15}\,\text{g/cm}^3$ erreichen kann. Mit anderen Worten, wir reden von Dichten, die eine Million Milliarden Mal so groß sind wie die von Wasser. Für einen noch anschaulicheren Vergleich denken Sie daran, dass ein einziger Kubikzentimeter Material eines Neutronensterns – also das Volumen eines Zuckerwürfels – eine Masse enthält, die der gesamten Alpenkette von Ligurien bis zum Friaul entspricht. Achtung: Ich beziehe mich nicht auf das Gewicht – auch wenn der Vergleich richtig wäre –, sondern auf die Anzahl der Atome (eigentlich der Protonen, Neutronen und Elektronen), die unser Neutronensternwürfel enthält. Wenn wir sie einzeln durchzählen würden, stellten wir fest, dass ihre Anzahl mit der der Atome in der Bergkette vergleichbar ist!

Solche Dichten sind für uns unvorstellbar. Sie werden dann erreicht, wenn sämtliche Elementarteilchen auf engstem Raum zusammengedrängt sind und sich die Wellenfunktionen,[10] die sie beschreiben, gleichsam überlagern. Um sich dies zu veranschaulichen, stellen Sie sich ein Atom unter Normalbedingungen – denen in der Materie, aus der Sie und ich bestehen – als einen Bausch Zuckerwatte vor, der hauptsächlich aus Luft und weit auseinanderliegenden Zuckerfäden besteht. In diesem Vergleich steht der Bausch für die *Elektronenwolke,* also für das Volumen, das die rasend um den Kern rotierenden Elektronen (oder besser ihre Wellenfunktionen) einnehmen. Im Zentrum des

Bauschs liegt dagegen etwas sehr Dichtes und Schweres, ähnlich Bleigewichten, wie sie zum Angeln genutzt werden: eben der Atomkern. Um eine Vorstellung von den Größenverhältnissen zu gewinnen – und um zu verstehen, wie «hohl» ein Atom im Grunde ist –, denke man nur daran, dass die Zuckerwatte circa 100 000 Mal größer als der Kern ist, der folglich ein vergleichsweise winziger Punkt, aber deutlich «schwerer» als der gesamte Rest ist. Von diesem Bild ausgehend, können wir uns einen Neutronenstern so vorstellen, dass in seinen Atomen die Zuckerwatte – also die Elektronenwolken – fast vollständig plattgedrückt ist, sodass die übrig gebliebenen winzigen Bleigewichte in ihrem Zentrum nun extrem dicht gedrängt aufeinandersitzen, schlimmer als in einer Sardinendose. In dieser Packung aus Kernen sind die Elektronen selbst zwar noch da, können sich aber nur noch auf äußerst engem Raum bewegen und bilden anders als unter Normalbedingungen sicher keine duftige Wolke mehr.

Es wäre schön – und gewiss interessant –, diese physikalischen Bedingungen extremer Dichte in einem Laborexperiment nachzustellen, um so anhand direkter Messungen zu verstehen, wie es gelingt, die Wellenfunktionen, die die Elementarteilchen im Zentrum des Atomkerns beschreiben, bis auf einen solchen Punkt zu komprimieren. Leider ist dies unmöglich, wie wir im Folgenden sehen. Die Dichten, die wir im Labor herstellen können – auch mit den leistungsfähigsten Teilchenbeschleunigern, in denen wir schwere Atomkerne mit nahezu Lichtgeschwindigkeit aufeinanderschießen –, liegen weit unter denen, welche die Natur in einem Neutronenstern hervorbringt. Deswegen haben wir es in unserem Verständnis der Nuklearphysik, der Struktur und der Zusammensetzung der Neutronensterne mit gewaltigen Unsicherheiten zu tun. Aber wir sind nicht minder begierig darauf, zu erforschen und herauszubekommen, wie Neutronensterne es fertigbringen, derartige physikalische Bedingungen zu erzeugen!

Ihre unvorstellbare Dichte ist nur eine der Eigenschaften dieser Gebilde, die geradezu an Science-Fiction erinnern. Eine weitere, die mich immer wieder verblüfft, ist ihre Fähigkeit, gleichsam mit Höchstgeschwindigkeit um die eigene Achse zu flitzen. Wie wir inzwischen wissen, rotieren einige mit Frequenzen von fast 700 Hz, also mit 700 Umdrehungen pro Sekunde. Versuchen Sie, sich bildhaft ein Objekt vorzustellen, das sich mit einem Radius von einem Dutzend Kilometern – entsprechend dem Stadtzentrum von Mailand – 700 Mal pro Sekunde um die eigene Achse dreht. Nur zum Vergleich: Die Trommel einer Waschmaschine erreicht im Schleudergang rund 720 Umdrehungen pro Minute, also eine Frequenz von 12 Hz oder 12 Umdrehungen pro Sekunde. Kurzum, sie dreht sich rund 60 Mal langsamer als ein gewöhnlicher Neutronenstern. Im Prinzip wissen wir, dass bei Neutronensternen sogar eine Frequenz von 1400 Hz möglich wäre, nur dass in der Natur aus Gründen, die wir bislang noch nicht verstehen, Mechanismen zu existieren scheinen, welche die maximale Rotationsgeschwindigkeit begrenzen und dafür sorgen, dass sie unterhalb des Bereichs der Kilohertz bleiben.

Ein weiteres Wunder: Die meisten Neutronensterne sind als vollkommene Kugeln gestaltet. Entdeckt haben wir dies deshalb, weil es – wie wir gleich sehen – möglich ist, indirekt die Unebenheiten ihrer Oberfläche zu messen. Wie sich dabei herausstellte, liegt der mittlere Wert unterhalb eines Millionstel ihres Radius, zumindest für diejenigen, die sich nicht zu schnell drehen und die große Mehrheit darstellen (was auch ein Maß dafür angibt, wie stark sich der Radius von einem Punkt der Oberfläche zum anderen verändert). Auf «Berge» übertragen, heißt dies, dass es auf fast allen bekannten Neutronensternen keine Erhebung gibt, die höher als ein Millimeter ist. Und häufig liegt diese Höhe deutlich unter einem Zehntelmillimeter!

Ziehen wir einen Vergleich mit der Erde und betrachten den Mount Everest mit einer Höhe von fast neun Kilometern. Damit liegen auf der Erdoberfläche die maximalen Höhenunterschiede bei wenig mehr als einem Tausendstel (bei 1/1500, um genau zu sein). Obwohl unser Planet, vom Mond aus betrachtet, als eine gute Annäherung an eine Kugel erscheint, ist er in Wahrheit hunderttausend Mal weniger kugelförmig als ein Neutronenstern. Tatsächlich stellen Neutronensterne mit Abstand die sphärischsten aller uns bekannter Objekte dar: Ihre Form übertrifft an Vollkommenheit jede Kugel, die wir in einem Hochpräzisionslabor herstellen können.

Aber woher wissen wir das? Wir können natürlich nicht über ihre Oberfläche spazieren und die Unebenheiten mit einem Lineal ausmessen. Trotzdem sind ziemlich genaue Schätzungen möglich. So winzig sie auch sind, diese «Berge» enthalten gewaltige Massen an Materie und müssen folglich Gravitationswellen hervorbringen (keine Sorge: in Kapitel 8 erfahren wir, was das ist und warum sie ein Berg auf einem rotierenden Neutronenstern erzeugen muss). Aber solche wurden – auch wegen ihrer Schwäche – bislang noch nie aufgespürt. Kämen auf Neutronensternen echte Berge vor, müssten diese auf deren Rotation eine gewisse «Bremswirkung» ausüben. Dass diese aber noch nie gemessen wurde, lässt darauf schließen, wie hoch solche Erhebungen maximal sein können.

Fassen wir zusammen: Dieses Objekt hat einen Durchmesser von rund 20 Kilometern, weist eine Masse größer als die unseres gesamten Sonnensystems aus, kann mit 700 Umdrehungen pro Sekunde um die eigene Achse rotieren und ist als eine so vollkommene Kugel geformt, dass ihre «auffälligste» Erhebung auf der blankpolierten Oberfläche weniger als ein Millimeter hoch ist. Sich so etwas auszudenken, dürfte selbst dem fantasiebegabtesten Science-Fiction-Autor Mühe bereiten. Und doch ist es keine Science-Fiction: Es ist unwiderlegbare, messbare und wundersame Realität …

Doch damit nicht genug. Eine weitere, unserer Alltagserfahrung völlig fremde Eigenschaft der Neutronensterne ist ihre Temperatur. Wenn wir an etwas extrem Heißes denken, stellen wir uns zwangsläufig das Innere eines Vulkans oder die Oberfläche der Sonne vor. Gut und schön, aber solche Gefilde sind im Vergleich zu Neutronensternen in Wahrheit geradezu «eisig». Im Augenblick ihrer Geburt (also als Proto-Neutronensterne) erreichen sie 10^{12} – also 1000 Milliarden – Kelvin, eine Temperatur, die eine Milliarde Mal so hoch ist wie die der Sonnenoberfläche (ca. 6000 Kelvin) und zehn Milliarden Mal heißer als Vulkanmagma (ca. 700 Kelvin). Eine derartige Temperatur ist über längere Zeiträume nicht aufrechtzuerhalten, und tatsächlich strahlen Neutronensterne Neutrinos und Antineutrinos aus, die ihm Energie entziehen und ihn dadurch sehr wirkungsvoll abkühlen.

Neutrinos entstehen in rauen Massen, wenn sich Protonen in Neutronen verwandeln und beim anschließenden Beta-Zerfall durch Ladungserhaltung ein Elektron entsteht. Dieses Phänomen wurde *Urca-Prozess* getauft, zu «Ehren» des Casino da Urca, einer Glücksspielstätte im gleichnamigen Stadtviertel von Rio de Janeiro. Die Bezeichnung stammt von den Physikern George Gamow (1904–1968) und Mário Schönberg (1914–1990), die sich mit ihm erstmals 1941 befassten.[11] Sie nannten den Urca-Prozess deshalb so, weil er durch die Freisetzung von Neutrinos dem Neutronenstern so wirkungsvoll Energie «entzieht», wie den Spielern am Roulettetisch das Geld aus der Tasche gezogen wird.

Und tatsächlich ist der Urca-Prozess ziemlich effizient. Die Menge an Neutrinos, die eine Supernova in wenigen Sekunden abstrahlt, ist zehnmal so hoch wie die Gesamtzahl der Teilchen (Protonen, Neutronen, Elektronen ...), die gegenwärtig in der Sonne enthalten sind. Bei der Supernova SN 1987A erreichten einige dieser Neutrinos Detektoren auf der Erde. Insbesondere beim japanischen Experiment Kamiokande von 1987 tauchten zwölf Antineutrinos (die Antimaterie-Entsprechung dieser Teilchen) in zwei verschiedenen Wellen auf, ehe die Supernova auch im sichtbaren elektromagnetischen Bereich in Erscheinung trat. Dieser großartige, gewaltige wissenschaftliche Erfolg hat mich als jungen Universitätsstudenten damals unglaublich fasziniert. Bei dieser Entdeckung astronomischer Neutrinos aus einer Supernova, der ersten in der Geschichte, kamen bei Experimenten, verteilt über die ganze Welt, insgesamt 25 subatomare Teilchen zum Vorschein – die Geburtsstunde der *Neutrinoastronomie*.

Der Entzug von Energie durch die Emission von Neutrinos verläuft so effizient, dass der Proto-Neutronenstern binnen weniger Sekunden nach seiner Entstehung auf eine Temperatur von 10^{10} Kelvin (also ein Hundertstel des Anfangswerts) «abkühlt» und rund tausend Jahre später – im Alter des Neutronensterns in Krebsnebel – einen Wert von etwa einer Million Kelvin (also ein Millionstel der Anfangstemperatur) erreicht. Ab da sinkt seine Temperatur nur noch sehr langsam. Im ehrwürdigen Alter von einer Million Jahre ist er immer noch rund 100 000 Kelvin heiß, also hundert Mal heißer als die Sonne. Aber da die Teilchen in einem Neutronenstern aufgrund ihres quantenmechanischen Ursprungs üblicherweise deutlich energiereicher sind, werden Neutronensterne in diesem Alter gewöhnlich als «kalt» bezeichnet ...

Von einem Lichtstrahl offenbart

An diesem Punkt stellen Sie sich vielleicht eine mehr als berechtigte Frage: «Woher wissen wir überhaupt von der Existenz von Neutronensternen?» Die Antwort führt uns ins Jahr 1967 und zu den Radiobeobachtungen zurück, denen inzwischen einhellig das Verdienst zugeschrieben wird, dass sie eine exakte Identifizierung dieser Objekte ermöglichten. Bei ihren Messungen nutzte die junge Doktorandin Jocelyn Bell einen ziemlich rudimentären Radiowellendetektor, den sie und ihr Doktorvater Antony Hewish konstruiert hatten. Das Ziel war die

Überwachung von Radioemissionen von Objekten, die rund zehn Jahre zuvor entdeckt und als *Quasare* bekannt geworden waren. Heute wissen wir, dass es sich tatsächlich um supermassereiche Schwarze Löcher im Zentrum von Galaxien handelt, die gewaltige Mengen an Strahlung emittieren, weil sie über eine Akkretionsscheibe Materie absorbieren. Angesichts der extrem geringen Veränderlichkeit von Quasaren erwarteten Bell und Hewish, eine fast konstant bleibende Strahlung zu messen. Ganz überraschend aber stieß die Doktorandin bei ihren Beobachtungen auch auf eine Radioemission, die mit einer überraschend regelmäßigen, aber unglaublich kurzen Periode von 1,33 Sekunden variierte. Wie erwähnt, deutet eine Veränderlichkeit mit kurzer Periode zwangsläufig auf ein kleines Himmelsobjekt hin, ein Hinweis, der den Merkmalen widersprach, die von einem Quasar erwartet wurden.

Nachdem Bell und Hewish eine ganze Reihe möglicher irdischer Quellen ausgeschlossen und bestätigt hatten, dass das Signal von einem präzisen Punkt am Himmel stammte, formulierten sie eine eigene Hypothese: Demnach handelte es sich um die intensive Radiostrahlung eines Objekts, das so rasant rotierte, dass es zwangsläufig extrem kompakt sein musste. Tatsächlich ließen die beiden Forschenden nicht einmal die skurrile Hypothese außer Acht, wonach das Signal von Außerirdischen stammen und von einer fernen Zivilisation verschickt worden sein könnte, um Kontakt zu uns aufzunehmen. Um scherzhaft auf diese Möglichkeit hinzuweisen, tauften Bell und Hewish das periodische Signal LGM-1, ein Akronym für *little green men*, «kleine grüne Männchen». So bizarr sie erscheinen mag, so wird die Hypothese einer außerirdischen Zivilisation, die Kontakt zu uns Erdenbürgern sucht, fast jedes Mal wieder aus der Mottenkiste geholt, sobald eine neue Radioquelle auftaucht. Die jüngsten auf der Liste dieser «außerirdischen Signale» sind die sogenannten *schnellen Radioblitze* (englisch: *fast radio bursts*, FRB). Auch wenn ihr Ursprung nach wie vor rätselhaft bleibt, wurden bereits einige interessante Hypothesen formuliert.[12]

Doch zurück zu LGM-1. Da die Radiostrahlung mit periodischer Regelmäßigkeit ausgesandt wurde, also offenbar pulsierte, erhielt diese Art Quelle die Bezeichnung *Pulsare*, zusammengesetzt aus *pulsating* und Quasare (nach den Objekten, die ursprünglich beobachtet werden sollten). Die Entdeckung dieser Strahlung bedeutete eine einschneidende Wende in unserem Verständnis der Astro-, Nuklear- und Gravitationsphysik. Um diese Bedeutung zu würdigen, wurde Martin Ryle (1918–

1984) und Antony Hewish 1974 der Nobelpreis für Physik zuerkannt, mit der offiziellen Begründung: «Für die bahnbrechenden Forschungen in der Radioastrophysik.» Hewish erhielt ihn für die Entdeckung der Pulsare, während Jocelyn Bell leer ausging, obwohl sie die grundlegenden Daten für sie gesammelt hatte. Noch heute fehlt für diese Ausgrenzung eine überzeugende Erklärung, auch wenn Bell stets versichert hatte, dass die Königlich Schwedische Akademie der Wissenschaften hier richtig entschieden habe.

Heute, fast fünfzig Jahre nach dieser Entdeckung, wissen wir jedenfalls, dass Bell 1967 das Strahlenbündel ausgemacht hatte, das von der Oberfläche eines extrem kompakten Himmelsobjekts – eben eines Neutronensterns – mit einem unglaublich starken Magnetfeld ausging. Wie der Mechanismus oder die Mechanismen, die diese Strahlung hervorbringen, im Einzelnen funktionieren, liegt bis heute teilweise im Dunkeln, aber das Szenario insgesamt wird inzwischen generell von der gesamten Wissenschaftsgemeinde akzeptiert. Wenn ein Neutronenstern ein genügend starkes Magnetfeld besitzt und ausreichend rasant rotiert, erzeugt er ein so starkes elektrisches Feld, dass seiner Oberfläche,

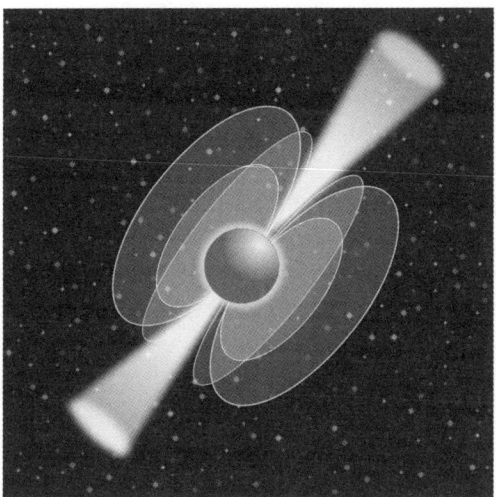

Abb. 5.2: In einem Pulsar beschleunigen die Rotation und das starke Magnetfeld die Teilchen in Nähe der Polkappen, die eine gerichtete Strahlung (insbesondere im Radiobereich) aussenden. Die Strahlenbündel rotieren mit dem Stern, ähnlich dem Scheinwerfer eines Leuchtturms, und können die Erde «treffen».

insbesondere an seinen Magnetpolen, Elektronen entrissen werden. Diese freigesetzten Elektronen erzeugen eine Strahlung im Radio-, aber auch im Gammabereich, die in zwei schlanken Kegeln emittiert wird.

Die Wirkweise eines Pulsars zeigt schematisch Abbildung 5.2 mit der Darstellung eines Neutronensterns, der durch seine rasante Rotation, kombiniert mit einem starken Magnetfeld, zwei schlanke Strahlungskegel vor allem im Radiobereich hervorbringt.

Da seine Rotationsachse von der Symmetrieachse seines Magnetfelds abweicht, rotieren die Strahlenbündel mit dem Neutronenstern mit und durchstreifen so periodisch verschiedene Himmelsregionen.

Ein Pulsar ist also im Wesentlichen ein rasch rotierender Neutronenstern, der wie ein Leuchtturm gebündeltes Licht aussendet, allerdings nicht wie dieser im sichtbaren, sondern im Radiobereich. Deswegen empfangen wir seine gebündelte Strahlung, wenn sie uns «trifft», in einzelnen Pulsen mit einer Periode, die seiner Rotationsgeschwindigkeit entspricht (oder der Hälfte, wenn wir beide von den Magnetpolen ausgehenden Bündel empfangen).

Ein bereits erwähnter grundlegender Aspekt der Neutronensterne sind deren extrem intensive Magnetfelder. Schon im Normalfall liegen die Werte in einem Bereich von 10^{11} bis 10^{12} Gauß. Als Vergleich mit uns näherliegenden Verhältnissen: Das Magnetfeld der Erde liegt bei einem halben, das der Sonne bei rund einem und das von Magneten, wie man sie beispielsweise an seinen Kühlschrank anheftet, bei rund hundert Gauß. Kurzum, das Magnetfeld eines ganz gewöhnlichen Neutronensterns ist 1000 Milliarden Mal stärker als das auf unserem Planeten, mit dem wir täglich zu tun haben. Dabei gibt es Neutronensterne mit einem noch intensiveren Magnetfeld – mit so gewaltigen Werten wie 10^{14} oder 10^{15} Gauß –, das also das eines «Standard-Pulsars» um das Tausendfache übertrifft.

Diese Neutronensterne, die den treffenden Namen *Magnetare* tragen, senden mitunter, wenn auch sehr selten, Blitze im Röntgen- und Radiobereich aus, die so gewaltig sind, dass sie für wenige Augenblicke alle anderen Himmelsobjekte zusammen überstrahlen. Eine Vorstellung von der aberwitzigen Energiemenge, die ein Magnetar in einem explosionsartigen Strahlenausbruch freisetzt, vermittelt SGR 1806-20, der sich im Dezember 2004 mit einer derartigen Explosion bemerkbar machte. Laut Berechnungen strahlte diese Quelle in nur einer Zehntelsekunde mehr Energie aus als die Sonne in den letzten 100 000 Jahren!

Die Ursache solcher Erscheinungen ist noch unbekannt, aber Vermutungen nach ziehen abrupte Verschiebungen im Gleichgewicht der Kruste dieser Neutronensterne – vergleichbar mit außerordentlich gewaltigen Erdbeben – enorme Veränderungen im Magnetfeld an der Oberfläche nach sich. Dies setzt gewaltige Mengen an magnetischer Energie frei, die in Röntgen- oder Gammastrahlen umgewandelt wird. Tatsächlich ist dieses Phänomen gar nicht so ungewöhnlich, sondern vielmehr regelmäßig in der Sonne zu beobachten, wo es wahrhaftige magnetische Explosionen, sogenannte *Sonneneruptionen* (englisch: *solar flares*) hervorruft.

Da stellt sich die Frage: «Wie entstehen so starke Magnetfelder?» Tatsächlich wird der Ursprung des gewaltigen Magnetfelds von Pulsaren oder Magnetaren immer noch untersucht und erforscht. Eine – wenn auch nicht die einzige – plausible Erklärung lautet, dass es sich um ein «fossiles» Magnetfeld handelt, also eines, das vom ursprünglichen Stern geerbt wurde. Was hier ins Spiel kommt, ist der *Erhalt des magnetischen Flusses* während des gravitativen Kollapses, aus dem der Neutronenstern hervorgeht. Im Grunde bleibt das Produkt aus dem Querschnitt dieses Sterns, der proportional zum Quadrat seines Radius ist, und aus der magnetischen Feldstärke immer gleich. Da der ursprüngliche Stern beim Kollaps von einem Radius von über einer Million Kilometern auf einen von nur zehn Kilometern zusammenschrumpft, sorgt allein schon diese Verringerung des Querschnitts für einen Verstärkungsfaktor von 100 000.

Um diese Vorgänge nachzuvollziehen, stellen Sie sich vor, Sie quetschen einen scheibenförmigen Magneten, wie ihn viele an einem Kühlschrank hängen haben, mit einer hydraulischen Presse so lange zusammen, bis sein Radius auf die Hälfte geschrumpft ist: Auf die Art verstärkt sich sein Magnetfeld um den Faktor vier, also 2^2. Genau dies geschieht auch in einem kollabierenden Stern, allerdings mit dem nicht unerheblichen Unterschied, dass dabei selbst ein schwaches Magnetfeld eine extreme Stärke gewinnt, weil sich der Radius beim Zusammensturz gewaltig verringert.

Laut einer anderen Hypothese als der vom fossilen Ursprung entsteht dieses unglaublich starke Magnetfeld nach dem Kollaps, wenn sich in dem noch extrem heißen und flüssigen Proto-Neutronenstern, der gewaltigen Veränderungen unterworfen ist, ein neues Gleichgewicht einpendelt. Unter diesen Extrembedingungen können in seinem Inneren komplexe Abläufe mit Turbulenzen und Dynamoeffekten sein Magnetfeld bis auf Werte verstärken, wie sie bei den Radiobeobachtungen gemessen wurden. Dieses Szenario – das im Einzelnen mit Simulationen und theoretischen Schätzungen bislang noch schwer reproduzierbar ist – könnte die außergewöhnlichen Magnetfelder erklären, die in Magnetaren beobachtet wurden.

Ich beschließe diese Liste der wunderbaren Eigenschaften der Neutronensterne – über sie kann man nur staunen – mit einem weiteren ihrer Kennzeichen: Sie funktionieren wie hochpräzise Uhren. Es sei daran erinnert, dass Pulsare mit ihrer rasanten Rotation, die ihr Lichtsignal hervorragend regelmäßig pulst, die mit höchster Genauigkeit vermessenen astronomischen Objekte sind. Tatsächlich ist die Radioastronomie der Pulsare eine Hochpräzisionswissenschaft.

Beobachtet man über die Jahre ein Signal, das sich mit hoher Frequenz regelmäßig wiederholt, lässt sich daraus ein gewaltiger Schatz an genauen statistischen Daten gewinnen, die es ermöglichen, systematische Messfehler zu beseitigen und so zu einer geradezu übermäßigen Präzision zu gelangen. Deswegen ist die Periode von Pulsaren mit einer Genauigkeit von durchschnittlich 10^{-15}, also von einem millionstel Milliardstel bekannt. (Sie lässt sich in einer Zahl ausdrücken, von der die 15 Stellen hinter dem Komma exakt bekannt sind!) Von dem Pulsar mit der rasantesten uns bekannten Rotation, PSR J0437-4715, wissen wir zum Beispiel, dass seine Periode 0,005757451936712637 Sekunden beträgt. Um eine Vorstellung von der Präzision dieser Messungen zu gewinnen, stellen Sie sich die Genauigkeit vor, die benötigt wird, um jede einzelne der in einem menschlichen Körper enthaltenen rund 30 000 Milliarden (oder rund 3×10^{13}) Zellen zu bestimmen. Nun, die Periode von PSR J0437-4715 ist mit einer hundertfach höheren Genauigkeit bekannt! Hätten wir in der Biologie ein solches Maß an Genauigkeit erreicht, könnten wir einen Menschen «klonen», indem wir schlicht die 30 000 Milliarden Zellen zusammensetzen, aus denen er besteht …

Dank der unglaublichen Genauigkeit, mit der wir die Periode von Pulsaren messen können, lassen sich diese auch als kosmische Hochpräzisionsuhren verwenden. Damit eine Uhr heute als «ganggenau» gelten kann, ist eine regelmäßige Periode sicherlich grundlegend, aber auch, dass im Falle von Abweichungen diese Veränderungen auf konstante und vorhersagbare Weise erfolgen. Pulsare verändern ihre Periode durchaus, wenn auch unmerklich. Entscheidend ist, dass sich ihre Periode – zu unserem Glück – regelmäßig und leicht vorhersehbar verändert.

Dass Pulsare ihre Rotationsperiode *zwangsläufig* verändern, ist ziemlich leicht zu verstehen. In gleicher Weise wie ein Leuchtturm, der für seinen Betrieb elektrische Energie benötigt, muss ein Pulsar aus irgendeiner Form von Energie schöpfen, um sein Lichtbündel im Radiobereich zu emittieren. Dieses «Reservoir» bildet seine kinetische Energie. Genau gesagt, verlangsamt sich die Rotationsgeschwindigkeit eines Pulsars – womit seine Periode zunehmend länger wird –, weil er einen Teil seiner Rotationsenergie durch die Emission von Radiostrahlen verliert. Diese Erkenntnis bildet einen Grundpfeiler für unser Verständnis der Pulsare, eine Theorie, die erstmals 1967 (auch ein *annus mirabilis!*) von dem italienischen Astrophysiker Franco Pacini formuliert wurde. Pacini zeigte, dass ein Pulsar mit einem rotierenden magnetischen Dipol vergleichbar ist (also mit einem rasch rotierenden Magnetstab mit einem Nord- und einem Südpol), in dem die Änderungsrate der Rotation von der Menge der verlorenen Energie abhängt.[13] Die Emission elektromagnetischer Strahlung wirkt gleichsam als eine «Bremse» für die Drehbewegung, wobei sich die Stärke dieser Bremsung sogar anhand der Rotationsperiode und deren zeitlicher Veränderung messen lässt – als sogenannter *Bremsindex* (englisch: *braking index*).

Auf die Art verliert der Pulsar allerdings nur einen verschwindend geringen Teil seiner verfügbaren kinetischen Energie. Deshalb verlängert sich beispielsweise die Periode des Pulsars PSR J1603-7202, von der wir wissen, dass sie bei 0,0148419520154668 Sekunden liegt, um nur 0,0000005 Sekunden pro einer Million Jahre.[14] Zum Vergleich: Bei einer Schweizer Präzisionsuhr beträgt die Abweichung rund 7 Sekunden pro Tag, während es bei einer Quarzuhr rund 10 Sekunden pro Jahr sind … Auch wenn dies die Faszination erahnen lässt, die Neutronensterne auf mich ausüben, muss ich der Objektivität halber daran erinnern, dass wir mit heutiger Technologie Atomuhren konstruieren können, deren Ganggenauigkeit noch über den erwähnten der Pulsare liegt. Sie weichen pro einer Million Jahre nur um 0,0000001 Sekunden ab, also nur ein Fünftel so stark wie ein Pulsar. Dem ist freilich hinzuzufügen, dass sich diese Präzision nur über ziemlich beschränkte Zeitspannen, in einer Größenordnung weniger Stunden, aufrechterhalten lässt. Dagegen halten manche Pulsare ihren Takt über Hunderttausende von Jahren stabil. Und damit sind sie meiner Ansicht nach mit Sicherheit die höherwertigen Zeitmesser!

Ans Ende dieses Kapitels setze ich eine Frage, die sich manche von Ihnen womöglich stellen. Wie gesagt, sendet ein Pulsar ein Strahlungsbündel im Radiobereich aus und benötigt dazu ein gewaltiges Magnetfeld sowie eine ausreichend rasante Rotation, weil erst beides im Verbund die gewaltigen elektrischen Felder erzeugt, welche die geladenen Teilchen beschleunigen. Aber wie wir soeben sahen, dreht sich ein Pulsar immer langsamer um die eigene Achse, auch wenn es Millionen Jahre dauert, bis diese Bremswirkung richtig spürbar wird. Also ist die Frage berechtigt, ob sich die Rotation eines Pulsars ab einem bestimmten Punkt so stark verlangsamt, dass er keine elektromagnetische Strahlung mehr aussenden kann. Die Antwort lautet ja: Tatsächlich kann ein Pulsar «erlöschen», also in seiner Drehbewegung so stark erlahmen, dass er als «Leuchtturm» vom Radar verschwindet. Wenn es so weit kommt, hat er, wie es heißt, die *Todeslinie* (nach dem englischen *pulsar death line*) überschritten. Ab diesem Punkt verliert er seine Sichtbarkeit, auch wenn er noch Milliarden Jahre weiterhin mit einem starken Magnetfeld um die eigene Achse rotiert. Da Neutronensterne nur dann sichtbar sind, wenn sie als «eingeschaltete Pulsare» in Erscheinung treten, gibt es folglich deutlich mehr von ihnen, als unsere bisherigen Beobachtungen vermuten lassen!

Ein geheimnisvolles und faszinierendes Inneres

Mit Fug und Recht kann man auch die Frage stellen: «Wie sind Neutronensterne im Inneren eigentlich beschaffen?»

Die zusammenfassende Antwort lautet ohne große Umschweife: Eigentlich wissen wir es nicht! Wir haben nur eine vage Ahnung – oder besser, viele divergierende Vorstellungen – davon, wie Neutronensterne strukturiert und zusammengesetzt sind. Der Grund für dieses «Nichtwissen» ist ziemlich klar: Die physikalischen Verhältnisse in ihrem Inneren sind von denen, die sich in Laborversuchen überprüfen und reproduzieren lassen, so weit entfernt, dass sich aus den Erkenntnissen anhand der Theorie und der möglichen Experimente nur ganz schwer stichhaltige Rückschlüsse darauf ziehen lassen, welche

Dichte und welcher Druck im Inneren eines Neutronensterns herrschen.

Über einige Aspekte ihrer Zusammensetzung und inneren Struktur sind sich jedoch alle einig. Ziemlich klar ist zum Beispiel, dass ein Neutronenstern nicht nur aus Neutronen besteht, sondern auch andere Teilchen (wenn auch in geringeren Mengen) enthält. Deren wichtigste sind sicherlich Protonen und Elektronen, da ja gerade die Letztgenannten für die Entstehung der besagten gewaltigen Magnetfelder sorgen. Tatsächlich erzeugen Elektronen – mit weiteren leichten geladenen Teilchen – die gewaltigen elektrischen Ströme, die zu ihrer Bildung notwendig sind. Zudem ist trotz einiger Unsicherheiten ziemlich klar, dass sich die Struktur eines Neutronensterns aus einigen besonderen Schichten zusammensetzen muss, deren Dicke uns einigermaßen genau bekannt ist. Dies gilt im Übrigen auch für unseren Planeten, dessen Physik weitaus einfacher ausgestaltet ist und dessen Aufbau wir direkt erforschen können.

Stellen wir uns also vor, wir «sezieren» einen Neutronenstern, um seinen Aufbau zu erkunden, und arbeiten uns von der Oberfläche in die Tiefe bis zum Zentrum vor. Die erste Schicht, auf die wir stoßen, können wir als eine Art Atmosphäre betrachten (und so heißt sie fachsprachlich auch): eine hauchdünne Schale mit einer Dicke von nicht mehr als einem Zentimeter, die aus extrem massereichen Ionen, sogenannten *Schwerionen*, besteht und mit einer Dichte, die milliardenfach die unserer Atmosphäre übersteigt. So extrem sie auch sein mögen, die Eigenschaften dieser Atmosphäre sind ziemlich klar, und ihre physikalischen Verhältnisse relativ gut belegt, so gut sogar, dass wir sie für eine «bekannte» Größe halten. So paradox es klingt, von einem Objekt mit einem Radius von einem Dutzend Kilometern hat der einzige Teil, von dem wir die Eigenschaften im Einzelnen zu kennen glauben, eine Dicke von höchstens einem Zentimeter.

Begeben wir uns von der Atmosphäre aus tiefer in Richtung Zentrum, stoßen wir auf die *Kruste,* eine rund ein bis zwei Kilometer dicke Schicht, die eine Reihe von Schwerionen, aber auch extrem hochenergetische, sogenannte *relativistische Elektronen* enthält. Dabei ist hervorzuheben, dass «Kruste» insofern ein irreführender Begriff ist, als es sich in Wahrheit um ein elastisches und verformbares Material, ähnlich einer extrem dichten plastischen Substanz, handelt. Die Materie der Kruste trägt teilweise noch die Merkmale eines Gitters, zeigt also eine wiederkehrende und regelmäßige Struktur, in der die Ionen in festgelegten Abständen zueinander angeordnet sind und sich die Elektronen frei durch die Zwischenräume bewegen können. Diese Art Gitterstruktur zeichnet gewöhnlich Festkörper aus und ist für deren mechanische Eigenschaften verantwortlich.

Unter der Kruste – in einer sechs bis sieben Kilometer dicken Schicht – begegnen wir dem sogenannten *äußeren Kern*. Hier erreicht die Dichte 1000 oder 10 000 Milliarden (also 10^{13} oder 10^{14}) Gramm pro Kubikzentimeter. Sie ist gewaltig, aber noch nicht die höchste. Diese begegnet uns erst, wenn wir in die zentrale Zone des Neutronensterns, in seinen *inneren Kern*, vordringen, der ebenfalls nur sechs oder sieben Kilometer dick ist.

Die Eigenschaften der Materie im inneren Kern sind grundlegend unbekannt und stellen für die Theorie eine außerordentliche Herausforderung dar, die die Nuklearphysiker seit nunmehr fast vierzig Jahren beschäftigt. Wohl keineswegs überraschend, mangelt es nicht an einschlägigen Hypothesen, von denen manche eher konservativ sind, während andere in neue Richtungen zielen. Aber die wohl wichtigste – und faszinierende – Frage dazu, welche physikalischen Bedingungen in den tieferen Zonen eines Neutronensterns herrschen, betrifft *exotische Teilchen* wie Hyperonen oder sogar freie Quarks. (Von diesen Elementarteilchen war in Kapitel 1 die Rede. Aus ihnen setzen sich andere Teilchen wie Neutronen und Protonen zusammen.) Im Zentrum eines Neutronensterns sind – wegen der gewaltigen Dichte im inneren Kern mit seinem Radius von nicht mehr als einigen Kilometern – die Quarks womöglich so eng zusammengepackt, dass sie «frei» geworden, also nicht mehr in einem Neutron oder Proton eingeschlossen sind und somit eine *Quark-Suppe* (englisch: *quark soup*) bilden. Diese Hypothese ist besonders faszinierend, da wir wissen, dass so eine Art Suppe in den allerersten Augenblicken im Leben des Universums (bis zu einer Hundertstelsekunde) existiert haben muss und dass sie – wenn auch nur für kürzeste Zeitintervalle – auch dann entsteht, wenn wir schwere Ionen mit höchster Energie zur Kollision bringen. Der Gedanke, dass diese Suppe im Inneren von Neutronensternen stabil vorhanden sein und irgendwie aufgespürt werden könnte – vielleicht anhand ausgesandter Gravitationswellen –, eröffnet Räume für Forschungen von Wissenschaftlern auf der ganzen Welt.

Die eben erwähnten Fragen mit Blick auf die innere Zusammensetzung eines Neutronensterns werden in der Regel als eine Unsicherheit in der sogenannten *Zustandsgleichung* (vom englischen *equation of state*) beschrieben. Genauer gesagt, wenn Physiker von der Zustandsgleichung eines Neutronensterns reden, meinen sie die Fähigkeit zu verstehen, wie sich dessen Druck – und folglich dessen innere Zusammensetzung – von der Oberfläche ausgehend bis ins Zentrum verändert. Die betreffende Unsicherheit schlägt sich natürlich auch in einer – mit Blick auf Beobachtungen noch schwerwiegenderen – Unsicherheit bei der Größe nieder, die ein Neutronenstern haben kann. Bis vor einigen Jahren bewegten sich die Schätzungen zum Radius eines solchen Himmelsobjekts in einem ziemlich breiten Korridor: von sieben Kilometern, berechnet auf der Grundlage von *weichen Zustandsgleichungen* (vom englischen *soft*), die sehr kompakte Sterne vorhersagen, bis zu 18 Kilometern nach den *steifen Zustandsgleichungen* (vom englischen *stiff*), die dagegen größere Sterne prognostizieren.

Zum Glück verfügen wir heute über eine ganze Reihe von Beobachtungen – sowohl im elektromagnetischen Spektrum als auch bei Gravitationswellen –, die uns genauere Aufschlüsse zum Radius eines Neutronensterns mit 1,4 Sonnenmassen (die allgemein als Referenzmasse für solche Objekte gilt) geben. Den Erwartungen nach soll er zwischen zehn und 14 Kilometer betragen. Jedenfalls befasst sich mit der Bestimmung des Radius eines Neutronensterns ein besonders reges Forschungsfeld, an dem auch ich beteiligt bin. Immer wenn ein neuartiges Instrument neue Messungen liefert oder wenn eine Verschmelzung eines Doppelsternsystems entdeckt wird, kommen neue Schätzungen ins Spiel. Die oben genannten Daten sind also womöglich bald schon wieder überholt!

Maximale Masse

Die Frage, welchen Radius eine Referenzmasse typischerweise hat, führt zu einem weiteren Aspekt bei den Eigenschaften der Neutronensterne. Und dieser bildet das Kernthema dieses Buchs: die Gravitation, die ein solcher Himmelskörper erzeugt.

Auch unter diesem Gesichtspunkt zeigt sich ein Neutronenstern als ein Ausnahmeobjekt. Tatsächlich ist das Gravitationsfeld auf seiner Oberfläche mindestens eine Milliarde Mal stärker als das auf der Erde. Würden wir aberwitzigerweise auf ihr landen, würde die Gravitation unser Raumfahrzeug – mit uns darin – zu einem fast zweidimensionalen Objekt plattdrücken. Wir würden auf der gitterartigen Oberfläche gleichsam zu einer Schicht mit einer Dicke von nur wenigen Atomen ausgestrichen. Und da zudem die übliche Kompaktheit M/R eines Neutronensterns von 1,7 bis 0,25 reicht, ist klar, dass wir es mit einer, gelinde gesagt, erheblichen Krümmung zu tun haben, die sehr starke relativistische Effekte wie eine Zeitdilatation oder eine gravitative Lichtablenkung hervorruft.

Ein besonderer Aspekt der Beziehung zwischen der Schwerkraft und Neutronensternen ist eine direkte Konsequenz der Allgemeinen Relativitätstheorie. Für diese Himmelskörper gibt es eine *maximale Masse*. Um dies zu verstehen, müssen wir auf die Lösungen der einsteinschen Gleichungen zurückkommen, mit denen sich Modelle von Neutronensternen im Gleichgewicht erstellen lassen. Mit der Auswahl einer Zustandsgleichung, die den Druck im Inneren der Sterne zu der lokalen Materiedichte in Beziehung setzt, sind die einsteinschen Gleichungen lösbar, sodass sich für einen Neutronenstern ein Gleichgewichtsmodell erstellen lässt. Lässt man an diesem Punkt die Masse des Sterns variieren, gelangt man zu einer «Sequenz» von Modellen, also zur Gesamtheit der Neutronensterne, die einer bestimmten Zustandsgleichung angehören. Solange wir die richtige Zustandsgleichung nicht kennen, können wir zahlreiche Abfolgen dieser Art erstellen – ich habe fast zwei Millionen davon realisiert –, die alle physikalisch plausibel sind.

Alle diese Sequenzen haben gemeinsam, dass der Radius mit zunehmender Masse abnimmt. Man beachte, dass es sich dabei um ein ziemlich unnormales Verhalten in der Astrophysik handelt. Wir sind ja Objekte gewohnt, bei denen eine größere Masse auch einem größeren Radius entspricht (man denke nur an gewöhnliche Sterne oder Planeten). Aber unter den Extremverhältnissen von Dichte und Druck, die Neutronensterne kennzeichnen, gilt nun das Gegenteil: Je stärker die Masse anwächst, desto mehr schrumpft der Radius.

Abbildung 5.3 zeigt schematisch die Beziehung zwischen Masse und Radius bei einem gewöhnlichen Neutronenstern. Die vertikale Achse bildet die Masse (ausgedrückt in Sonnenmassen) ab, während die horizontale Achse (in Kilometern) den Radius angibt. Die schwarze Linie zeigt nun, angegeben als eine Kugel, ein Maximum an, jenseits dessen die Linie gestrichelt weiterführt: als der sogenannte *instabile Zweig* der Gleichgewichtskonfigurationen. Mit anderen Worten, obwohl sich Lösungen für die einsteinschen Gleichungen auch im gestrichelten Abschnitt des Schaubilds finden lassen, erweisen sich diese als instabil. Die betreffenden Neutronensterne würden unter dem gravitativen Druck in sich zusammenstürzen.

Folglich gibt jede Zustandsgleichung eine maximale Masse mit einem stabilen und einem instabilen Zweig von Gleichgewichtslösungen an. Der graue Streifen, der die schwarze Kurve umgibt, bildet die Unsicherheit ab, die bei der Bestimmung des Radius eines Neutronensterns herrscht, weil dessen innere Struktur unbekannt ist. Gäbe es nur eine einzige Zustandsgleichung und wäre diese bekannt, würde dieser Streifen bis auf die schwarze Linie zusammenschrumpfen. Der Radius, die Struktur und die innere Zusammensetzung des Sterns wären exakt bekannt, sobald seine Masse bestimmt wäre, sogar durch Beobachtungen (wie von der gestrichelten horizontalen Linie beispielhaft dargestellt). Diese ermöglichen uns sehr genaue Messungen der Masse, verraten uns aber nicht unmittelbar, wie groß der Radius ist.

An diesem Punkt lade ich zu einem weiteren Gedankenexperiment ein. Stellen wir uns einen Neutronenstern mit einer Masse nahe am Maximum vor. Im Schaubild befindet er sich fast im Scheitelpunkt der

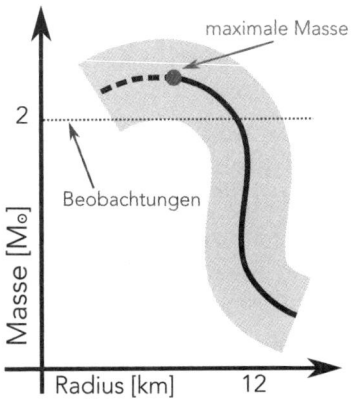

Abb. 5.3: Das Verhältnis zwischen Masse und Radius bei einem Neutronenstern. Der Radius nimmt mit zunehmender Masse ab und erreicht ein Minimum entsprechend der maximalen Masse. Sterne mit einer größeren Masse würden kollabieren, sind also unmöglich.

durchgezogenen Linie, ein kleines Stück rechts von ihm und etwas tiefer. Dieser Stern wäre vollkommen stabil. Würden wir ihn in Unruhe versetzen – zum Beispiel mit heftigen Hammerschlägen auf die Oberfläche –, würde er auf stabile Weise, wenn auch gedämpft, mit Schwingungen reagieren. Würden wir einem solchen Stern aber auch nur ein verschwindend geringes Materieteilchen – gar ein einzelnes Neutron – hinzufügen und ihn so über die kritische Grenze hieven, geriete er in den instabilen Bereich. Seine Masse überschritte die von der Zustandsgleichung maximal zulässige, sodass er nicht einfach nur schwingen, sondern sich ganz anders verhalten würde. Er bräche unter der Last des eigenen Gewichts zusammen.

Newtons Gravitationstheorie sieht bei Massen keine Höchstgrenze vor. Laut ihr wäre es möglich, einem Stern immer mehr Masse hinzuzufügen. Und so befasst sich die newtonsche Physik auch nicht mit dem gravitativen Kollaps, den ein Neutronenstern erleidet, wenn ihm ein «Übermaß» an Masse aufgepackt wird. Dieser Kollaps ergibt sich daraus, dass neben den Lösungen als Neutronensterne weitere bestehen, die wir im nächsten Kapitel erörtern werden.

Derzeit ist uns der Wert dieser maximalen Masse noch unbekannt. Allerdings liegt beispielsweise die Masse des Pulsars PSR J0348+0432, die mit großer Präzision gemessen wurde, bei 2,01 ± 0,04 Sonnenmassen. Wenn in der Natur ein so massereicher Neutronenstern vorkommt, muss die maximale Masse zwangsläufig größer sein (eben wie in Abbildung 5.3 angegeben). Zudem lieferte vor kurzem die Beobachtung der Verschmelzung eines Doppelsystems aus Neutronensternen – GW170817 – Daten für neue Hypothesen zu dieser Obergrenze. Derzeit glauben zahlreiche Forschende – mich eingeschlossen –, dass diese aller Wahrscheinlichkeit nach bei weniger als 2,33 Sonnenmassen liegt. Anders formuliert, die geisterhafte maximale Masse eines Neutronensterns wird heute vernünftigerweise in einem Bereich zwischen 2,0 und 2,3 Sonnenmassen verortet. Aber trotz dieser guten Eingrenzung fehlt uns leider immer noch eine genaue Vorstellung davon, wie ein Neutronenstern strukturiert und im Inneren zusammengesetzt ist. Allerdings werden uns Beobachtungen in den kommenden Jahren zahlreiche weitere Hinweise liefern, um den Wert noch genauer zu bestimmen.

Am Ende dieses Exkurses und als Vorgeschmack auf das Kommende steht die Frage im Raum, was mit einem Neutronenstern geschieht, der wegen einer Masse über der Obergrenze unter der eigenen Schwerkraft zusammenbricht. Wir fragen also nach seinem Endzustand – dem eines Schwarzen Lochs, von dem Kapitel 6 handelt.

Wer hat Angst vor einem Neutronenstern?

Neutronensterne und insbesondere Pulsare wurden in den letzten fünfzig Jahren intensiv und kontinuierlich beobachtet. Deswegen sind derzeit über 2800 Pulsare bekannt. Sämtliche Informationen zu ihnen sind in Form eines aktuellen Katalogs der Australian Telescope National Facility (ATNF) im Internet frei verfügbar. Aber die bislang beobachteten Pulsare bilden nur die Spitze des Eisbergs. Allein für die Milchstraße liegen zu ihrer Population Schätzungen vor, die sich zwischen zweitausend und einer Million bewegen. Auch wenn der größte Teil dieser Pulsare isoliert, also keinen anderen Sternen assoziiert ist, gehören beachtlich viele einem Doppelsternsystem an, in dem ein Neutronenstern einen gewöhnlichen Stern zum Begleiter hat.

Eben dies gilt für Sco X-1 – der Ausgangspunkt dieses Kapitels –, dessen Neutronenstern dem Sekundärstern Materie abzieht und sie über eine Akkretionsscheibe an sich reißt. Wenn das geraubte Material auf ihn herabstürzt, erfährt es in einem Sprung eine gewaltige gravitative Beschleunigung, durch die es sich bis auf Temperaturen von einer Million Kelvin erhitzt und folglich die Röntgenstrahlung freisetzt, die diesen Himmelskörper zum Vorschein brachte.

Einige Doppelsysteme dieses Typs erreichen sogar noch höhere Temperaturen! Klar ist, dass die Materie, die an der Oberfläche des Neutronensterns zugewonnen wird, irgendwo landen muss. Soweit wir heute wissen, sammelt sie sich in einer gerade einmal einige Zentimeter dicken Schicht an (vergessen wir die dort herrschende gewaltige Gravitation nicht). Da die äußeren Schichten eines gewöhnlichen Sterns aus leichten Elementen wie Wasserstoff und Helium bestehen, lagert sich auf dem Neutronenstern beim Transferprozess Materie mit entsprechend geringer Atommasse ab, die folglich im Höchstmaß thermonuklear «entzündlich» ist. Wenn genügend entzogene Materie zusammenkommt und sich erhitzt, entstehen die richtigen Bedingungen von Dichte und Temperatur, um in dieser dünnen Haut eine thermonuklearen Fusionsreaktion zu zünden. Das Material geht in einem grellen Feuerball auf, der es von der Oberfläche wegsprengt.

Diese gewaltige thermonukleare Explosion, die einen beachtlichen Anteil der Gesamtoberfläche des Neutronensterns in Mitleidenschaft zieht, setzt so viel Energie frei wie die von fast einer Milliarde Milliarden Atombomben – und dies innerhalb einer Zeitspanne von nur einer bis zehn Sekunden. Der dabei erscheinende *Röntgenblitz* (vom englischen *X-ray burst*), wie ihn die Astronomen getauft haben, kennzeichnet die mehr oder weniger regelmäßige Strahlungsemission von Röntgendoppelsternen geringer Masse (LMXB).

Aber Neutronensterne wurden nicht nur in LMXB-Systemen entdeckt. Sie kommen auch in anderen Anordnungen vor, insbesondere in Doppelsystemen, die aus zwei Neutronensternen bestehen. Eine besondere Unterklasse von diesen bilden dabei binäre Systeme, in denen beide Neutronensterne sogar Pulsare sind und deswegen *Doppelpulsare* heißen. Auf sie kommen wir in Kapitel 8 zurück, wenn wir sehen werden, dass sie extrem intensive Quellen für Gravitationswellen, aber auch reichhaltige Labore sind, anhand derer sich die Eigenschaft der Gravitation im Inneren sehr starker Schwerefelder erkunden lässt.

Ich beende dieses Kapitel mit einer Frage, die Sie sich angesichts der – in jeder Hinsicht – extremen Merkmale der Neutronensterne vielleicht schon gestellt haben: «Können uns diese Himmelskörper gefährlich werden?»

Wie bei allen wunderschönen Naturphänomen, die sich – wie ein Vulkanausbruch – mit entsprechender Gewalt vollziehen, empfiehlt es sich auch bei Neutronensternen, sie aus «sicherer Distanz» zu beobachten. Ihr Verhalten könnte sich für so zerbrechliche Wesen wie uns Menschen mit Bestimmtheit als verhängnisvoll erweisen. Nun befindet sich der uns nächstgelegene Neutronenstern – nämlich RX J1856.5-3754 – in 500 Lichtjahren Entfernung. (Es sei daran erinnert, dass Proxima Centauri, unser nächstgelegener Nachbarstern, nur 4,24 Lichtjahre entfernt ist.) Auch stehen Neutronensterne nicht still, sondern bewegen sich vielmehr mit hoher Geschwindigkeit – mit zwei- bis viertausend Kilometern pro Sekunde – durch den Raum, da sie bei ihrer Entstehung durch die Supernova-Explosion eine Beschleunigung erfahren haben. Wenn ein Proto-Neutronenstern in den ersten Millisekunden seines Lebens Neutrinos emittiert, erfolgt diese Strahlung nämlich höchst *anisotrop* – also je nach Richtung mit unterschiedlicher Intensität –, sodass er einen «Rückstoß» in eine bestimmte Richtung erfährt, in die er für den Rest seines Lebens davonschießt.

Was geschähe nun, wenn ein Neutronenstern wie RX J1856.5-3754 zufällig unser Sonnensystem kreuzen würde? Nun, selbst wenn er mit keinem der dortigen Planeten kollidiert (verglichen mit diesen ist er ja nur ein winziger Punkt, nicht sehr viel größer als ein Asteroid), würde er mit seiner gewaltigen Masse, die mit Sicherheit die der Sonne übertrifft, ein «stattliches» gravitatives Chaos anrichten. Er würde die Umlaufbahnen einiger Planeten zersprengen, und wenn er an einem – zum Beispiel Jupiter – nahe genug vorbeizöge, würden seine gewaltigen Gezeitenkräfte diesen schlicht zerfetzen.

Würde dagegen ein Magnetar in unserer Nähe explodieren und uns mit hochenergetischer Strahlung überfluten, würde diese binnen weniger Sekunden jede Lebensform auf der Erde auslöschen. Bereits der Widerschein dieser Strahlung, die von den anderen Planeten und vom Mond reflektiert würde, reichte aufgrund seiner Intensität aus, um selbst die im Schatten liegenden Zonen mit ins Verderben zu reißen. Kurzum, ich glaube, Sie stimmen mir zu, dass es besser ist, eine allzu nahe Begegnung mit einem Neutronenstern zu vermeiden, insbesondere wenn er enorme Mengen an Strahlung freisetzt.

Aber in Wahrheit haben wir kaum Grund zur Sorge: Die Magnetare in unserer Galaxis sind bekannt und liegen allesamt weit von uns entfernt. Und selbst wenn der Pulsar RX J1856.5-3754 auf direkter Linie mit der zulässigen Höchstgeschwindigkeit eines Neutronensterns auf die Erde zuschießen würde, träfe er hier erst in sechs Millionen Jahren ein. Also haben wir, zumindest für den Augenblick, von diesen Objekten nichts zu befürchten und können vielmehr die Wunder genießen, die sie uns offenbaren...

6

Schwarze Löcher: Meister der Krümmung

Wie wir im vorigen Kapitel gesehen haben, brachte die aufkommende Röntgenastronomie die Astrophysiker Ende der Sechzigerjahre «aus dem Konzept». Beobachtungen anhand von Detektoren auf Raketen und Satelliten offenbarten, dass es vormals noch nie gesehene Objekte gab: ausgestattet mit beachtlicher Masse, aber in äußerst kompaktem Format. Quellen wie Sco X-1 und Cyg X-1 hielten nicht nur Überraschungen bereit, die mit der damals bekannten Astrophysik nicht zu erklären waren, sondern stellten auch das gesamte Verständnis der modernen Physik infrage. Aber während sich für Sco X-1 dank der Hypothese, wonach sich hinter dieser Röntgenquelle ein geisterhafter Neutronenstern verbarg, die Beobachtungen irgendwie plausibel erklären ließen, stellten die Erscheinungsformen von Cyg X-1 ein wahrhaftiges Rätsel dar.

Angesichts einer Masse vom rund Fünfzehnfachen der Sonne war es sicher unmöglich, auf einen Neutronenstern als Bestandteil zu verweisen. Andererseits deutete die Veränderlichkeit der von Cyg X-1 emittierten Röntgenstrahlen – in der Regel innerhalb einer Sekunde, aber manchmal auch in kaum einigen Millisekunden – auf ein anders geartetes und deutlich kompakteres Objekt hin, mit einer Ausdehnung von einigen zig Kilometern. Heute wissen wir, dass Cyg X-1 ein ziemlich gewöhnlicher Vertreter einer ganzen Klasse von Himmelsobjekten ist: eben der HMXB. Bei diesen handelt es sich wieder um Doppelsysteme, in denen Materie von einem gewöhnlichen Stern zu einem anderen, gewaltig kompakteren Objekt verlagert wird. Auch bei ihnen vollzieht sich der Transfer über eine Akkretionsscheibe, über die das Material auf den kompakten Himmelskörper stürzt, sich dabei erhitzt und hochintensive Röntgenstrahlung aussendet. Der bedeutendste Unterschied zu Sco X-1 besteht darin, dass der gewöhnliche Stern die größere Masse hat, während das deutlich kompaktere andere Objekt, wie wir heute wissen, ... ein Schwarzes Loch ist!

Diese Himmelskörper gehören inzwischen zum festen Inventar der kollektiven Vorstellungswelt, sodass ich die klügste und amüsanteste Antwort auf die Frage, was denn ein Schwarzes Loch sei, von einem kleinen Mädchen bekommen habe: von meiner Tochter Anna. Damals war sie noch nicht einmal eingeschult, äußerte sich aber schon, wie Kinder häufig, mit der typischen Altklugheit ihres Alters. «Na, ist doch klar, das ist einfach ein Loch, das nicht voll wird ...» Diese Aussage ist keineswegs falsch, sondern im Gegenteil vollkommen richtig, auch wenn sie die Sache nur qualitativ beschreibt und nicht erklärt, was Schwarze Löcher *wirklich* sind. Und da sogar in den Medien ähnlich konfuse Beschreibungen auftauchen, empfiehlt es sich, etwas Ordnung in die Fülle der Informationen zu bringen, die zu diesen Objekten im Umlauf sind.

In der Hoffnung, mit den verbreitetsten modernen Mythen und oberflächlichen Beschreibungen aufzuräumen, versuche ich auf den nachfolgenden Seiten – einfach, aber schrittweise immer genauer und tiefergehend – zu erklären, was Schwarze Löcher sind und welche Merkmale sie haben, angefangen mit ihrer Entstehung und endend bei einer Erörterung, wie schwer es Wissenschaftlern bis heute fällt, sich einer grundsätzlich schwer zu akzeptierenden Idee zu stellen.

Eine absonderliche Lösung

Der einfachste und zugleich stringenteste Ansatz, um Schwarze Löcher zu erklären, beginnt zwangsläufig bei deren Definition und insbesondere bei der faszinierenden, wenn auch tragischen Geschichte, wie die erste Lösung der einsteinschen Gleichungen zustande kam. Vorgeschlagen hat sie der Frankfurter Physiker Karl Schwarzschild (1873–1916).

Es sei daran erinnert, dass Albert Einsteins Feldgleichungen, die Grundlage seiner Allgemeinen Relativitätstheorie, im November 1915 in den Sitzungsberichten der damaligen Königlich-Preußischen Akademie der Wissenschaften zu Berlin erschienen waren. Karl Schwarzschild war damals bereits ein so renommierter Astronom, dass er zum Direktor des Astrophysikalischen Observatoriums im wenige Kilometer von Ber-

6. Schwarze Löcher: Meister der Krümmung

lin entfernten Potsdam berufen worden war. Trotz seiner angesehenen Stellung hatte er – wie damals viele deutsche Juden – das Bedürfnis, Loyalität zu seinem Heimatland und seine Zugehörigkeit zur deutschen Gesellschaft unter Beweis zu stellen. Deswegen meldete er sich 1914, bei Ausbruch des Ersten Weltkriegs, als Freiwilliger und wurde in die Schlacht geschickt. Obwohl schon über vierzig Jahre alt, kämpfte er erst an der West- und dann an der Ostfront. In Russland erkrankte er schwer, worauf sich sein Zustand, auch wegen der äußerst harten Bedingungen beim Militär, rasch verschlechterte. Er starb 1916, hatte es in seinen letzten Lebensmonaten aber noch geschafft, die erste Lösung für die einsteinschen Gleichungen zu finden.

Da er ihre spätere Bedeutung nicht erahnte, gab ihr Schwarzschild keinen Namen. Erst 1967 (wieder dieses Jahr …) bezeichnete sie der amerikanische Physiker John Archibald Wheeler (1911–2008) mit dem Ausdruck «Schwarzes Loch».[1] Schwarzschilds Lösung stellt tatsächlich die einfachste Lösung für die Feldgleichungen der Allgemeinen Relativitätstheorie dar. Trotzdem behandeln wir sie in dem Kurs, den ich in Frankfurt gebe, erst nach einer monatelangen Einführung in die Mathematik, die zu ihrer Herleitung notwendig ist. Erreicht wurde sie unter drei wichtigen Annahmen:

1. das Vorhandensein einer sphärischen Symmetrie;
2. die Unabhängigkeit von der Zeit, also die Annahme, dass die Lösung statisch ist;
3. das Fehlen von Materie, also die Annahme, dass es eine Lösung im Vakuum ist.

Inzwischen wissen wir, dass die Schwarzschild-Lösung auch die einzige für die einsteinschen Gleichungen ist, die diesen Anforderungen genügt (ein Ergebnis, das sich mit der Aussage des berühmten *Birkhoff-Theorems* deckt, von dem weiter hinten noch die Rede sein wird). Allerdings hat wahrscheinlich nicht einmal Schwarzschild selbst die spektakuläre Neuartigkeit dessen vollauf erkannt, was sie beinhaltete. Wie viele Wissenschaftler nach ihm betrachtete er sie ganz offenbar als eine «Skurrilität» der neuen Theorie, weshalb er denn auch in einem intensiven Briefwechsel mit Einstein diesen um seine Meinung bat.

Tatsächlich erschien die Schwarzschild-Lösung wegen verschiedener Aspekte, gelinde gesagt, bizarr. Das fängt damit an, dass sie eine

sphärische Symmetrie und deswegen ein «Zentrum» und eine von diesem «entfernte» Zone hat, also, fachsprachlich definiert, *asymptotisch
flach* ist. Weit vom Zentrum dieser Lösung – und folglich vom beschriebenen Objekt – entfernt, scheint sich das Bild mit dem einer Gravitationsquelle in Newtons klassischer Theorie zu decken. Bis hierher ist also
nichts besonders seltsam. Aber während dieses Ergebnis aus newton-
scher Sicht nur in Gegenwart von Materie möglich ist (da das Gravitationsfeld von einem Objekt mit Masse ausgeht), ist die Schwarzschild-
Lösung, wie gesagt, eine im Vakuum. Kurzum, sie legt die Möglichkeit
nahe, dass ein Gravitationsfeld auch … aus dem Nichts heraus entsteht.
Eine ausgesprochen absonderliche Schlussfolgerung.

Und als weitere Absonderlichkeit sieht diese Lösung eine Kugeloberfläche vor, die einen bestimmten Radius hat: $r = r_S$, den später so
genannten *Schwarzschildradius*, der inzwischen zu einer der fundamentalen Längenskalen in der Astronomie geworden ist. Sein Wert wird
durch folgende Gleichung gegeben:

$$r_S = 2M \frac{G}{c^2} \tag{6.1}$$

Exakt bei diesem Radius tritt eine Reihe bestimmter Phänomene in Erscheinung, von denen in Kürze die Rede ist. Aber hier bestand das drängendere Problem darin, dass die Schwarzschild-Lösung nicht wohldefi-
niert ist. In diesem Punkt divergieren die mathematischen Funktionen,
die sie beschreiben, nehmen also unendlich große Werte an.

Wie schon auf den ersten Blick ersichtlich, sagt uns Ausdruck (6.I)
im Wesentlichen, dass der Schwarzschildradius proportional zur doppelten Masse M des betreffenden Objekts, also des Schwarzen Lochs ist.
(Wieder habe ich die Konstanten, die hier für das Verständnis keine
«besondere Bedeutung» haben, grau gesetzt.) Heute wissen wir, dass r_S
mit dem Radius des sogenannten *Ereignishorizonts* – auch von ihm ist in
Kürze im Einzelnen die Rede – zusammenfällt und dass das Divergieren
der Lösung bei seinem Wert nicht besonders beunruhigt: Es ist nur das
Ergebnis einer unangemessenen Auswahl der Koordinaten, die zu ihrer
Beschreibung dienen. Tatsächlich lässt sich – was aber erst viel später
entdeckt wurde – eine ganze Reihe sinnvoller Koordinatentransforma-

tionen nutzen, die eine solche Singularität «eliminieren» und den Radius $r = 2GM/c^2$ vollkommen regelmäßig machen. Bleiben indes weitere Eigentümlichkeiten. Insbesondere kann sich kein Lichtstrahl oder irgendein Objekt mit einer Masse von dort nach außen bewegen, obwohl alles hineingelangen kann. Im Grunde verhält sich eine sphärische Oberfläche mit einem Radius, der dem von Schwarzschild entspricht, wie eine semipermeable Membran, die nur in eine Richtung durchlässig ist und Objekte zwar einlässt, aber keines mehr hergibt. Weiter hinten werden wir sehen, was all dies in physikalischer Hinsicht bedeutet.

Und als weitere Absonderlichkeit – und sie bringt die ernsthafteste Schwierigkeit mit sich – divergiert die Schwarzschild-Gleichung nicht nur im Ereignishorizont, sondern auch im Zentrum, also bei einem Radius von null *(r = 0)*. Im Unterschied zur Singularität im Horizont ist die beim Zentrum deutlich schwerwiegender und kann nicht behoben werden, nicht einmal durch eine kluge Koordinatentransformation. Sämtliche möglichen Indikatoren für das, was geschieht, wenn man den Radius gegen null streben lässt, deuten faktisch darauf hin, dass jede physikalische und geometrische Größe unendlich groß wird. Aus diesem Grund erhielt $r = 0$ die faszinierende, aber etwas beunruhigende Bezeichnung *Singularität der Raumzeit*.

Heute definieren wir die Zone der Schwarzschild-Lösung um $r = 0$ als eine *physikalische Singularität*, also als eine Zone der Raumzeit, in der das divergente Verhalten der Gleichungen Ausmaße annimmt, in denen sie mathematisch unmöglich zu lösen sind. Damit treten in der Nähe der Singularität die Gesetze der Physik außer Kraft, sodass wir unmöglich vorhersagen oder überhaupt verstehen können, was sich dort abspielen kann. Diese physikalische Singularität ist bis heute die größte offene Flanke von Einsteins Theorie. Hier offenbart sich, dass sie, bei aller Stimmigkeit, immer noch unvollständig ist. Obwohl die Allgemeine Relativitätstheorie inzwischen gezeigt hat, dass sie über das Verhalten der Gravitation auf großen Skalen richtige Vorhersagen treffen kann, ist sie bekanntermaßen nach wie vor unfähig, die Gravitation in Bereichen mit verschwindend geringen Größen und großen Krümmungen zu beschreiben, also bei Größenverhältnissen, in denen die Gesetze der Quantenmechanik ins Spiel kommen. Trotz der Anstrengungen von Generationen theoretischer Physiker fehlt uns bis heute eine Theorie der *Quantengravitation*. Aber keine Sorge: Davon reden wir noch am Ende unserer Reise.

Kurzum, als 1916 die später so genannte Schwarzschild-Lösung des Schwarzen Lochs vorgeschlagen wurde, rief sie widerstreitende Reaktionen hervor. Einerseits zeigte sie, dass Einsteins Gleichungen nicht nur äußerst interessant waren, sondern auch Lösungen hatten; andererseits war aber auch die Anzahl der Fragen, die sie aufwarf, größer als die der angebotenen Antworten.

Wie Sie sich denken können, war die Schwarzschild-Lösung nicht der beste Weg, um zu einem Verständnis der Allgemeinen Relativitätstheorie zu gelangen. Folglich stieß die von Einstein vorgeschlagene neue Theorie in der damaligen Wissenschaftsgemeinde auf eine Haltung vorsichtigen Interesses und neugieriger Skepsis. Dies galt sowohl für die Mathematiker, denen ihre Bedeutung für die Geometrie und die Krümmung am Herzen lag, als auch für die Physiker, die sich dafür interessierten, wie sie sich auf das Verständnis der Schwerkraft und mögliche Experimente auswirken könnte.

In diesem verbreiteten Klima einer paternalistischen Wertschätzung, aber grundsätzlicher Vorbehalte – zusätzlich belastet durch die Schwierigkeit, die einsteinschen Gleichungen zu lösen und folglich ihre Vorhersagen zu verstehen – wurde die Allgemeine Relativitätstheorie ein «Opfer» eines allgemeinen Desinteresses in Kreisen der theoretischen Physik. Genährt wurde diese Stimmungslage im Übrigen auch dadurch, dass sich die Forschenden von ihr gut «ablenken» lassen konnten. Tatsächlich tauchten zur damaligen Zeit nicht minder interessante Theorien auf, so zum Beispiel die Quantenmechanik, deren Vorhersagen deutlich einfacher nachzuvollziehen und vor allem experimentell überprüfbar waren.

Kurzum, Einsteins Theorie dräute das Schicksal, langsam in Vergessenheit zu geraten. Zum Glück zwangen die aufkommende Röntgenastronomie und die Beobachtung von Objekten wie Cyg X-1 die Wissenschaftsgemeinde dazu, sich – nach fünfzig Jahren – ihre Vorhersagen nochmals vorzunehmen.

Fluchtgeschwindigkeit, Ereignishorizont und Singularität

Wir haben die wichtigsten Absonderlichkeiten erwähnt, mit denen die von Schwarzschild vorgeschlagene Lösung des Schwarzen Lochs die Forschenden konfrontierte, und versuchen sie nun eingehender nachzuvollziehen. Dabei erörtern wir insbesondere, was der Ereignishorizont ist, welche besonderen Eigenschaften diese mathematische Oberfläche aufweist und was es schließlich mit der Singularität im Zentrum eines Schwarzen Lochs auf sich hat. Um die Kennzeichen des Ereignishorizonts zu verdeutlichen, fangen wir klugerweise bei einem Phänomen an, mit dem wir alle direkt experimentieren können.

Stellen Sie sich vor, Sie werfen einen Tennisball in die Luft und achten dabei darauf, dass er einer möglichst senkrechten Flugbahn nach oben folgt. Wie Sie beobachten werden, erfährt der Ball, nachdem er mit einer bestimmten Geschwindigkeit gestartet ist, eine Verzögerung, bei der sich sein Aufstieg zunehmend verlangsamt und seine Geschwindigkeit an einem bestimmten Punkt in der Höhe den Wert null erreicht. Er kommt zum Stillstand, kehrt seine Bewegung um und fällt in einem sich beschleunigenden Tempo zu Ihnen zurück. Es gibt also eine maximale Höhe des Aufstiegs, die mit der Bewegung des Balls und der Kraft zusammenhängt, mit der Sie ihn in die Luft geworfen haben. Und wie Ihnen die Erfahrung sagt, verändert sich diese maximale Höhe, dieser Umkehrpunkt, wenn Sie den Ball mit einer anderen Geschwindigkeit in die Luft schleudern. Die maximale Höhe ist also bei einer geringeren Anfangsgeschwindigkeit geringer und bei einer größeren größer. Folglich besteht eine klar festgelegte Beziehung zwischen der Geschwindigkeit, mit der Sie den Ball hochwerfen, und der maximalen Höhe seines Aufstiegs. Diese Höhe markiert denn auch die Position, in der die kinetische Energie, die der Ball beim Wurf empfangen hat, vollständig in potenzielle Gravitationsenergie, also Lageenergie, umgewandelt worden ist.

Als das wohl Wichtigste an diesem Beispiel ist hervorzuheben, dass der Ball deshalb zu uns zurückkehrt, weil er *gravitativ gebunden* ist. Das Schwerefeld der Erde übt auf seine Bewegung einen beherrschenden Einfluss aus, dem er sich nicht entziehen kann. An diesem Punkt kann man sich mit Fug und Recht fragen, ob es eine Anfangsgeschwindigkeit gibt, die es dem Ball ermöglicht, dem Schwerefeld zu entkommen. Die

Antwort lautet ja; diese Geschwindigkeit ist die *Fluchtgeschwindigkeit*. Ihren Wert zu berechnen ist ziemlich einfach, wenn man die kinetische mit der potenziellen Gravitationsenergie in eine Beziehung bringt. Dabei erhält man einen Ausdruck, der sowohl in der Gravitationsphysik Newtons als auch in der Einsteins Gültigkeit hat:

$$v_f = \sqrt{2\frac{M}{R}G} \qquad (6.\text{II})$$

Dieser Ausdruck sagt uns, dass für die Quelle eines Gravitationsfeldes – zum Beispiel die Erde – mit der Masse M und dem Radius R die Fluchtgeschwindigkeit eines kleinen Objekts mit Masse proportional zur Quadratwurzel der Masse und umgekehrt proportional zur Quadratwurzel des Radius ist. Sie wird also mit zunehmender Masse des Planeten größer (je massereicher der Planet, desto höher die erforderliche Geschwindigkeit, um ihn zu verlassen) und desto geringer, je ausgedehnter dieser Planet ist.

Wollten wir unseren Ball so in die Luft schleudern, dass er dem irdischen Gravitationsfeld entkommt, müssten wir ihn folglich auf eine Anfangsgeschwindigkeit von 11,2 Kilometern pro Sekunde, also auf 40 320 Stundenkilometer, beschleunigen. Angesichts dieses erforderlichen Kraftakts würde es auch der beste Tennisspieler aller Zeiten nicht schaffen, einen Ball von unserem Planeten aus in den Orbit zu befördern. Aber dies zum Glück: Es wäre doch ziemlich frustrierend, einem Match beizuwohnen, in dem kein Lob geschlagen werden darf, weil der Ball auf Nimmerwiedersehen verschwinden könnte …

Nun ist Ausdruck (6.II) aus mindestens zwei Gründen interessant. Erstens ist die Fluchtgeschwindigkeit unabhängig von der Masse M des geworfenen Objekts (tatsächlich erscheint in der Formel nur die Masse der Gravitationsquelle). Es braucht also die gleiche Geschwindigkeit, um ein Sandkorn oder ein Raumschiff zum Mond zu schicken (auch wenn der jeweils erforderliche Energieaufwand dazu natürlich ganz unterschiedlich ist …). Zweitens hängt die Fluchtgeschwindigkeit, Sie haben es sicher bemerkt, von einer Größe ab, die uns bereits begegnet ist: von der Kompaktheit M/R der Quelle des Gravitationsfelds. Dies bedeutet, dass verschiedene Himmelsobjekte – die Erde, der Mond, die

Sonne ... – verschiedene Fluchtgeschwindigkeiten haben, da ihre Kompaktheit und damit auch ihr Gravitationsfeld unterschiedlich ist. So beträgt die Fluchtgeschwindigkeit auf dem Mond fast nur ein Fünftel von der auf der Erde: rund 2,4 Kilometer pro Sekunde. Wir würden es also auch auf unserem natürlichen Satelliten nicht schaffen, einen Ball allein mit Muskelkraft aus seinem Gravitationsfeld hinauszubefördern, würden bei einem Wurf aber eine deutlich größere Höhe erreichen als auf der Erde. Versuchten wir dies dagegen auf der Sonne, hätten wir schon Schwierigkeiten, ihn überhaupt loszuschleudern, denn da beträgt die Fluchtgeschwindigkeit rund 615 Kilometer pro Sekunde.

Dass die Fluchtgeschwindigkeit auf dem Mond so gering ist – vor allem geringer als die mittlere Geschwindigkeit gasförmiger Stickstoffmoleküle –, erklärt im Übrigen auch, warum unser natürlicher Satellit keine Atmosphäre hat. Dagegen konnte die Erde ihre Atmosphäre, die für das Leben auf ihr entscheidend ist, dank ihrer größeren Fluchtgeschwindigkeit festhalten.

Hervorzuheben ist noch ein weiterer Aspekt der Formel (6.II). Wie wir nämlich wissen, gibt es eine maximale Geschwindigkeit, mit der sich irgendein Objekt bewegen kann: die des Lichts. Also können wir diese Formel nutzen, um zu berechnen, welche Kompaktheit eines Objekts erforderlich ist, damit seine Fluchtgeschwindigkeit so groß wie die Lichtgeschwindigkeit ist. Wie wir feststellen, liegt dieser Wert, ohne Berücksichtigung der Konstanten G und c^2, bei $1/2$. So wird der Schwarzschildradius, wie im Ausdruck (6.I) angegeben, deutlich besser verständlich. Er ist der Radius eines Objektes – genauer gesagt eines Schwarzen Lochs –, dessen Kompaktheit $M/R = 1/2$ ist, was auch die maximale bislang bekannte Kompaktheit ist.

Damit können wir eine neue Definition des Ereignishorizonts einführen. Er ist die Oberfläche, auf der die Fluchtgeschwindigkeit die größtmögliche, also die Lichtgeschwindigkeit, ist. Mit anderen Worten, falls exakt auf dem Ereignishorizont Licht ausgestrahlt würde, könnte dieses dem Gravitationsfeld des Schwarzen Lochs nicht entkommen, weil dazu eine höhere als die Lichtgeschwindigkeit erforderlich wäre.

Stellen Sie sich vor, sie befänden sich auf dieser mathematischen Oberfläche und richteten einen Laserstrahl auf einen fernen Stern. Wegen des gewaltigen Schwerefelds könnte sich sein Licht nicht nach außen hin ausbreiten und müsste stattdessen kehrtmachen! Dabei ist hervorzuheben, dass dies allerdings nur für den Bereich direkt auf dem

Ereignishorizont gilt. Wenn wir uns von ihm nur ein Stück weit entfernten und das Experiment wiederholten, gelänge es unserem Laserstrahl, dem Gravitationsfeld zu entkommen und bis zu einer Beobachterin in weiter Ferne zu gelangen.[2] Im Kern gilt diese seltsame Eigenschaft nur, solange $r = r_S$. Außerhalb des Ereignishorizonts, das heißt bei größeren Radien, ist das Gravitationsfeld zwar immer noch extrem stark, aber nicht mehr «unbezwingbar».

Würden wir dagegen einen Lichtstrahl unterhalb des Ereignishorizonts aussenden, könnte dieser sich nur in Richtung von Bereichen mit einem geringeren Radius bewegen und strebte also zum Zentrum und zur Singularität hin.

Aber betrachten wir erneut den Lichtstrahl, der ein Stück weit über dem Ereignishorizont ausgesandt wird. Wie wir sahen, erreicht ein Teil dieses Strahls auch eine Beobachterin in erheblicher Entfernung, zum Beispiel auf der Erde. Das Licht, das sie dann wahrnimmt, hat jedoch eine deutlich andere Farbe als die, mit der es ursprünglich ausgestrahlt wurde. Wenn seine ursprüngliche Wellenlänge zum Beispiel im sichtbaren Blaubereich des Spektrums läge, würde sie es ins Rötliche verschoben sehen. Diese «Rotverschiebung» wäre desto größer, je näher sich der Punkt, von dem es ausgestrahlt worden ist, am Schwarzschildradius befunden hätte. Da die Wellenlänge eines Lichtstrahls bekanntlich angibt, wie energiereich die enthaltenen Photonen sind – genauer gesagt, ist die Energie eines Photons umgekehrt proportional zu seiner Wellenlänge –, hat sein Licht auf der Reise von seinem Ausgangspunkt in der Nähe des Ereignishorizonts bis zur Beobachterin ganz offenbar Energie verloren.

Dieser scheinbar seltsame Prozess wird verständlich, wenn wir erneut an unseren in die Luft geworfenen Tennisball denken. Auch er verliert kinetische Energie – sie verwandelt sich in potenzielle Gravitationsenergie –, sodass er an einem bestimmten Punkt stehen bleibt und die Rückreise antritt. Da die Geschwindigkeit eines Photons nicht gebremst werden kann, weil es sich per Definition immer nur mit Lichtgeschwindigkeit bewegt, äußert sich bei ihm der Energieverlust in einer veränderten Wellenlänge. Dieses Phänomen ist in der Astrophysik wohlbekannt und steht für ein weitverbreitetes Kennzeichen kompakter Himmelskörper: die *gravitative Rotverschiebung* (englisch: *gravitational redshift*). Diese erreicht ihren Gipfelpunkt, wenn sie von Schwarzen Löchern ausgeht, und wird mathematisch gesehen unendlich groß bei einem Photon, das vom Ereignishorizont emittiert wird. Wenn die Rotverschiebung eines bei $r = r_S$ emittierten Photons unendlich ist, erreicht es die Beobachterin natürlich niemals. Dies erklärt auf andere Weise, warum sich ein vom Ereignishorizont ausgestrahltes Photon nicht nach außen bewegen, sondern allerhöchstens auf Umlaufbahnen entlang dieser Oberfläche verharren kann.

Um dieses Konzept leichter verdaulich zu machen, versuchen wir uns an einem Gedankenexperiment. Stellen Sie sich vor, Sie befinden sich in einer gewissen Entfernung zum Ereignishorizont – vielleicht an Bord eines Raumschiffs in einer der stabilen Umlaufbahnen, die um ein Schwarzes Loch herum zulässig sind – und lassen auf den Himmelskörper ein Gerät fallen, das in regelmäßigen Abständen aufblitzt, ähnlich einer Signalboje, wie sie auf dem Meer zum Einsatz kommt. Nun, je weiter die Boje sich von Ihnen entfernt und sich dem Ereignishorizont annähert, sehen Sie, dass die Abstände zwischen den einzelnen Blitzen zunehmend größer werden und das ausgesandte – anfangs grellweiße – Licht immer stärker ins Rote sticht. Dieser Prozess setzt sich so lange fort, wie die immer weniger und röter werdenden Photonen noch zu Ihnen gelangen, bis Sie an einem Punkt – wenn die Boje sehr nahe am Ereignishorizont angelangt ist – überhaupt kein Licht mehr sehen. Das heißt freilich nicht, dass die Boje ihren Betrieb eingestellt hat oder vor dem Überschreiten des Ereignishorizonts zerstört worden ist! Würden Sie sich dagegen zusammen mit der Boje auf den Himmelskörper stürzen, sähen Sie diese mit der immer gleichen Periode und ohne eine Farbveränderung aufblitzen. Auch würden Sie nach einem gewissen Zeitraum, der ziemlich einfach zu berechnen ist, den Ereignishorizont durchqueren und befänden sich dann im Inneren einer Sphäre, in der sie mit der Außenwelt nicht mehr kommunizieren könnten. Je nach Masse des Schwarzen Lochs – und insbesondere bei einem supermassereichen – ginge diese Durchquerung nicht einmal mit besonders dramatischen Geschehnissen einher.[3] Dieser Unterschied, wie verschiedene Beobachter physikalische Abläufe *wahrnehmen*, ist für die allgemeine Relativität grundlegend und hat faktisch auch zu deren Bezeichnung geführt. Dies mag etwas merkwürdig erscheinen, klärt sich aber, wenn wir nicht von den Wahrnehmungen bei Beobachtungen, sondern von den physikalischen Abläufen *an sich* reden. Bei ihnen gelangen sämtliche Beobachter tatsächlich zur gleichen Schlussfolgerung.

Aus dem Beispiel der Signalboje lässt sich ableiten, dass ein Ereignishorizont oder die Entstehung eines Schwarzen Lochs unmöglich *direkt* beobachtet werden können, da solche Beobachtungen von Photonen und damit von der Emission und dem Empfang von elektromagnetischer Strahlung abhängen. Aber immerhin lassen sich *indirekte* Hinweise auf ein Schwarzes Loch gewinnen, entweder anhand elektromagnetischer Strahlung (wie wir in Kapitel 7 sehen werden) oder, wenn kein Licht emittiert wird, anhand von Gravitationswellen (das Thema von Kapitel 8).

An diesem Punkt habe ich wohl genügend Informationen zu Schwarzen Löcher und deren Ereignishorizont geliefert. Um möglicher Verwirrung vorzubeugen und den Blick für das zu schärfen, was wir gesehen haben, fassen wir es schematisch nochmals zusammen:

- Von einem Punkt weit außerhalb des Ereignishorizonts lässt sich ein Lichtstrahl ins All aussenden. Dieser erreicht Regionen in einem weiten Umkreis, ohne dass sich seine Wellenlänge wahrnehmbar verändert.

- Von einem Punkt in der Nähe, der aber immer noch außerhalb des Ereignishorizonts liegt, kann man nach wie vor einen Lichtstrahl ins All aussenden, aber ein Teil von ihm wird dann zum Ereignishorizont hin gebeugt. Dieser Teil des Lichts, der sich nicht nach außen hin ausbreiten kann, wird desto größer, je stärker man sich dem Ereignishorizont annähert.

- Das in der Nähe des Ereignishorizonts ausgestrahlte Licht verändert seine Wellenlänge und erscheint wegen der gravitativen Rotverschiebung «röter». Dieses Phänomen verstärkt sich mit zunehmender Nähe zum Ereignishorizont und erreicht bei einem Photon, das exakt auf dieser Oberfläche emittiert wird, eine unendliche Intensität.

- Ein Lichtstrahl, der genau auf dem Ereignishorizont – also bei einem Radius r entsprechend $2M$ – ausgesandt wird, kann vom Schwarzen Loch aus gesehen nicht nach außen dringen. Wenn er nicht von diesem verschluckt wird, ist er dazu bestimmt, auf ewig an dieser sphärischen Oberfläche entlangzustreifen.

- Vieles vom hier Gesagten gilt auch für ein Teilchen mit Masse, das mit zunehmender Nähe zum Ereignishorizont immer mehr Energie aufwenden muss, um der gravitativen Anziehung des Schwarzen Lochs zu entkommen. Und direkt auf dem Ereignishorizont wird die benötigte Energiemenge unendlich groß.

Hoffentlich ist nun ein wenig klarer, worin der Ereignishorizont besteht und was mit Licht geschieht, das in seiner Nähe ausgestrahlt wird. Und falls es noch nicht deutlich geworden ist, ist dabei hervorzuheben, dass der Ereignishorizont eine kugelförmige und rein *mathematische* Oberfläche ist. Mit anderen Worten, auch wenn man sie sich als äußere Hülle eines Schwarzen Lochs vorstellen kann, ist sie im Gegensatz zur Oberfläche eines Neutronensterns nichts Festes. Sie ist vielmehr als eine mathematische Grenze zu verstehen, die den Übergang zwischen zwei möglichen physikalischen Szenarien markiert: dem einem, bei dem sich ein nach außen gerichtetes Photon vom Schwarzen Loch noch wegbewegen kann, und dem anderen, in dem es zwangsweise in Richtung Zentrum «zurückkehrt».

Zum Abschluss dieses Teils noch eine historische Betrachtung. Wie schon erwähnt, lässt sich die Formel für die Fluchtgeschwindigkeit (6.II) auch innerhalb von Newtons Gravitationstheorie ableiten und war deswegen bereits seit Anfang des 18. Jahrhunderts bekannt. So erahnte schon der britische Naturforscher John Mitchell (1724–1793) im Keim das Konzept des Ereignishorizonts. Tatsächlich führte er in einem Artikel von 1783[4] den Begriff der «dunklen Sterne» ein – von Himmelskörpern, die so kompakt seien, dass ihre Fluchtgeschwindigkeit der Lichtgeschwindigkeit entspräche –, und dies zu einer Zeit, da die Allgemeine Relativitätstheorie oder der Begriff Ereignishorizont noch in weitester Ferne lagen und Objekte wie Cyg X-1 bislang bei keinerlei Beobachtungen aufgetaucht waren. Kurzum, als revolutionär und völlig neu erscheinende Beschreibungen extremer Phänomene, wie sie etwa im Zusammenhang mit Schwarzen Löchern auftreten, finden sich interessanterweise mitunter schon – wenn auch in anderer Form und nur ansatzweise – in Überlegungen, die Jahrzehnte oder gar Jahrhunderte früher angestellt wurden.

Wenn uns die Zeit zum Narren hält

Wenden wir uns einem weiteren physikalischen Phänomen zu, das in der Nähe des Ereignishorizonts auftaucht. Es findet sich in einem beunruhigenden Szenario wieder, das fast in jedem Science-Fiction-Film auftaucht, sobald es um Schwarze Löcher geht: die Zeitdilatation.

Wie wir in Kapitel 4 sahen, krümmen Masse oder Energie nicht nur den Raum, sondern auch die Zeit. Und wie soeben dargelegt, vergrößert die Gravitation die Wellenlänge eines Photons, das nahe dem Ereignishorizont ins All emittiert wird, sodass sich seine Farbe ins Rot verschiebt. Nun müssen wir beide Konzepte nur noch zusammenbringen.

Dies veranschauliche ich anhand der beiden hypothetischen Beobachterinnen Anna und Emilia, von der sich die erste in größerer Nähe zum Ereignishorizont und die zweite in einem gewissen Abstand zu ihm aufhält. Beide befinden sich auf stabilen Umlaufbahnen an Bord ihres jeweiligen Raumschiffs, sodass keine in irgendeiner Gefahr schwebt. Ihre Raumschiffe umkreisen das Schwarze Loch in konstanter Entfernung. Nehmen wir nun an, dass Anna direkt zu Emilia einen blauen Lichtstrahl aussendet. Wie wir sahen, empfängt ihn Emilia in einer roten Wellenlänge. Dieses Phänomen haben wir als die Folge des Verlusts an Energie gedeutet, die ein Photon aufwenden muss, um aus dem Schwerefeld, aus dem es ausgestrahlt wird, wie aus einem Loch herauszukommen. Aber man kann es auch anders beschreiben. Da die Anzahl der Wellenberge des Photons für Anna, die es ausgesandt, und für Emilia, die es empfangen hat, dieselbe sein und sich das Photon in jedem Fall mit Lichtgeschwindigkeit bewegen muss, lässt sich die veränderte Wellenlänge auch als ein unterschiedlicher Zeitablauf interpretieren, wie ihn Anna und Emilia jeweils messen. Mit anderen Worten, dass beide jeweils unterschiedliche Frequenzen desselben Photons registrieren (die Frequenz eines Photons ist umgekehrt proportional zu seiner Wellenlänge: $f = c/\lambda$), kann als Folge davon gesehen werden, dass zwei Beobachterinnen ein und dieselbe Anzahl von Wellenbergen in einer Zeit zählen, die bei ihnen jeweils unterschiedlich schnell vergeht.

Ähnliches ist uns bereits in Kapitel 4 begegnet, als wir die kleine Diskrepanz zwischen der Ganggeschwindigkeit von Uhren auf der Erde und auf Satelliten erörtert haben. Nun, entsprechend diesem Phänomen lässt sich die gravitative Rotverschiebung, die Anna und Emilia erfahren, als eine Erscheinung der Elastizität der Zeit beschreiben. Der wichtige Unterschied zum Ablauf bei einem GPS-System besteht darin, dass wir es jetzt, in der Nähe zu einem Schwarzen Loch, mit einer extremen Krümmung zu tun haben, weshalb denn auch der Unterschied im Ablauf der Zeit von einem Punkt der Raumzeit zum anderen extrem ausfällt. Das macht sich in der Nähe zum Ereignishorizont bemerkbar. Die unendlich starke Rotverschiebung eines Photons, das dort abgestrahlt wird, kann also so gedeutet werden, dass der Ablauf der Zeit gegenüber dem, der an einem von ihm etwas weiter entfernten Punkt gemessen wird, fast bis zum Stillstand «abgebremst» ist. Anders ausgedrückt, für eine Beobachterin, die von einem Schwarzen Loch unendlich weit entfernt ist, schreitet die Zeit in einem Tempo einer flachen Raumzeit fort, während sie für eine andere Beobachterin in dessen Nähe zwangsläufig verlangsamt vergeht, weil sie sich in einer stärker gekrümmten Region der Raumzeit aufhält. Und für eine Beobachterin direkt auf dem Ereignishorizont würde die Zeit praktisch erstarren. Dabei ist hervorzuheben, dass diese Verzögerung nur scheinbar ist: Sie ergibt sich aus dem *Vergleich* zwischen den Ganggeschwindigkeiten zweier Uhren, die unterschiedlich weit vom Ereignishorizont entfernt sind.

Zur Verdeutlichung benötigen wir ein weiteres Gedankenexperiment, auch wenn es intuitiv etwas weniger gut nachvollziehbar ist. Vielleicht liegt die Messlatte der Fantasie, die wir dazu brauchen, etwas höher, weil wir es mit extremen, wenn auch völlig plausiblen physikalischen Bedingungen zu tun haben. Stellen wir uns also zwei Astronauten, Carolin und Dominik, an Bord eines Raumschiffs auf einer Umlaufbahn mit einem Sicherheitsabstand zu einem supermassereichen Schwarzen Loch vor, zum Beispiel dem im Zentrum der elliptischen Galaxie M87. Aus Langeweile beschließen sie, sich an Bord ihrer Versorgungsfähre einen «Ausflug ins All» zu gönnen. Da sich das meiste Geschehen im Umfeld des Schwarzen Lochs abspielt, das auf die eine oder andere Weise alles buchstäblich zu verschlucken scheint, wollen sie sich diesem Himmelskörper nähern, aber mit gebührendem Abstand zum Ereignishorizont. Die beiden wissen genau, welche Umlaufbahnen, berechnet anhand der Leistungsfähigkeit ihrer Triebwerke, für ihre Fähre keinerlei Gefahr mit sich bringen. Nachdem sie alle Instrumente auf ihre ordnungsgemäße Funktiontüchtigkeit hin überprüft haben, tragen sie in einer Notiz noch die genauen Koordinaten und die Sternzeit, zu der sie das Mutterschiff verlassen, ins elektronische Logbuch ein und steigen um.

Die Schwerefelder in der Nähe eines supermassereichen Schwarzen Lochs wie das im Zentrum von M87 verstärken sich in ganz sanften Übergängen. Oder, fachlich genauer ausgedrückt, der Krümmungsradius in der Nähe eines solchen Objekts ist extrem groß, während die Gezeitenkräfte ziemlich schwach ausgeprägt sind. Deswegen beschließen Carolin und Dominik, anstatt die Triebwerke der Fähre anzuwerfen, sich einfach vom Schwarzen Loch anziehen zu lassen und diesen «Sturz» zu genießen. Tatsächlich ist dessen gravitative Anziehung so groß, dass Carolin und Dominik im freien Fall sehr rasch auf eine extrem hohe Geschwindigkeit beschleunigt werden, die nahe bei der des Lichts liegt.

Derweil genießen die beiden, mit einem heißen Tee und einer Schachtel frischem Gebäck vor sich, den atemberaubenden Ausblick auf das Material der Akkretionsscheibe, das durch die Bullaugen des Raumschiffs sichtbar wird. Bald beschließen sie, dass es Zeit zum Rückflug sei. Wie die Instrumente bestätigen, sind sie vom Ereignishorizont noch so weit entfernt, dass eine Umkehr nach wie vor möglich ist. Also zünden sie die Triebwerke und steuern die Fähre in Richtung Mutterschiff, wobei sie natürlich eine beachtliche Energie aufwenden müssen, um aus dem Schwerefeld, in das sie sich wie in eine Senke hineinbegeben haben, wieder herauszukommen. Kurzum: So wie in den Bergen kostet ein Aufstieg aus der Krümmung in der Nähe eines Schwarzen Lochs einige Mühe …

Am Mutterschiff angekommen, kontrollieren die beiden die Instrumente. Der Kalender zeigt ein ganz anderes Sterndatum an als der in ihrer Raumfähre, das sich immer noch mit dem deckt, als sie gestartet sind. Dem Bordcomputer zufolge hat ihr Ausflug mehrere Monate gedauert. Aber Carolin und Dominik überrascht dies keineswegs. Sie hatten damit vielmehr gerechnet und beim Start deshalb das frische Gebäck mitgenommen, anstatt es im Mutterschiff zurückzulassen. Denn dort ist die Zeit sehr viel rascher vergangen, als sie es in ihrer Fähre erlebt haben. Vor dem Abflug hatte Dominik noch berechnet, welche Zeit sie an Bord der Fähre auf dem Weg zum Ereignishorizont «messen» würden, und sogar noch die zusätzlich benötigte, wenn sie sich entschlossen hätten, ihren Flug weiter in Richtung Singularität im Zentrum des Schwarzen Lochs fortzusetzen. Anhand der Differenz zwischen dem Ablauf «ihrer» Zeit und der von den Bordinstrumenten des Mutterschiffs gemessenen hatte er die Route so berechnet, dass die jeweiligen Zeitanzeigen nicht allzu weit auseinanderklaffen. Das Mutterschiff sollte nicht zu lange ohne Besatzung bleiben. Kurzum, wie dieser Ausflug zeigt, sind Carolin und Dominik mit der Allgemeinen Relativitätstheorie bestens vertraut.

Dass sich der Zeitablauf verlangsamen und geradezu zum Stillstand kommen kann, erscheint uns absurd. Daher ist es hilfreich, wenn wir uns zwei wichtige Aspekte klarmachen, die mit diesem Phänomen zu tun haben. Erstens dürfen wir nie vergessen, dass Dinge, die uns unplausibel und sogar widersinnig erscheinen, mitunter höchst plausibel und physikalisch zulässig sind. Dies deshalb, weil unser intuitives Verständnis auf den Erfahrungen errichtet ist, die wir auf unserem Planeten unter bestimmten physikalischen Bedingungen gesammelt haben: nicht wahrnehmbare Krümmungen, niedrige Temperaturen und Dichten und so weiter. Um festzustellen, was physikalisch möglich ist, müssen wir folglich auf Gleichungen setzen, die verschiedene Gesetze der Physik beschreiben, und ihnen geradezu blindlings vertrauen. Wenn eine Theorie korrekt ist und es ihre Gleichungen zulassen, dass ein bestimmter Prozess stattfindet, ist dieser auch plausibel (wenn auch nicht unbedingt *wahrscheinlich*). Der zweite Aspekt, den wir stets im Kopf behalten müssen, besagt, dass die Zeitdilatation keine Science-Fiction, sondern echte Realität ist, die sich auch auf der Erde messen lässt und in zahlreichen Experimenten bestätigt wurde. Dass sie tatsächlich existiert, erleben wir jedes Mal, wenn wir ein Satellitennavigationssystem nutzen. Der einzige Unterschied zu dem, was Carolin und Dominik in ihrer Raumfähre erfahren haben, ist die Größenordnung, in der sich ein solches Phänomen manifestiert. In der Nähe eines Schwarzen Lochs oder eines Neutronensterns tritt es gewaltig verstärkt auf. Gerade deshalb faszinieren uns solche Objekte auch so!

Wie entsteht ein Schwarzes Loch?

Da wir nun eine etwas klarere Vorstellung von einem Schwarzen Loch und seinen hervorstechenden Merkmalen haben, ist die Zeit für eine grundlegende Frage gekommen: «Wie entstehen diese Objekte?»

Die Antwort ist nicht eben einfach, aber auch nicht allzu kompliziert, wenn man einige Einzelheiten übergeht, die ich im Folgenden beiseitelasse. Auch beschränke ich mich darauf, Schwarze Löcher mit einer Masse zwischen drei und rund 100 Sonnenmassen zu behandeln, also *stellare Schwarze Löcher*, wie sie schlicht genannt werden. Denn die Abläufe ihrer Entstehung sind deutlich klarer als die der supermassereichen, über die in der Kosmologie derzeit noch debattiert wird.

Unter dieser Voraussetzung kann ich mich auf das stützen, was wir in Kapitel 5 über Neutronensterne erfahren haben, und deren Entstehungsprozess anhand eines wichtigen Theorems verdeutlichen.

Doch der Reihe nach: Das besagte Theorem der Astrophysik, das auf den in Deutschland geborenen australischen Astrophysiker Hans Adolf Buchdahl (1919–2010) zurückgeht, lässt sich in seiner Kernaussage so wiedergeben: Bei einem Objekt mit Eigengravitation – also einem, das vom eigenen Gravitationsfeld zusammengehalten wird – mit einer Masse $M_\star$ und einem Radius $R_\star$ unterliegt seine Kompaktheit $M_\star/R_\star$ der Beschränkung:

$$\frac{G}{c^2}\frac{M_\star}{R_\star} \leq \frac{4}{9} \tag{6.III}$$

Bei einem gegebenen eigengravitierenden Objekt – muss der Radius $R_\star$ größer als $9/4 = 2{,}25$ Mal seine Masse $M_\star$ sein. Achtung: Das Theorem setzt weder der Masse – die winzig oder gewaltig sein kann – noch dem Radius eine Grenze, die notwendig ist, um ein Schwarzes Loch zu erzeugen. Es sagt uns vielmehr, dass es für jede Masse, egal welche, einen *Grenzradius* gibt, unterhalb dessen sich für die einsteinschen Gleichungen keine Gleichgewichtslösung mehr finden lässt. Außerdem sagt uns das Theorem (6.III), dass dieser Grenzradius bei 9/8, also beim 1,125-Fachen des Schwarzschildradius $r_S = 2GM/c^2$ liegt. Was dieser «Satz von Buchdahl» beinhaltet, lässt sich also auch anders beschreiben: Bei einem kompakten Objekt mit einer festen Oberfläche lässt sich der Radius nicht beliebig verringern, wenn eine Gleichgewichtslösung erreicht werden soll. Es gibt eine Grenze, und die liegt bei einem Radius, der nur 13 Prozent größer ist als der des Ereignishorizonts eines Schwarzen Lochs mit gleicher Masse.

Zum Satz von Buchdahl gibt es einen Beweis durch Widerspruch, der Folgendes zeigt: Würde man ein Objekt mit gewöhnlicher Masse – also mit einer Energiedichte und einem positiven Druck – konstruieren, bei dem die Kompaktheit über 4/9 läge, wäre der Druck in seinem Zentrum unendlich hoch. Da der Druck aber zwangsläufig endlich sein muss, kann es ein Objekt dieses Typs nicht geben. Wie wir noch sehen, lassen sich in Wahrheit auch noch kompaktere Objekte konstruieren, aber dazu müssten wir auf eine Art Materie setzen, die durch und durch ... *exotisch* ist.

Dieses Theorem gibt Anstoß zu einem weiteren Gedankenexperiment. Stellen wir uns vor, wir nehmen ein Objekt mit einer Masse M_* und verkleinern zunehmend seine Ausmaße, um seine Kompaktheit immer stärker zu vergrößern. Wie Sie sich erinnern, haben wir Ähnliches bereits in Kapitel 4 unternommen, als wir uns vorstellten, die Sonne auf einen Radius von nur noch fünf Kilometern zu komprimieren, um anschließend die entstehende Krümmung zu berechnen. Das jetzt vorgeschlagene Experiment ist ähnlich, aber nur zum Teil, weil wir hier erfahren wollen, was mit der Krümmung geschieht, wenn wir die vom Satz von Buchdahl auferlegte Grenze überschreiten.

Unserem Verständnis auf die Sprünge helfen können die drei Kästen in Abbildung 6.1, die jeweils die Krümmung der Raumzeit zeigen, die die Sonne erzeugt, wenn wir ihren Radius bei gleich bleibender Masse zunehmend verringern. Unter den einzelnen Kästen ist deren jeweilige Kompaktheit M/R angegeben.

Der Kasten links zeigt die Krümmung, welche die Sonne bei ihrem tatsächlichen Radius von rund 700 000 Kilometern hervorruft. Wie schon in Kapitel 4 dargelegt, liegt ihre Kompaktheit hier bei einem Wert von einigen Millionstel und die Krümmung bei nahezu null, sodass die dargestellte Oberfläche flach erscheint. Der Kasten in der Mitte zeigt die entstehende Krümmung, wenn wir alle Atome der Sonne zu einem

Sonne	ultrakompakter Stern	Schwarzes Loch
		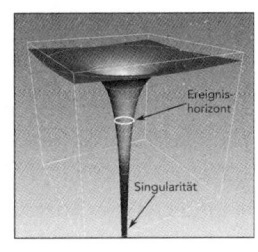
$M/R \simeq 0{,}000002$	$M/R \simeq 0{,}444$	$M/R \simeq 0{,}5$

Abb. 6.1: Die Krümmung der Raumzeit durch die Sonne (links) sowie die entstehende, wenn wir deren Radius unter Beibehaltung der Masse verringern. Der Kasten in der Mitte zeigt sie an der Buchdahl-Grenze und der rechts bei einem auf nur 3 Kilometer verringerten Radius, bei dem ein Schwarzes Loch entsteht.

ultrakompakten Stern, also bis zu der Grenze verdichten, die der Satz von Buchdahl vorsieht. Bei dieser Kompaktheit von genau 4/9 $\simeq$ 0,444 ist die Krümmung deutlich sichtbar. Im Zentrum der Oberfläche hat sich eine Senke mit sehr steilen Wänden gebildet. Der Kasten rechts schließlich zeigt den Zustand, wenn wir den ultrakompakten Stern noch stärker, wenn auch nur um wenig, komprimieren würden und dabei die Ruhemasse (also die Anzahl der Atome, aus denen sich die Sonne zusammensetzt) unverändert ließen. Es entstünde ein Objekt mit einer sphärischen Oberfläche, das einen Radius von nur 3 Kilometern und eine Kompaktheit von 0,5 hätte. Also ein Schwarzes Loch! Als wir im Ausdruck (6.1) den Schwarzschildradius entsprechend der doppelten Masse des Schwarzen Lochs definiert haben, hieß dies auch, dass die Kompaktheit eines Schwarzschild'schen Schwarzen Lochs exakt bei $M/R = 1/2 = 0{,}5$ liegt. Der Kasten zeigt auch die Position des Ereignishorizonts, gegeben durch einen Umfang mit einem Radius $r = r_S$, sowie die der physikalischen Singularität, die man sich im Zentrum des «Schlunds» für $r = 0$ vorstellen muss und die im Kasten folglich nicht direkt sichtbar ist.

Erneut ist es hilfreich, zur Abfolge der Darstellungen in Abbildung 6.1 eine Reihe von Überlegungen anzustellen. Erstens bietet sich beim Kasten rechts mit der Darstellung des Schwarzen Lochs ein Vergleich aus der Mechanik an, der beim Verständnis helfen kann, welche Rolle die Gravitation und der Ereignishorizont spielen. Stellen Sie sich die gekrümmte Oberfläche als das Bett eines nicht allzu tiefen Sees mit einem Loch in der Mitte vor. Wie klar ersichtlich ist, schafft dieses eine Strömung, durch die das Wasser dort in die Tiefe stürzt (lassen wir das Drehmoment hier außer Acht, sodass das Wasser ohne einen Strudel entlang radialer Bahnen im Loch verschwindet). Stellen Sie sich jetzt vor, Sie befänden sich an Bord eines Schiffs mit so extrem starken Motoren, dass Sie sich nicht nur bis zum äußersten Rand dieses Wasserfalls, sondern sogar ein Stück weit in ihn hineinwagen können, obwohl dessen Wände fast senkrecht abfallen. Die Strömung verstärkt sich mit zunehmender Annäherung an das Loch, aber Ihre Außenbordmotoren sind so leistungsfähig, dass Sie dem Absturz noch entkommen können. Aber dies geht eben nur bis zu einem gewissen Punkt der Annäherung. Tatsächlich versagen Ihre Außenbordmotoren ab einer bestimmten «Grenze» bei dem Unterfangen, gegen die immer stärker werdende Strömung anzukämpfen, egal, wie stark sie sind. Selbst bei einer nahezu unendlichen Leistungsfähigkeit würden sie es nicht mehr schaffen. Für

Sie bildet diese Grenze in jederlei Hinsicht einen «Horizont». Sie können ihn überschreiten, kommen aus dem Loch dann aber nicht mehr heraus!

Zweitens stellen wir fest, dass es zwischen den beiden Zuständen, die in Abbildung 6.1 im mittleren und im rechten Kasten dargestellt sind, keine Zwischenlösungen gibt. Wenn wir einen ultrakompakten Stern, der die Buchdahl-Grenze erreicht hat, nur ein winziges Stück weiter verdichten, lassen die einsteinschen Gleichungen keine andere statische Lösung als die eines Schwarzen Lochs zu. Es entsteht also ein jäher Übergang zwischen den Lösungen mit aus Materie bestehenden Objekten mit einer festen Oberfläche, also kompakten Sternen, und denen ohne Materie und ohne eine feste Oberfläche, also Schwarzen Löchern.

Und drittens: Wenn Sie im mittleren und rechten Kasten die jeweilige Krümmung betrachten, haben Sie den Eindruck, dass die Raumzeit gewissermaßen «durchgerissen» sei, als habe ihr Gewebe unter der gnadenlosen Wirkung der Schwerkraft nachgegeben. Tatsächlich kann die Raumzeit nicht zerreißen, da sie überall – außer in der Singularität – ein regelmäßiges Kontinuum bildet. Sie müssen sich also vielmehr vorstellen, dass ein Schwarzes Loch ihre Dehnbarkeit größtmöglich strapaziert. Mit anderen Worten, obwohl wir gesehen haben, dass die Raumzeit im Allgemeinen eher steif ist, herrscht bei der Lösung mit dem Schwarzen Loch eine so starke Gravitation, dass ihre Elastizität bis zum maximalen Wert beansprucht wird.

Eine vierte Feststellung ergibt sich daraus, dass sich beim Übergang eines ultrakompakten Sterns zu einem Schwarzen Loch im Grunde sämtliche Materie zu einem einzigen unendlich kleinen Punkt verdichtet hat. Ein Schwarzes Loch ist also «leer», insofern die gesamte Masse, aus der es hervorgegangen ist, sich nun in einem Punkt von der Größe null zusammenballt. In dem vom Ereignishorizont umschlossenen Bereich ist nichts mehr enthalten. Folglich sind sämtliche – leider häufig wiederholte – Behauptungen irrig, wonach es im Inneren eine Materiedichte gebe oder diese sogar berechnet werden könne. Die Materiedichte eines Schwarzen Lochs ist genau null, weil es eine Lösung im Vakuum ist.

Und eine letzte Feststellung betrifft schließlich die Zeitskala, in der ein Schwarzes Loch entsteht. Wie inzwischen klar sein dürfte, geschieht nichts in der Physik augenblicklich, und dies gilt auch für die

Geburt eines Schwarzen Lochs. Wie inzwischen ebenso klar sein müsste, hängt eine solche Zeitskala in der Allgemeinen Relativitätstheorie unvermeidlich von der Position der Beobachterin ab. Wer sich fernab eines Ereignishorizonts befindet, kann niemals mitverfolgen, wie ein Objekt auf ihn herabstürzt. In gleicher Weise wird eine solche Beobachterin auch nie mitansehen können, wie ein kollabierender Stern hinter dem Horizont verschwindet. Vielmehr sieht sie einen Stern, der sich fortschreitend zusammenzieht und Licht aussendet, das immer stärker in den Rotbereich verschoben wird, bis es vollständig verschwindet, wenn die emittierte Strahlung niemanden mehr erreicht. Würde die Beobachterin dagegen mit der Materie hineinstürzen, hinge die genaue Dauer des von ihr erlebten Phänomens von einer Reihe von Faktoren ab wie dem Typ der beteiligten Materie oder deren Rotationszustand. Ist der Kollaps allerdings in Gang gekommen – und hat die Gravitation über jede andere physikalische Wechselwirkung die Oberhand gewonnen –, erfolgt dieser Ablauf zwangsläufig in der Zeitskala des freien Falls. Deren Wert ist für jedes Objekt berechenbar, gegeben durch eine schlichte Formel, nach der er umgekehrt proportional zur Quadratwurzel der Dichte des kollabierenden Objekts ist. Je dichter das zusammenstürzende Objekt, desto kürzer die Zeit des freien Falls. Bei der Sonne würde sich dieser in rund 27 Minuten vollziehen. Könnten wir sämtliche thermonuklearen Reaktionen im Inneren unseres Zentralgestirns wie durch Zauberhand «abschalten», sodass es ausgehend von seiner gegenwärtigen Größe in sich zusammenstürzte, würde seine Oberfläche nach knapp einer halben Stunde das Zentrum erreichen. Eine wirklich kurze Zeit, wenn man bedenkt, dass die Materie von der Oberfläche bis zum innersten Kern dabei 700 000 Kilometer zurücklegen muss.

Alle bisher getroffenen Feststellungen geben uns eine Vorstellung davon, was vor rund fünf Millionen Jahren geschah, als aus der Supernova-Explosion eines besonders massereichen Sterns (mit mehr als 40 Sonnenmassen) das Schwarze Loch in Cyg X-1 hervorging. Ob bei einer Supernova ein Neutronenstern oder ein Schwarzes Loch entsteht, hängt entscheidend von der Masse des Eisenkerns ab, der im letztgenannten Fall bei einer Größenordnung von durchschnittlich 10 Sonnenmassen liegt. Unter diesen Bedingungen wird beim Kollaps eine Dichte erreicht, bei der dem Zusammensturz des Materials im Kern nichts mehr – auch kein Entartungsdruck – entgegenwirken kann.

Wenn eine ausreichend große Masse auf einen Raum in der Größe des Schwarzschildradius zusammengedrängt wird, entsteht auf diese Weise ein Schwarzes Loch.

Dank der numerischen Lösung der einsteinschen Gleichungen und denen der relativistischen Hydrodynamik kennen wir inzwischen ziemlich genau den Ablauf, bei dem nach der Allgemeinen Relativitätstheorie ein Schwarzes Loch entsteht. Um 2005 habe ich mit europäischen und US-amerikanischen Kollegen diesen Prozess erforscht und dabei die ersten numerischen Simulationen durchgeführt, die ihn in drei Dimensionen beschreiben. Aber während ihre Entstehung mit Blick auf die Schwerkraft gut aufgeklärt werden konnte, brachten die astronomischen Beobachtungen weniger Klarheit. Hier gibt es bei den stellaren wie auch den supermassereichen Schwarzen Löchern noch ausgedehnte Dunkelzonen. Während uns die elektromagnetischen Beobachtungen verraten, dass stellare Schwarze Löcher mit 5 bis 10 Sonnenmassen existieren, deutet die Gravitationswellendetektion – sie behandeln wir in Kapitel 8 – darauf hin, dass auch 10 und 40 Sonnenmassen möglich sind. Noch mehr Ungewissheit herrscht bei den supermassereichen Schwarzen Löchern, sowohl bei der Masse als auch mit Blick auf die kosmologische Phase, in denen sie entstehen. Klar scheint indes, dass sich auch in einem kosmologischen Zusammenhang bei der Geburt eines supermassereichen Schwarzen Lochs zwangsläufig zu irgendeinem Zeitpunkt gewaltige Materiemassen auf extrem kleinem Raum – vergleichbar mit dem Schwarzschildradius, wenn nicht noch kleiner – zusammenballen müssen. Deswegen ist das von uns durchgeführte Gedankenexperiment immer noch absolut gültig und ein nützlicher Bezugspunkt, abgesehen von der Masse des Schwarzen Lochs, die wir dabei in Erwägung gezogen haben.

Schwarze Löcher haben keine Haare

Um die verschiedenen Arten von Schwarzen Löchern zu behandeln, habe ich bislang stets die Masse als den einzigen unterscheidenden Parameter angeführt, als ich von kleineren (also stellaren) und größeren (supermassereichen) Schwarzen Löchern geredet habe. Aber man kann sich mit Fug und Recht fragen, ob ein so komplexes Objekt, das von

Gleichungen beschrieben wird, die sich extrem schwer handhaben und noch schwerer lösen lassen, allein anhand seiner Masse zu betrachten ist. Mit anderen Worten, jetzt lautet die Frage: «Wie komplex sind Schwarze Löcher?» Eine Antwort setzt hier allerdings einen kleinen Exkurs voraus.

Von Kindesbeinen an haben wir eine Wahrnehmung der Realität – und damit ein Weltverständnis – entwickelt, wonach Komplexität zwangsläufig mit einer Vielfalt an Details einhergeht. Es erscheint uns selbstverständlich, dass ein Naturphänomen mit einer komplexen Erscheinungsform voller Nuancen steckt. Nehmen wir als verdeutlichendes Beispiel einen Bereich, der allen, zumindest grundsätzlich, vertraut ist: die Musik. Wohl jeder und jedem leuchtet ein, dass eine klassische Symphonie, die von einem großen Orchester gespielt wird, deutlich reichhaltiger an Inhalten und damit an Nuancen ist als der schlichte Ton, den eine angeschlagene Stimmgabel von sich gibt. Auch wenn wir uns einig sind, dass die Ausdrücke «Nuancen» und «Inhaltsreichtum» vage und wenig objektiv erscheinen, können wir dadurch Abhilfe schaffen, dass wir die Anzahl der Instrumente berücksichtigen, die in einer Symphonie durchschnittlicher Spieldauer zum Einsatz kommen, und sie mit der Anzahl der gespielten Noten multiplizieren. Auf die Art erhalten wir ein quantitatives und objektives Maß für die Komplexität einer solchen Symphonie. Die gleiche Berechnung ließe sich dann für die Töne einer Stimmgabel durchführen, die in der gleichen Zeitspanne in regelmäßigen Abständen angeschlagen wird. Wenn wir die jeweiligen Daten auf diese Weise miteinander vergleichen, gelangen wir zur banalen Schlussfolgerung, dass eine Symphonie für Orchester komplexer als die von einer Stimmgabel ausgeführte «Partitur» ist.

Nehmen wir ein anderes Beispiel, eines aus der Biologie. Betrachten wir drei weitverbreitete lebende Organismen: ein Bakterium wie *Escherichia coli*, eine Mücke der Gattung *Drosophila* und einen Regenwurm. Diese sind durch eine zunehmende Komplexität in dem Sinn gekennzeichnet, dass zu ihrer Beschreibung eine wachsende Fülle an Informationen notwendig ist. Um diese Komplexität zu beziffern, können wir den genetischen Code in Betracht ziehen: 5000 Gene bei *Escherichia coli*, 13 000 bei der Mücke der Gattung *Drosophila* und 19 000 beim Regenwurm (wir Menschen haben ungefähr 30 000). Jedes Gen lässt sich seinerseits mit Blick auf die Kombination der von ihm kodierten Aminosäuren analysieren … Wie also klar ist, braucht es eine gewaltige

Fülle an Informationen, um auch nur die einfachsten Lebewesen zu beschreiben.

Kurzum, unsere Alltagserfahrung wie auch unsere Kenntnis der Welt legt uns nahe, dass ein Objekt, ein Organismus oder ein physikalisches Phänomen desto komplexer ist, je mehr Informationen für seine Beschreibung notwendig sind. Eine höchst einleuchtende Regel – nur dass Schwarze Löcher hier eine krasse Ausnahme bilden.

Wie all diese Beispiele zeigen, neigen wir zur Schlussfolgerung, dass die Beschreibung eines Schwarzen Lochs – das extremste Ergebnis der mathematisch komplexesten Gleichungen der theoretischen Physik – eine uferlose Fülle an Informationen erfordere und dass dabei die Masse nur eine der zahllosen Facetten sei, die diese Objekte kennzeichnen. Aber dem ist nicht so: Tatsächlich sind Schwarze Löcher die absolut einfachsten makroskopischen physikalischen Objekte! Diese scheinbar überraschende Schlussfolgerung ist die schlichte mathematische Konsequenz aus der Tatsache, dass wir zur Beschreibung eines beliebigen Schwarzen Lochs nur *drei Zahlen* benötigen, die für ebenso viele Eigenschaften stehen. Wieder verblüfft das Konzept des Schwarzen Lochs: Es ist gewaltig viel einfacher zu beschreiben als selbst das primitivste Bakterium.

Welches sind also diese drei einzigen Eigenschaften des Schwarzen Lochs? Es sind diese: die Masse, die wir bereits erörtert haben; der *Spin* (Eigendrehimpuls), also die Geschwindigkeit der Rotation um die eigene Achse; und schließlich die elektrische Ladung. Diese Merkmale werden allgemein mit drei Buchstaben beschrieben: M für die Masse, J für den Eigendrehimpuls, und Q für die elektrische Ladung. So können wir einem beliebigen Schwarzen Loch einen Ort in der «Datenbank» des Universums zuweisen, indem wir schlicht die drei Werte für M, J und Q angeben. Ehrlich gesagt, ist unter realistischen astrophysikalischen Verhältnissen das Bild sogar noch einfacher. Es ist nämlich zu erwarten, dass die elektrische Ladung eines Schwarzen Lochs im Grunde null $(Q = o)$ ist, sodass wir sie ebenso gut vergessen können. Das hat einen unmittelbar einleuchtenden Grund. Selbst wenn ein Schwarzes Loch mit einer Ladung ohne bestimmtes Vorzeichen entstünde, würde es entgegengesetzte freie Ladungen – zum Beispiel von Elektronen, Protonen und anderen Teilchen, die frei im interstellaren Raum zirkulieren – elektrisch anziehen und absorbieren. Seine Ladung würde sich so rasch bis zum Nullpunkt hin abschwächen. Elektrisch neutral geworden, würde es keine weiteren Ladungen anziehen. Eben deshalb genügen zur astrophysikalischen Beschreibung dieser unglaublichen Himmelskörper tatsächlich nur zwei Zahlen: M und J.

Noch einfacher werden die Dinge dadurch, dass der Wert für den Eigendrehimpuls J, also das Maß, wie schnell das Schwarze Loch rotiert, in einem gut definierten Bereich liegen muss. Wenn wir insbesondere die *dimensionslose Größe* – also ohne Dimensionen und folglich als reine Zahl – nutzen, gegeben durch das Verhältnis zwischen dem Spin und dem Quadrat der Masse des Schwarzen Lochs, $a = J/M^2$, dann muss diese Zahl zwangsläufig zwischen -1 und 1 liegen (der Vorzeichenwechsel gibt die Ausrichtung der Rotationsache zu einer Bezugsachse an). Die Größe a heißt auch *dimensionsloser Spin* und liegt bei einem Schwarzschild'schen Schwarzen Loch bei null *(a = 0)*, das damit als eines ohne Rotation gelten kann. (Nachfolgend verwende ich in gleicher Bedeutung die Ausdrücke *Schwarzschild'sches Schwarzes Loch* und *nichtrotierendes Schwarzes Loch*.) Hat a dagegen einen Wert ungleich null, liegt ein rotierendes oder sogenanntes *Kerr'sches Schwarzes Loch* vor, benannt nach dem neuseeländischen Mathematiker Roy Kerr, der als Erster die entsprechende Lösung gefunden hat.[5] Da Schwarze Löcher generell Materie mit einem bestimmten Drehimpuls einsammeln, herrscht die Erwartung, dass unter astrophysikalischen Bedingungen Schwarze Löcher immer vom Kerr-Typ sind, auch wenn einige extrem langsam rotieren.

Die wirklich einzigartige Tatsache, dass ganze drei Eigenschaften ein Schwarzes Loch beschreiben, drückt sich auch in einem sehr bekannten Theorem aus: dem *Keine-Haare-Theorem* (englisch: *no-hair theorem*). Diese scherzhafte Bezeichnung geht auf den bereits erwähnten John Wheeler sowie den italienischen Astrophysiker Remo Ruffini[6] zurück. Sie soll tatsächlich hervorheben, dass ein Schwarzes Loch, betrachtet als eine Kugel, keinerlei Details aufweist – so wie es auch Köpfe ganz ohne Haare gibt. Die einfach zu formulierende Hypothese des Theorems lautet im Kern: In der Allgemeinen Relativitätstheorie lässt sich ein isoliertes Schwarzes Loch, das sich in einer asymptotisch flachen (also über große Entfernungen flach werdenden) Raumzeit befindet, allein mit diesen drei Eigenschaften beschreiben: M, J und Q. Und selbst wenn eines dieser drei Merkmale durch äußere Einflüsse verändert wird – so durch rotierende Materie, die ins Schwarze Loch stürzt und die Werte von M und J verändert –, stellt sich nach der Veränderung der Parameter ein Zustand ein, in dem alle Störungen beseitigt sind.

Überlagerung verschiedener Bänder im sichtbaren Teil des «Krabbennebels», den Überresten der Supernova-Explosion im Jahr 1054 im Sternbild Krebs.

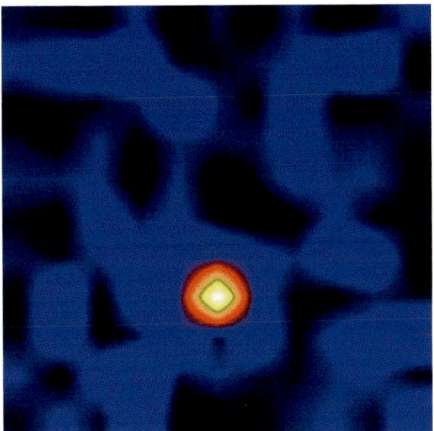

X-Band-Bild von Cyg X-1. Die Emission ist mit einer Akkretionsscheibe verbunden, die einem Stern mit 40 Sonnenmassen Materie entzieht und sie auf ein Schwarzes Loch mit 15 Sonnenmassen fallen lässt.

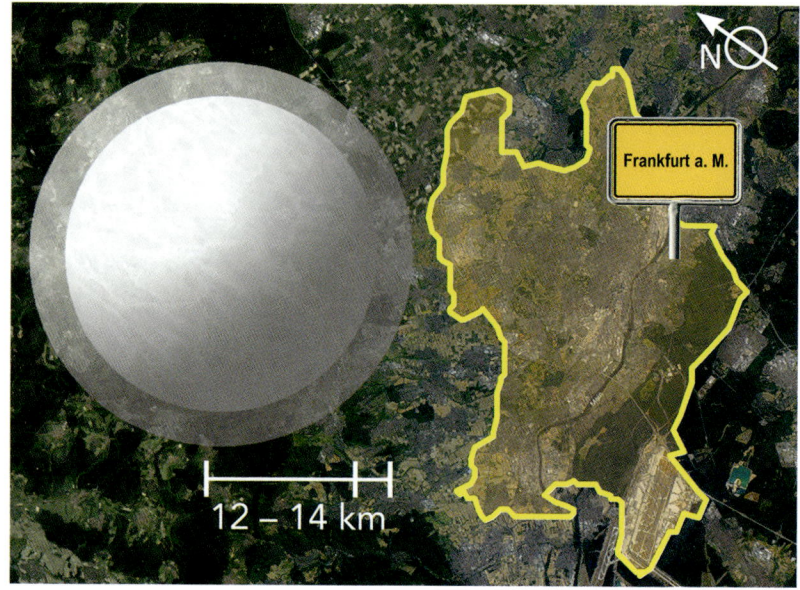

Die Illustration zeigt das Größenverhältnis zwischen einem typischen Neutronenstern und dem Frankfurter Stadtgebiet. Unten, in der rechten Ecke, ist der Rhein-Main-Flughafen erkennbar (vgl. Abb. 5.1, S. 88).

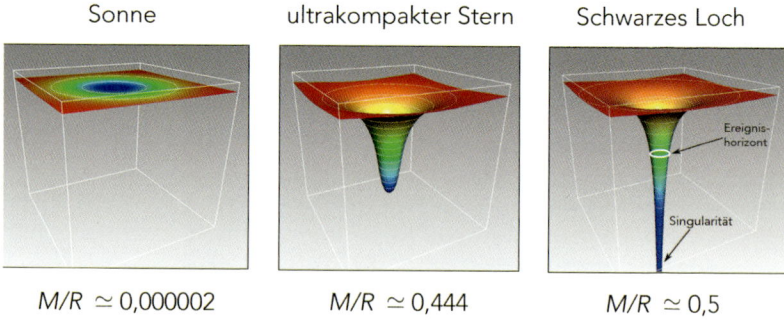

Die Krümmung der Raumzeit durch die Sonne (links). Der Kasten in der Mitte zeigt sie an der Buchdahl-Grenze und der rechts bei einem auf nur 3 Kilometer verringerten Radius, bei dem ein Schwarzes Loch entsteht (vgl. Abb. 6.1, S. 129).

der Kern von M87

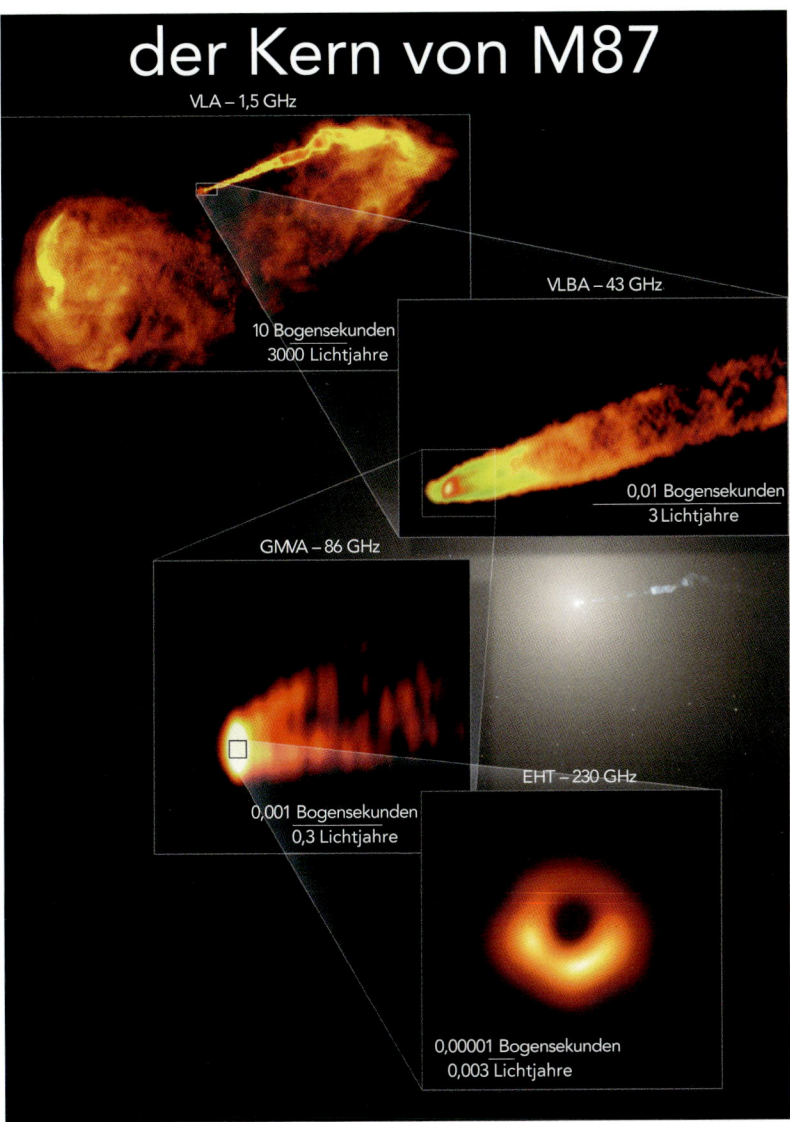

VLA – 1,5 GHz

VLBA – 43 GHz

10 Bogensekunden
3000 Lichtjahre

0,01 Bogensekunden
3 Lichtjahre

GMVA – 86 GHz

0,001 Bogensekunden
0,3 Lichtjahre

EHT – 230 GHz

0,00001 Bogensekunden
0,003 Lichtjahre

Zusammenstellung von Aufnahmen von M 87 bei verschiedenen Radiofrequenzen und folglich mit unterschiedlichen Winkelauflösungen (vgl. Abb. 7.2, S. 162).

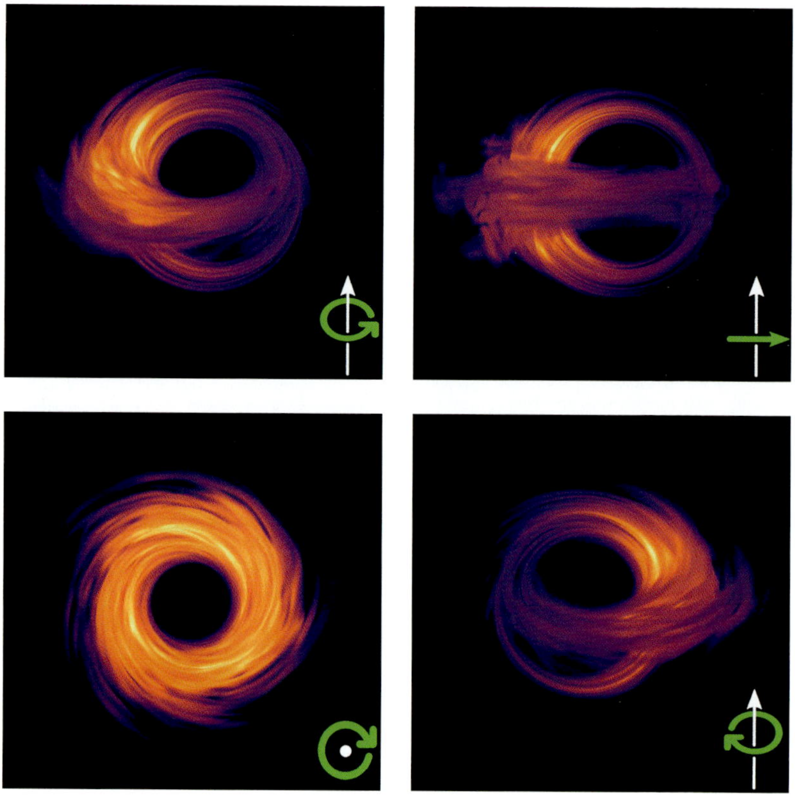

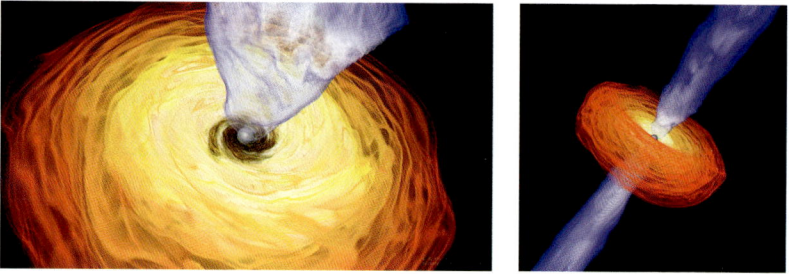

Bilder aus verschiedenen Blickwinkeln einer dicken Akkretionsscheibe
um ein rotierendes Schwarzes Loch (vgl. Abb. 7.8, S. 178).

Simulation der Plasmadynamik in der Nähe eines rotierenden Schwarzen Lochs.
Die Dichte des Plasmas wird rot-gelb dargestellt, die «Magnetisierung» des
Plasmas, wo es wenig Materie, aber starke Magnetfelder gibt, hingegen blau-weiß.

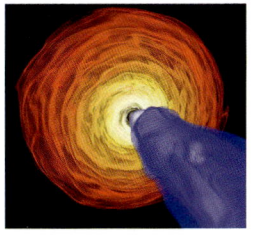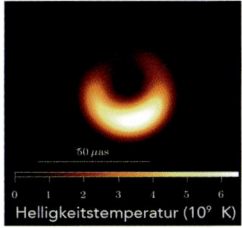

Die drei Phasen der Erstellung eines synthetischen Bildes (vgl. Abb. 7.9, S. 186).

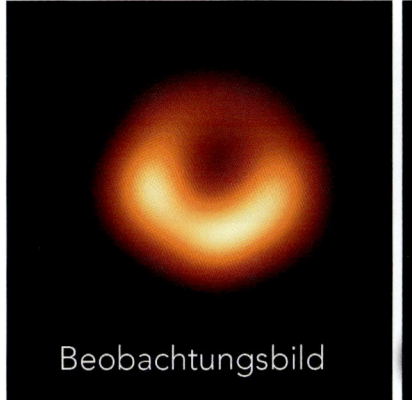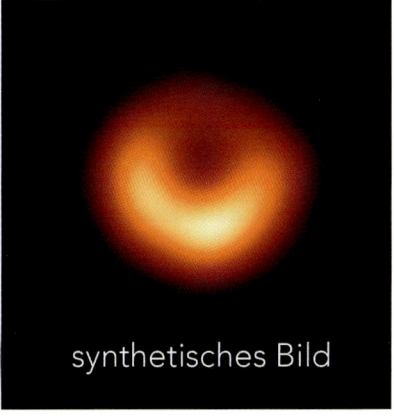

Beispiel für eine optimale Übereinstimmung zwischen einem Beobachtungsbild
von M87* und einem zweckmäßig verschlechterten synthetischen Bild
(vgl. Abb. 7.11, S. 196).

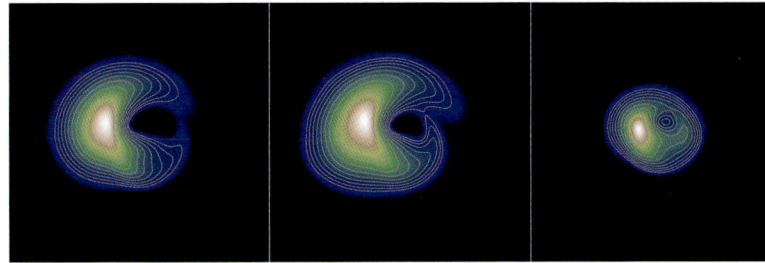

Vergleich zwischen drei kompakten Objekten mit der gleichen Masse,
die den gleichen Akkretionsprozessen unterliegen: Kerr'sches Schwarzes Loch,
dilatonisches Schwarzes Loch und ein Bosonenstern (vgl. Abb. 7.12, S. 201).

Quadrupolare Verformung des *vitruvianischen Menschen* durch eine
Gravitationswelle (vgl. Abb. 8.2, S. 211).

Numerische Simulation von Gravitationswellen, die ein gestörtes
Schwarzes Loch aussendet (vgl. Abb. 8.1, S. 209).

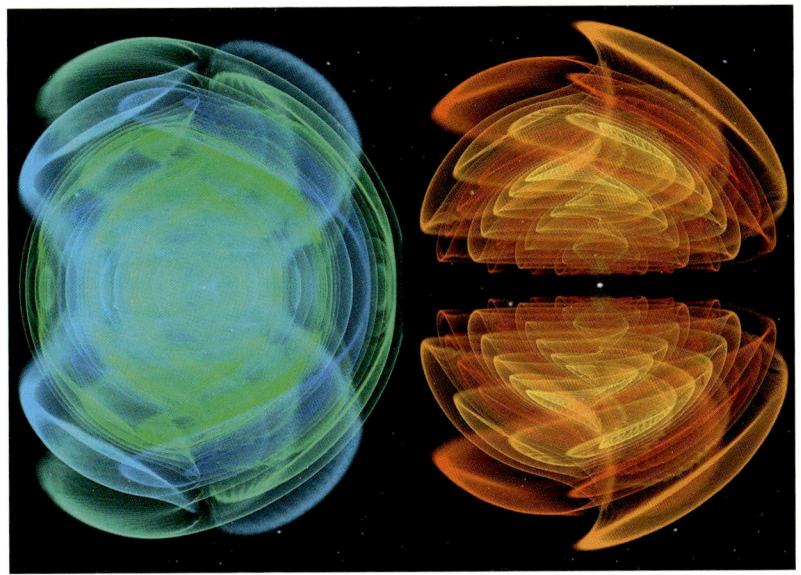

Gravitationswellen, die bei der Fusion zweier Schwarzer Löcher entstehen
(vgl. Abb. 8.6, S. 233).

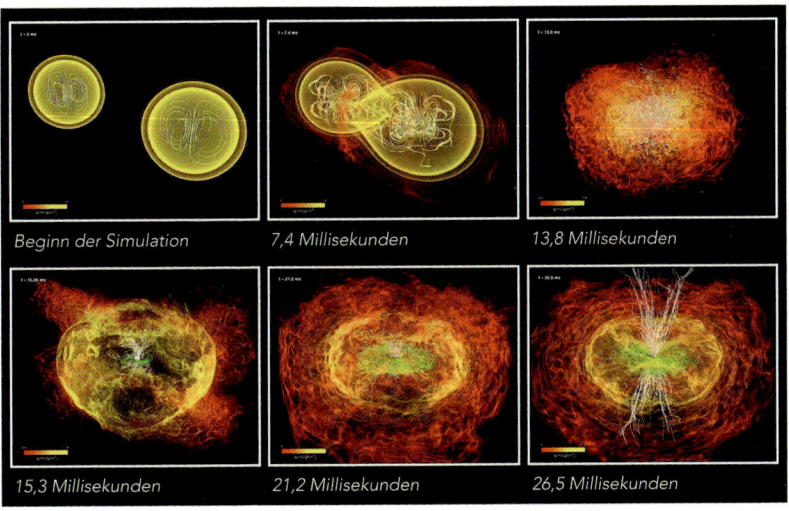

Verschiedene Phasen einer numerischen Simulation der Verschmelzung
zweier magnetisierter Neutronensterne (vgl. Abb. 8.7, S. 248).

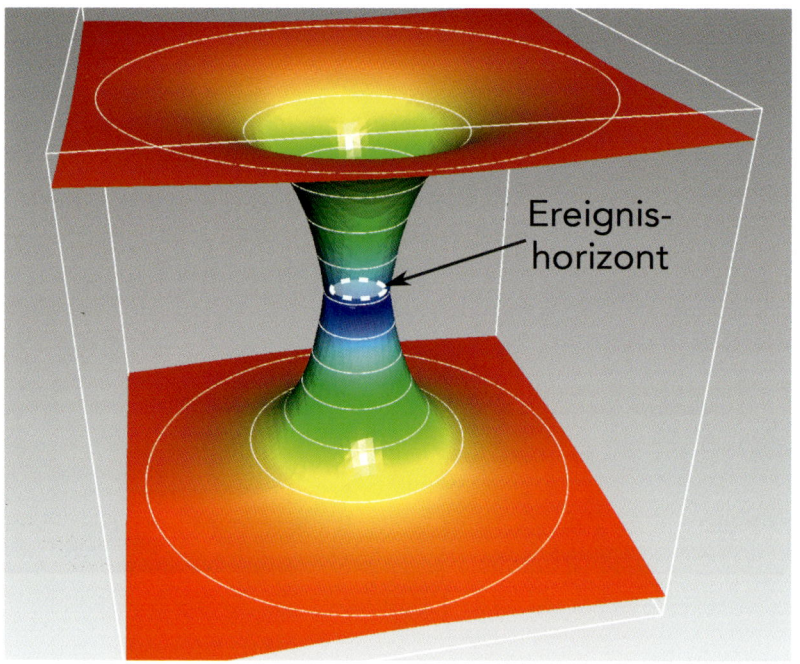

Ereignis-
horizont

Ein Wurmloch mit zwei identischen und symmetrischen «Schlünden». Der engste
Abschnitt des Schlunds ist etwas weiter als der bei einem Schwarzschild'schen
Schwarzen Loch gleicher Masse (vgl. Abb. 6.3, S. 148).

Künstlerische Darstellung des Wachstums in Sco X-1. Der Neutronenstern
entreißt seinem weniger massiven Begleiter Materie. Die so gestohlene
Materie bildet eine Akkretionsscheibe.

Zurück bleibt nur ein «neues» Schwarzes Loch, das sich vom vorangegangenen zwar unterscheidet, aber nach wie vor von den Werten für *M*, *J* und *Q* beschrieben wird (darauf kommen wir in Kapitel 8 zurück).

In diesem Sinn sind Schwarze Löcher – zumindest vom Konzept her – als «kosmische Maschinen» zu betrachten, die von außen Materie aufnehmen und damit ihre Masse, ihren Eigendrehimpuls und ihre elektrische Ladung verändern (siehe Abbildung 6.2). Die drei Gesetze ihrer Dynamik sagen uns, wie sich die Eigenschaften *M*, *J*, *Q* durch Wechselwirkung mit der Außenwelt mit der Zeit verändern können. Wenn wir die schon erörterte Ladung *Q* außer Acht lassen, lehren uns folglich diese Gesetze – abgeleitet in einem klassischen Kontext der Allgemeinen Relativitätstheorie –, dass die Masse eines Schwarzen Lochs nur zunehmen kann, während sein Eigendrehimpuls zu-, aber auch abnehmen und sogar bis auf null absinken kann. Grundsätzlich ist es möglich, dass sich die Drehbewegung eines Schwarzen Lochs – durch Verluste an Rotationsenergie – zunehmend verlangsamt, bis es schließlich zu einem nichtrotierenden wird. Bei einer solchen Abnahme des

Abb. 6.2: Das Keine-Haare-Theorem: Unabhängig vom Typ der Objekte, die ein Schwarzes Loch vergrößern können, führen diese nur eine Veränderung von einer oder mehreren der drei Zahlen herbei, die ein Schwarzes Loch kennzeichnen: die Masse *M*, das Drehmoment *J* und die elektrische Ladung *Q*.

Drehimpulses kann es tatsächlich geschehen, dass die Masse – aufgrund der Äquivalenz von Masse und Energie – abnimmt, allerdings nicht bis auf null. Was sich dabei verringert, ist die mit der Rotation assoziierte, also von *J* abhängige Masse, die deswegen als *reduzible Masse* des Schwarzen Lochs bezeichnet wird. Aber es gibt auch einen Teil der Masse des Schwarzen Lochs, der nicht an der Rotation teilhat (also nicht von *J* abhängt) und der nicht ab-, sondern immer nur zunehmen kann. Deswegen wird diese als *irreduzible Masse* bezeichnet.

Die grundlegende Sichtweise, wonach ein Schwarzes Loch keinerlei Verlust an irreduzibler Masse erleiden könne, zumindest nicht laut der klassischen Formulierung der Allgemeinen Relativitätstheorie, wurde in den Sechzigerjahren von dem britischen Physiker Stephen Hawking (1942–2018) revolutioniert. Hawking schlug einen neuen Mechanismus im Zusammenhang mit der Quantenmechanik vor. Er wies darauf hin, dass ein Schwarzes Loch tatsächlich «verdampfen» und folglich Masse durch die Emission thermischer Strahlung, die sogenannte *Hawking-Strahlung,*[7] verlieren könne. Das Grundprinzip hinter diesem Prozess besteht darin, dass im unmittelbaren Umfeld um den Ereignishorizont aus dem Vakuum virtuelle Teilchen und Antiteilchen (also solche mit «negativer Energie») entstehen. Wie wir wissen, sind solche *Vakuumfluktuationen* überall in der Raumzeit möglich, haben dort aber keinen Nettoeffekt, weil dabei ebenso viele Antiteilchen wie Teilchen entstehen. Geschieht dies aber in der Nähe eines Ereignishorizonts – der Teilchen nur absorbieren, aber nicht emittieren kann –, ergibt sich womöglich durchaus ein Nettoeffekt – mit dem Gesamteffekt, dass das Schwarze Loch Strahlung aussendet, während seine Masse wegen der Zunahme an Antiteilchen schwindet.

Noch gibt es keine experimentelle Bestätigung dafür, dass die Hawking-Strahlung wirklich existiert, vor allem deshalb nicht, weil sich im Labor natürlich kein Schwarzes Loch erzeugen lässt (selbst wenn im Prinzip Objekte mit ähnlichen Eigenschaften, sogenannte *analoge Schwarze Löcher*, hergestellt werden können). Aber das ist nicht der einzige Grund. Tatsächlich ist die Hawking-Strahlung sowohl bei stellaren als auch bei supermassereichen Schwarzen Löchern sehr schwach und wird bei sehr kleinen Massen intensiver, bei denen astronomische Beobachtungen schwierig sind. Dennoch herrscht in der Wissenschaftsgemeinde weitgehend Einigkeit darüber, dass die Hawking-Strahlung möglich ist und ein Schwarzes Loch – zumindest in der Theorie – auch seine Masse verringern und sogar ganz verschwinden kann, sodass von ihm womöglich nur eine winzige Singularität zurückbleibt.

In der Praxis ist die Masse, die ein realistisch massereiches Schwarzes Loch durch die Hawking-Strahlung verlieren kann, in der Regel sehr gering. Die *Hawking-Leuchtkraft*, also die Menge an Masseenergie, die ein Schwarzes Loch pro Zeiteinheit verliert, verhält sich tatsächlich umgekehrt proportional zum Quadrat von dessen Masse. Daraus folgt, dass auch ein «leichtes» Schwarzes Loch, eines mit einer Sonnenmasse, zum Verdampfen rund 10^{67} Jahre benötigen würde. Da das Universum seit rund 10^{10} Jahren besteht, müsste ein solches Objekt, bis es verdampft, also eine Milliarde Milliarde Milliarde Milliarde Mal so alt werden, wie das Universum heute ist. Noch gewaltiger fielen diese Zeitskalen bei supermassereichen Schwarzen Löchern aus, zum Beispiel bei dem im Zentrum unserer Galaxis. Deswegen böte sich die einzige Gelegenheit, die Hawking-Strahlung zu beobachten, nur bei extrem kleinen Schwarzen Löchern. Insbesondere würde ein im Uruniversum entstandenes mit einer Masse von 10^{11} Kilogramm – das entspricht einem Milliardstel von der eines Asteroiden – ausreichend viel Hawking-Strahlung emittieren, um inzwischen am Punkt seines Verdampfens angelangt zu sein.

Kurzum, Schwarze Löcher verhalten sich mit Blick auf ihre Masse anscheinend wie wir Menschen: Sie können zwar «abnehmen», neigen aber in den allermeisten Fällen und auf lange Sicht dazu, «dicker zu werden», indem sie an Masse zulegen.

Eine schwer verdauliche Vorstellung

Was wir über das «Fehlen von Haaren» bei Schwarzen Löchern gesehen haben, gibt Anstoß zu einer wichtigen Überlegung: Immer noch ist es sehr schwierig, allein die Vorstellung von Schwarzen Löchern und insbesondere die eines Ereignishorizonts zu akzeptieren oder gar zu verstehen. Der Ereignishorizont macht Schwarze Löcher zu etwas ganz «Außergewöhnlichem», insofern sie völlig aus allem herausfallen, was wir aus der Physik kennen und gewöhnlich akzeptieren. Sobald ein Objekt diese mathematische Oberfläche durchquert hat, gehen sämtliche Informationen zu seinen Eigenschaften verloren und werden –

mitsamt ihrer Komplexität – in die drei einzigen Eigenschaften umgewandelt, die wir außenstehende Beobachter messen können: *M, J* und *Q*.

Schwarze Löcher zeigen somit ein, gelinde gesagt, abnormes Verhalten, das wir in der Physik nicht gewohnt sind. Zur Verdeutlichung ein Beispiel: Stellen Sie sich vor, Sie entzünden mit Holz ein Feuer. Einmal verbrannt, bleibt von den Holzscheiten nur formlose Asche übrig. Man könnte meinen, dass diese über die ursprünglichen Eigenschaften des Materials, aus dem sie hervorgegangen ist, keinerlei Information mehr enthält, dass sie uns nichts darüber verrät, wie sich die einstigen Pflanzenzellen chemisch zusammensetzten, dass es kurzum unmöglich sei, anhand chemischer Spuren zu rekonstruieren, ob die Scheite aus einer Buche oder einer Eiche gestammt hatten. Scheinbar ist alle Information in Rauch aufgegangen … Aber das ist genau der Punkt: Die Asche ist nicht das einzige Überbleibsel des Lagerfeuers, und tatsächlich lässt eine Analyse des bei ihm entstandenen Rauchs Rückschlüsse darauf zu, welche Eigenschaften das Holz hatte.

Wie dieses Beispiel zeigt, gehen in der Physik Informationen zu den Eigenschaften eines bestimmten Systems sogar niemals verloren. Sie werden *systematisch* umgewandelt, auch wenn es dann schwieriger wird, sie zu ermitteln (denken wir an Rauch). Aber aus Gründen, die in unserem Verständnis der Physik verankert sind, verschwinden sie niemals. In dieser Logik bildet das, was bei einem Schwarzen Loch geschieht, die einzige Ausnahme! Nur in diesem Fall verlieren wir tatsächlich jedwede Information über die Eigenschaften dessen, was die Masse oder den Drehimpuls des Schwarzen Lochs hervorgebracht hat, selbst bei uns vollständig bekannten Objekten, die wir bis zu dem Augenblick, da sie hinter dem Ereignishorizont verschwanden, bis zum letzten Atom hätten beschreiben können.

Die Unmöglichkeit, aus einem Schwarzen Loch Information zurückzugewinnen, bildet das *Informationsparadoxon Schwarzer Löcher* (englisch: *black hole information paradox*), das ein ernsthafteres Problem aufwirft, als man vermuten könnte. Tatsächlich untergräbt es die Grundlagen der Quantenmechanik, wonach die Gesamtheit der Informationen eines physikalischen Systems nicht verloren gehen kann. Genauer gesagt, ergibt sich das Paradoxon aus folgender Tatsache: Wenn wir den Zustand eines Systems durch eine Wellenfunktion beschreiben (und ich erinnere daran, dass ein Grundpostulat der Quantenmechanik eben besagt, dass die gesamte Information eines physikalischen Systems in seiner Wellenfunktion enthalten ist), muss die Entwicklung dieser Funktion unitär sein. Sind die Ausgangsbedingungen der Wellenfunktion des Systems einmal ermittelt, ist seine Entwicklung vollständig bestimmt. Aber bei einem Schwarzen Loch würde diese Unitarität verletzt, sodass mehrere ursprünglich unterschiedliche Zustände zu einem einzigen zusammenfließen und ununterscheidbar würden.

Das Informationsparadoxon Schwarzer Löcher ist trotz jahrzehntelanger Forschungen auf dem Gebiet bis heute ungelöst. Keine der Theorien, die zu seiner Beseitigung eingeführt wurden, erscheint derzeit akzeptabel. Damit bestätigt sich zum x-ten Mal auf drastische Weise, dass die Allgemeine Relativitätstheorie, wie von Einstein formuliert, und die Prinzipien der Quantenmechanik miteinander unvereinbar sind.

Ein weiterer Aspekt macht den Ereignishorizont für die Physiker zu einem eher «unausgegorenen» Konzept. Zu Beginn dieses Buchs habe ich die Bedeutung von Galileis Werk hervorgehoben. Mit ihm wurde die wissenschaftliche Methode definiert und eingeführt, die gleichsam als einziger Leuchtturm die Nacht der menschlichen Unwissenheit erhellt, in der ansonsten nur Spekulationen regieren. Sie ermöglichte es uns im Verlauf der Jahrhunderte, in den – mitunter Jahrzehnte währenden – Debatten der wissenschaftlichen Forschung zu einem festen Maßstab zu gelangen: was wahr und was falsch, was richtig und was irrig ist ... Galilei fasste die Bedeutung dieser Methode in einem seiner bekanntesten Aphorismen zusammen, formuliert in einem Brief an Tommaso Campanella: «Ich schätze das Auffinden einer einzigen, wenn auch unbedeutenden Wahrheit höher als das Herumdisputieren über die höchsten Fragen, ohne je zu einer Wahrheit zu gelangen.» Aber aus einem Schwarzen Loch lässt sich von jenseits des Ereignishorizonts keinerlei «Wahrheit» herausziehen, zumindest nicht nach der Definition der wissenschaftlichen Methode. Und dies nicht deshalb, weil dort die Gesetze der Physik ihre Gültigkeit verlieren!

Ich versuche mich an einer besseren Erklärung. Stellen wir uns zwei Beobachter vor, die sich außerhalb eines supermassereichen Schwarzen Lochs befinden: Simplicio und Salviati.[8] Beide diskutieren darüber, ob es denn möglich oder unmöglich sei, in dem vom Ereignishorizont umschlossenen Raum ein Experiment durchzuführen. Seiner ganz eigenen Logik folgend, behauptet Simplicio, hinter dem Ereignishorizont müsse eine phantastische Welt, ein Paradies liegen, in dem jeder bekommen könne, was er sich wünsche, sofern er nur an es denke. Sobald man diese Grenze überschritten habe, so Simplicio, finde man eine mit allen Gottesgaben gedeckte Tafel vor, sogar mit seinem Lieblingseis. (Simplicios Naschhaftigkeit, vor allem seine Lust auf Eis ist allseits bekannt.)

Für Salviati dagegen spielt sich hinter dem Ereignishorizont eines supermassereichen Schwarzen Lochs nichts von alledem ab. Die Gesetze der Physik bleiben auch dort in Kraft, zumindest wenn man sich vom Zentrum des Schwarzen Lochs fernhält. Zu ihm, so räumt er ein, ließen sich keine Aussagen treffen. Bei einer so großen Masse des Lochs sei ein Objekt von der Größe eines Menschen nämlich begrenzten Gezeitenkräften ausgesetzt, und nach Durchquerung des Ereignishorizonts zeige sich keine spürbare Veränderung der gravitativen Eigenschaften gegenüber den zuvor erfahrenen. Nur dass mit der Außenwelt natürlich keinerlei Kommunikation mehr möglich sei.

Nun sind wir uns nach unserer Auffassung von Physik alle darin einig, dass Simplicios Hypothese ein Luftschloss ist. Er hat für sie keinerlei logischen oder wissenschaftlichen Beleg, sodass es keinen Grund gibt, sie für richtig zu halten. Dennoch – und eben dies ist das Problem – ist der Streit zwischen beiden nicht zu entscheiden, obwohl es sich nur um eine «unbedeutende Wahrheit» handelt. Aus einem einfachen Grund: Weder Salviati noch sonst jemand ist in der Lage, den Ereignishorizont zu durchqueren und sich davon zu überzeugen, dass dort keine gedeckten Tafeln stehen, um anschließend allen von dieser Entdeckung zu künden. Und – noch irritierender – Salviati weiß sehr wohl, dass ein solches Experiment zwar *durchführbar* wäre, sich dann aber das Problem ergäbe, wie man dessen Ergebnis der Außenwelt mitteilt. Denn nach der Durchquerung des Ereignishorizonts ist mit dem übrigen Universum keinerlei Kommunikation mehr möglich.

Anerkennen, dass ein Ereignishorizont existiert, heißt folglich einräumen, dass es in unserem Universum Regionen gibt, die physisch erreichbar, aber einer wissenschaftlichen Erforschung mit Experimenten versperrt sind. Und dies nicht deshalb, weil die Physik dort ihre Gültigkeit verlöre. Wie wir sahen, gibt es im Zentrum eines Schwarzen Lochs einen einzigen unendlich kleinen Punkt, für den die Allgemeine Relativitätstheorie keine Vorhersagen treffen kann. Das Problem liegt vielmehr banaler darin, dass die Ergebnisse von Experimenten, die hinter dem Ereignishorizont durchgeführt werden, nicht nach außen mitgeteilt werden können. Bei so einer Aussicht würde sich der arme Galilei im Grab herumdrehen …

Um einen etwas gewagten Vergleich anzustellen: Der Ereignishorizont wirft das gleiche komplizierte Problem auf wie das Jenseits. Viele glauben, dass es existiert, aber keiner kann es beweisen, weil – abgesehen von den wenigen bekannten Ausnahmen – noch keiner von dort zurückgekehrt ist, um uns zu erzählen, was nach dem Tod geschieht.

Derlei Betrachtungen zeigen, warum die Idee von einem Ereignishorizont für die Physiker so schwer verdaulich ist. Sie wollen – aus innerstem Antrieb oder Ehrgeiz – Anspruch auf ein Wissen erheben können, das sich auf jeden Winkel des Universums erstreckt. Für uns ist diese mathematische Oberfläche wie eine Tür, die nur in einer Richtung durchschritten werden kann und sich für immer hinter uns schließt. Deswegen wurde im Lauf der Jahre und insbesondere im letzten Jahrzehnt so viel geistige Energie darauf verwendet, um *unechte Schwarze Löcher* zu erforschen: Objekte, anhand derer versucht wird, einige der Schwierigkeiten zu entschärfen, die Schwarze Löcher konzeptionell aufwerfen. Näheres zu ihnen im nächsten Abschnitt.

Unechte Schwarze Löcher

Wie wir sahen, ist schon die Idee eines Schwarzen Lochs schwer verdaulich, weil sie einen Ereignishorizont und eine physikalische Singularität im Zentrum vorsieht. Man darf sich durchaus fragen, ob eine solche Idee überhaupt notwendig ist. Mit anderen Worten: «Geht es auch ohne Schwarze Löcher?»

Mit dieser Frage haben sich schon viele auseinandergesetzt, insbesondere in den letzten Jahren, als direkte Beobachtungen an Objekten erfolgten, die mit Schwarzen Löchern vergleichbar sind, sowohl anhand der Messung von Gravitationswellen (bei der Zusammenarbeit von LIGO und Virgo) als auch dank der allerersten «Fotografie» von einem Schwarzen Loch (durch das Gemeinschaftsprojekt Event Horizon Telescope, EHT). Ehe wir zu einer Antwort vordringen, braucht es eine allgemeinere Betrachtung dessen, wie unser Wissen, insbesondere in der Astrophysik, voranschreitet.

Die Astrophysik – der einzige Zweig der Physik, der Belege für die Existenz Schwarzer Löcher liefert – ist eine *beobachtende*, keine *experimentelle* Wissenschaft. Auf diesem Gebiet kann man sich also im Gegensatz zu anderen wie der Festkörper- oder der Elementarteilchenphysik keine Versuchsaufbauten ausdenken und echte Experimente durchführen, die es ermöglichen, auf kontrollierte Weise – also mit einer klaren Vorstellung von möglichen Fehlerquellen – Bedingungen herzustellen, unter denen sich ein bestimmtes physikalisches Phänomen ereignet. Die Astrophysik stützt sich vielmehr zwangsläufig auf Himmelsbeobachtungen, um Hypothesen zu formulieren und diese anhand nachfolgender Beobachtungen zu bestätigen oder zu widerlegen. Auch wenn wir darüber gerne gelegentlich hinwegsehen oder es gar ignorieren, erschwert es die Umsetzung der wissenschaftlichen Methode, und zwar aus wenigstens zwei Gründen.

Erstens ist es schwierig, die Anzahl der zu untersuchenden Quellen und deren jeweilige Eigenschaften allein anhand von Beobachtungen vorherzusagen. Um einen Vergleich zu bemühen: Wenn ein Teilchenbeschleuniger wie der des CERN gebaut wird, herrscht eine sehr genaue Vorstellung davon, wie viele Ereignisse oder Kollisionen sich in einer bestimmten Zeitspanne herbeiführen lassen, sobald die Ausgangsbedingungen feststehen (zum Beispiel mit welcher Energie die Teilchen des einen Strahlenbündels auf die des anderen geschossen werden). So einfach ist es in der Astrophysik nicht. Sofern nicht Beobachtungen wohlbekannter Quellen wiederholt werden, herrscht beim Bau eines Teleskops im Allgemeinen große Unsicherheit darüber, wie viele der neu zu beobachtenden Objekte es überhaupt gibt. Als beispielsweise die Gravitationswellendetektoren des Gemeinschaftsprojekts LIGO in Betrieb gingen – auch die Gravitationswellenastronomie ist eine beobachtende Wissenschaft –, lag die Unsicherheit darüber, wie viele Ereignisse gemessen werden könnten, bei drei Größenordnungen. Mit anderen Worten, es war unklar, ob 400 oder nur 0,4 Fusionsereignisse beobachtet würden.

Zweitens wird in der Astrophysik der Erkenntnisfortschritt auch dadurch behindert, dass diese, da sie nun mal eine beobachtende Wissenschaft ist, bei der Erklärung ihrer Beobachtungen mit mehrdeutigen, sogenannten *entarteten Lösungen* zu kämpfen hat. Zur Erläuterung wieder ein Vergleich. Stellen Sie sich vor, Sie hätten eine alte Wanduhr vor sich, die Sie beliebig beobachten können. Was fiele Ihnen auf? Wahrscheinlich, dass sie zwei Zeiger, einen langen und einen kurzen, hat, von denen sich der kurze alle 12 Stunden um 360 Grad weiterdreht, während der lange für den gleichen Umlauf nur 60 Minuten braucht. Gut, dies sind Ihre «Beobachtungen». Nehmen Sie nun an, Sie müssten ein mathematisch vollständiges und physikalisch plausibles Modell für den inneren Mechanismus erstellen, der der Uhr ihre Funktion ermöglicht. Gut vorstellbar ist, dass Sie auf eine große Anzahl an mathematischen Modellen und Kombinationen von Mechanismen kommen würden, die perfekt erklären, warum der lange Zeiger alle 60 Minuten und der kurze alle 12 Stunden einen vollen Umlauf hinter sich bringt. Aber von den möglichen Erklärungen ist nur eine richtig, und vielleicht haben Sie sogar gerade diese gar nicht in Erwägung gezogen. Um dieser offenkundigen Schwierigkeit zu begegnen, müssten Sie Ihre ganze Vorstellungskraft und Ihren Scharfsinn aufbieten, um zu versuchen, mehr Informationen zu gewinnen. Sie könnten mit Mikrofonen die Geräusche des Mechanismus abhorchen, der für die Zeigerbewegung verantwortlich ist, und anhand dessen, was Sie registriert haben, einige Modelle aussondern, die den «akustischen Beobachtungen» widersprechen. Oder Sie könnten messen, welche Schwingungen die Uhr auf die Wand überträgt, und mit den Modellen arbeiten, die mit den Ergebnissen vereinbar sind.

Entsprechend werden auch in der Astrophysik Fortschritte erzielt. Tatsächlich stammen sämtliche verfügbaren Informationen ausschließlich aus Beobachtungen, die die Wissenschaftler dann mithilfe mathematischer Modelle – erstellt auf der Grundlage der Gesetze der Physik – zu erklären versuchen. Ihre einander ergänzenden Daten ergeben sich aus Beobachtungen in verschiedenen Bereichen des elektromagnetischen Spektrums oder aus verschiedenen Beobachtungskanälen, wie sie die *Multiwellenlängen-* oder *Multimessenger-Astronomie* (aus dem Englischen für *multi-wavelength astronomy* und *multi-messenger astronomy*) einsetzt. Und wie bei der Wanduhr kommt es vor, dass sich die scheinbar zutreffendsten und plausibelsten Erklärungsmodelle dabei als irrig erweisen, eben weil sich zwischen ihnen und den Beobachtungen Unstimmigkeiten ergeben. Schlussendlich können die Astrophysiker mit Kreativität anhand sämtlicher möglicher Beobachtungen – und deren jeweiligen Beziehungen zueinander – aus der Gesamtheit der Modelle diejenigen herausfiltern, die sich mit den Beobachtungen decken, oder Vorhersagen zu Beobachtungen treffen, welche die Richtigkeit des Modells bestätigen oder widerlegen können.

Aber zurück zum Ausgangspunkt. Wozu dieser Exkurs über die wissenschaftstheoretischen Grundlagen der Astrophysik? Um zu verdeutlichen, warum die Lösung mit dem Schwarzen Loch, obwohl die natürlichste und einfachste Erklärung für die beobachteten Erscheinungsformen astrophysikalischer Objekte wie Cyg X-1, keineswegs die einzige ist. Es gibt auch andere, bei denen kein Schwarzes Loch vorliegen muss. Die Merkmale dieser alternativen Lösungen liegen sogar auf der Hand. Sie betreffen zwangsläufig extrem kompakte Objekte, allerdings ohne Ereignishorizont und auch ohne physikalische Singularität.[9] Tatsächlich lassen sowohl die Allgemeine Relativitätstheorie als auch alternative Gravitationstheorien die Existenz einer ganzen Klasse kompakter astrophysikalischer Objekte mit diesen Eigenschaften zu: die *Quasi-Schwarzen-Löcher* (englisch: *quasi black-hole*, QBH, oder auch *black-hole mimickers*), die deshalb so benannt sind, weil sie mit Schwarzen Löchern so viele Eigenschaften gemein haben, dass sie von diesen kaum zu unterscheiden sind (zumindest bei dem, was eine entfernte Beobachterin messen kann).

Von den zahlreichen Typen von Objekten, die Schwarzen Löchern in vielerlei Hinsicht ähneln – alle hochinteressant –, gehen wir auf zwei Beispiele näher ein, um eine genauere Vorstellung zu vermitteln. Das erste dieser QBH ist der sogenannte *Gravastern* (nach dem englischen *GRAvitational VAcuum STAR*, *Gravastar*). Diese Lösung der einsteinschen Gleichungen ist sphärisch symmetrisch, also vollkommen mit dem vereinbar, was wir über die allgemeine Relativität wissen. Im Jahr 2000 von den Physikern Pawel Mazur und Emil Mottola vorgeschlagen,[10] geht sie von einem geschichteten Stern aus, dessen innerer Kern – der den Großteil ausmacht – aus Materie mit ziemlich ungewöhnlichen Eigenschaften besteht. Im Gegensatz zu allem, was wir gewohnt sind, steht er nämlich nicht unter einem positiven, sondern einem negativen Druck. Diesen Kern umgibt eine sehr dünne «Schale» aus Materie mit ebenso extremen Eigenschaften: in diesem Fall mit einem äußerst hohen positiven Druck.

Die Materie mit negativem Druck lässt sich als ein kleines Universum betrachten, das nach Ausdehnung strebt. Tatsächlich handelt es sich um eine de-Sitter-Raumzeit (benannt nach ihrem Entdecker, dem niederländischen Astronomen Willem de Sitter, 1872–1934): um eine Lösung der einsteinschen Gleichungen, von der wir glauben, dass mit ihr die beschleunigte Ausdehnung des Alls zusammenhängt, die in der Kosmologie gemessen wurde. Dagegen strebt das äußere Materiehäutchen mit ultrahohem Druck zum Kollaps, wirkt dieser Neigung des

Kerns folglich entgegen und schafft so ein stabiles Gleichgewicht. Ein Gravastern ist wie ein Luftballon, der innen einen negativen Druck hat, während ihn der Gegendruck seiner Gummihaut an der Expansion nach außen hindert.

Die wichtigste Besonderheit dieser Lösung ist: Sie lässt sich so konstruieren, dass sie eine Kompaktheit aufweist, die ziemlich dicht an der Grenze zur Entstehung eines Schwarzen Lochs (also bei einem Verhältnis M/R von fast 1/2), aber dennoch leicht darunter liegt. Insbesondere lassen sich – zumindest als mathematische Lösungen – Gravasterne konstruieren, deren Oberfläche nur ganz geringfügig größer ist als der Ereignishorizont eines Schwarzen Lochs mit gleicher Masse, also mit einem Radius, der um einen verschwindend geringen Wert über dem des Schwarzschildradius liegt. Gravasterne haben eine so starre Oberfläche wie Neutronensterne (daher die von «Gravitation» abgeleitete Bezeichnung), weisen im Inneren aber keinerlei Singularität auf und präsentieren sich so als eine vollkommen reguläre Lösung.

Das zweite Beispiel eines unechten Schwarzen Lochs ist inzwischen fast schon zu einem «Klassiker» avanciert: das *Wurmloch*, das nach dem englischen *wormhole* so benannt wurde. Wie beim Schwarzen Loch prägte diesen sprechenden Namen ebenfalls John Wheeler in einem Artikel, den er 1957 mit Charles Misner veröffentlichte.[11]

Wieder handelt es sich um eine vollkommen plausible Lösung der einsteinschen Gleichungen für ein extrem kompaktes Objekt im Vakuum, aber mit einer Kompaktheit, die leicht unter der eines Schwarzen Lochs liegt. Auf die Art ist es durch die lokale, von ihm hervorgerufene Krümmung der Raumzeit prinzipiell möglich, zwei extrem voneinander entfernte und asymptotisch flache Regionen der Raumzeit miteinander zu verbinden. Im Grunde kann die Wurmloch-Lösung als ein Tunnel im elastischen Gewebe der Raumzeit gelten, die uns eine «Abkürzung» zwischen zwei physisch weit auseinanderliegenden Regionen bietet. Stellen Sie sich einen Abschnitt einer flachen Raumzeit in zwei Dimensionen vor – unser liebes Bettlaken – und betrachten Sie zwei weit voneinander entfernte Punkte. Wenn Sie nun ein Ende des Bettlakens so über das andere legen, dass zwei parallel übereinanderliegende Schichten entstehen, haben sich diese Punkte deutlich einander angenähert. Man muss nur *durch* anstatt über das Bettlaken reisen, um von einem zum anderen zu gelangen. Stellen Sie sich jetzt eine ziemlich intensive Gravitationsquelle vor, die das Bettlaken so verzerrt, dass eine doppelte

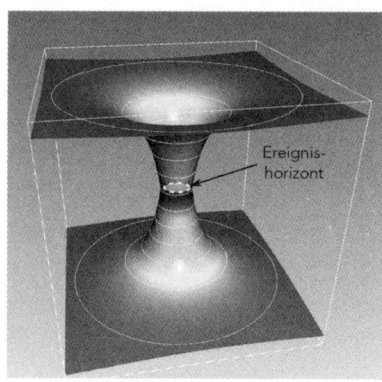

Abb. 6.3: Ein Wurmloch mit zwei identischen und symmetrischen «Schlünden».
Diese können zwei Regionen der Raumzeit verbinden, die über große
Entfernungen flach sind. Der engste Abschnitt des Schlunds ist etwas weiter
als der bei einem Schwarzschild'schen Schwarzen Loch gleicher Masse.

Einbuchtung entsteht, und die Sache ist erledigt. Sie haben zwischen
den beiden vormals weit auseinanderliegenden Punkten eine Abkürzung geschaffen. Wie schon vor längerer Zeit nachgewiesen wurde,
sind Wurmlöcher, zumindest in den einfachsten Modellen, dynamisch
instabil. Kaum geöffnet, würden sie sofort wieder zusammenfallen.
Gleichzeitig gibt es Modelle für Wurmlöcher, deren Röhre durch exotische Materie, also mit negativer Masse oder Energie, stabilisiert sein
könnte.

Das schematische Schaubild eines Wurmlochs in Abbildung 6.3 zeigt
den typischen «Schlund», den wir bei starker Krümmung gewohnt sind.
In diesem Fall gibt es allerdings zwei exakt symmetrische Schlünde, die
auf diese Weise zwei Regionen der Raumzeit miteinander verbinden
können, welche über große Entfernungen flach sind. Wichtig ist anzumerken, dass auch in diesem Fall der engste Abschnitt des Schlunds
tatsächlich etwas weiter wäre als der bei einem Schwarzschild'schen
Schwarzen Loch mit gleicher Masse (dargestellt mit gestrichelter weißer
Kreislinie).

Ein Gravastern und ein Wurmloch unterscheiden sich zumindest in
einem Aspekt ziemlich deutlich voneinander. Der Erstgenannte ist wie
ein Neutronenstern mit einer festen Oberfläche ausgestattet, während
einem Wurmloch eine feste Oberfläche fehlt und es – zumindest in den

einfachsten Modellen – sogar eine Lösung im Vakuum ist. Gleichzeitig haben ein Gravastern und ein Wurmloch aber auch mindestens zweierlei gemeinsam. Beide sind extrem kompakt mit einem Verhältnis M/R, das dicht bei dem eines Schwarzen Lochs, also $1/2$, aber doch etwas darunter liegt.

Ihre zweite Gemeinsamkeit betrifft ihre Entstehung. Von beiden haben wir nur eine vage, um nicht zu sagen, fast gar keine Vorstellung. Mit anderen Worten, obwohl die Lösungen der einsteinschen Gleichungen als Gravastern und als Wurmloch beide zulässig und vollkommen statthaft sind, liegen die astrophysikalischen Abläufe, die zur Entstehung von einem der beiden führen könnten – zumindest derzeit –, völlig im Nebel. Bei gleichermaßen kompakten Objekten wie Neutronensternen oder Schwarzen Löchern sieht dies ganz anders aus. Tatsächlich haben wir genaue Spuren der Entwicklung ausgemacht, dank derer wir, ausgehend von Sternen mit 10 bis 100 Sonnenmassen – anhand einer detaillierten nuklearastrophysikalischen Entwicklung –, rekonstruieren können, wie ein Supernova-Phänomen abläuft und wie dabei, je nach Masse des Muttersterns, ein Neutronenstern oder ein Schwarzes Loch entsteht. Selbst wenn wir alle verfügbaren Erkenntnisse aus der Nuklearastrophysik und zu den mikrophysikalischen Prozessen aufbieten, die im Zusammenhang mit Sternen ablaufen können, bleibt dagegen unklar, wie ein Gravastern oder ein Wurmloch entstehen könnte.

Die vielleicht schwerwiegendste Komplikation bei der Betrachtung eines derartigen astrophysikalischen Szenarios besteht darin, dass es in beiden Fällen die Gegenwart exotischer Materie erfordert. Deren materielle Eigenschaften – etwa negative Energie oder negativer Druck – stehen jedoch in offenem Gegensatz zu denjenigen, die wir von der Erde und aus dem für uns beobachtbaren Universum kennen.

Wenn wir nochmals die strenge Logik von Ockhams Rasiermesser walten lassen, müssen wir solche Lösungen als unrealistisch verwerfen. Übergehen wir aber für einen Augenblick die Schwierigkeiten und Extravaganzen, die mit den Entstehungsszenarien solcher Objekte einhergehen, bleibt jedenfalls klar, dass Lösungen dieses Typs zahlreiche der Eigenschaften hätten, die wir für die Kennzeichen eines Schwarzen Lochs halten. Und so hätten unsere beiden Astronauten Carolin und Dominik auf ihrer Reise zum Ereignishorizont eines supermassereichen Schwarzen Lochs denn auch größte Schwierigkeiten zu erkennen, ob es sich bei dem Objekt, an das sie heranfliegen, um ein Schwarzes Loch oder eher um einen Gravastern handelt. Denn immerhin zeigen beide ein ganz ähnliches Verhalten, rufen eine extrem starke gravitative Rotverschiebung hervor und absorbieren – zumindest scheinbar – jede Form von Licht.

Zu unserem Glück – aber auch zwangsläufig für eine physikalisch akzeptable Theorie – zeichnet sich die Allgemeine Relativitätstheorie durch die *Eindeutigkeit* ihrer Lösungen aus. Für die einsteinschen Gleichungen kann es keine zwei Lösungen geben, die verschieden sind, aber genau die gleichen Eigenschaften haben. Wenn auch sehr ähnlich, müssen sie jeweils irgendwelche Merkmale besitzen, die sie voneinander unterscheidbar machen. Aus diesem Grund – und um folglich eine beunruhigende Anzahl an ähnlichen Verhaltensweisen auszusondern – haben die Wissenschaftler im Verlauf der letzten Jahre nicht nur die Quasi-Schwarzen-Löcher eingehend untersucht, sondern vor allem deren Eigenschaften, die sie von den wahren und echten unterscheiden.

An dieser Forschung war auch ich beteiligt und konnte beispielsweise zeigen, dass ein Gravastern von einem Schwarzen Loch im Wesentlichen ununterscheidbar sein kann, solange er anhand elektromagnetischer Strahlung untersucht wird, dass aber bei den ausgesandten Gravitationswellen bedeutende Unterschiede zutage treten können. Auch wenn beide Objekte in ganz ähnlicher Größe auftreten, gibt es doch radikale Unterschiede beim Kern: Ein Gravastern steckt voller exotischer Materie, während das Schwarze Loch leer ist. Deswegen erzeugen beide Objekte bei Störungen völlig verschiedene Gravitationswellen (auf dieses Thema kommen wir in Kapitel 7 zurück, wenn wir ein weiteres exotisches Objekt betrachten).

Kehren wir zu unserer Wanduhr zurück. Wie wir sahen, lassen sich anhand dieses Beispiels verschiedene Modelle, die die innere Funktionsweise erklären sollen, ausschließen, weil sie mit den Beobachtungen unvereinbar sind. In gleicher Weise besteht die Aufgabe der modernen Astrophysik darin, Modelle zu erstellen, welche die Beobachtungen erklären können, und dabei sämtliche verfügbaren Informationen dazu zu nutzen, unstimmige oder alternative Erklärungen auszuschließen, die mit den Beobachtungen nicht mehr in Einklang zu bringen sind. Deswegen bemühen sich die Physiker und Astrophysiker seit einigen Jahren darum, die astronomischen Beobachtungen kompakter Objekte wie Schwarze Löcher mit einer gewissermaßen «agnostischen» Haltung zu bewerten, damit sie – und nicht unsere Vorurteile – uns sagen, ob sich hinter ihnen ein Schwarzes Loch, ein Gravastern, ein Wurmloch oder ein beliebiges anderes Quasi-Schwarzes-Loch verbirgt.

Zum Abschluss dieses Kapitels muss eines noch deutlich werden: Auch wenn die Möglichkeit, die astronomischen Erscheinungsformen von Objekten wie Cyg X-1 zu erklären, beeinträchtigt ist und alternative Lösungen den großen Vorteil bieten, dass sie – da ohne Ereignishorizont und Singularität im Zentrum – keines der Probleme aufwerfen, die von Schwarzen Löchern heraufbeschworen werden, bleibt die Lösung «Schwarzes Loch» unter dem Strich die einfachste und natürlichste Erklärung innerhalb der Allgemeinen Relativitätstheorie. Und Letztere hat sich bislang immer als richtig erwiesen.

Auch stellt die Entstehung eines Schwarzen Lochs eine natürliche Konsequenz aus dem Ablauf von Ereignissen dar, von denen wir wissen, dass sie das Leben einiger stellarer Objekte kennzeichnen – meiner Meinung nach ein gewaltiger Vorteil dieser Erklärung gegenüber jedem alternativen Szenario. Sie erfordert keine unwahrscheinlichen Annahmen und auch keine Materie mit radikal anderen Eigenschaften als den uns bislang bekannten. Selbst wenn die Lösung «Schwarzes Loch» als Vorstellung unbestreitbar schwer verdaulich ist – für die Alternativen gilt dies in vielerlei Hinsicht in noch weitaus höherem Maße.

7
Die erste Aufnahme eines Schwarzen Lochs

Wir haben ausgiebig die Eigenschaften Schwarzer Löcher und die geistigen Herausforderungen erörtert, die sich uns stellen, wenn wir uns mit diesen Objekten auseinandersetzen. Jetzt kann ich ein sehr bedeutendes wissenschaftliches Ergebnis präsentieren, das in jüngster Zeit errungen wurde. Als eines von dreizehn Mitgliedern des Exekutivkomitees des Gemeinschaftsprojekts Event Horizon Telescope, der EHT Collaboration (EHTC), hatte ich das Glück und das Privileg, an ihm mitzuwirken.

Tatsächlich geht es in diesem Kapitel um die Entstehung der ersten Aufnahme eines supermassereichen Schwarzen Lochs: die von M87*, das sich im Zentrum der elliptischen Galaxie befindet, die ihm seinen Namen gab (Messier 87, kurz M87).

Falls Sie nicht auf einem anderen Planeten oder in einer abgeschiedenen Höhle gelebt haben, kommt Ihnen die Aufnahme in Abbildung 7.1

Abb. 7.1: Radioaufnahme von M87* bei einer Wellenlänge von 1,3 mm.

wahrscheinlich bekannt vor. Als sie die EHTC am 10. April 2019 veröffentlicht hat, sollen sie laut Berechnungen binnen rund 24 Stunden
gut 4,5 Milliarden Menschen gesehen haben. Fast schon zur Ikone geworden, diente sie in sämtlichen sozialen Medien als unerschöpfliche
Quelle für Inspirationen und Kommentare und erreichte gleichsam über
Nacht eine satte Mehrheit der Weltbevölkerung. Dieser Rekord ist nicht
leicht zu brechen. Noch heute, nach über zwei Jahren, fragen sich So-
ziologen und Wissenschaftsphilosophen, wie das Foto eines leuchtenden Kringels ein so gewaltiges Medienecho auslösen und zu einem Symbol für unsere Zeit werden konnte, das so bedeutend ist, dass es einen
Platz im New Yorker Museum of Modern Art verdiente.

Einigen Lesern ist deswegen vielleicht sogar vieles dazu bekannt,
wie diese Aufnahme zustande kam und warum wir überzeugt sind, dass
in ihr ein supermassereiches Schwarzes Loch verewigt ist. Falls nicht,
keine Sorge: Die nachfolgenden Seiten vermitteln ein eingehendes Verständnis, was es mit dieser Aufnahme auf sich hat, wie sie erstellt wurde
und wie wir anhand von Beobachtung und Theorie den sicheren
Schluss ziehen können, dass es sich bei dem abgebildeten Objekt tatsächlich um ein Schwarzes Loch handelt.

Aber zunächst möchte ich einem Einwand begegnen, der kurz nach
Veröffentlichung der Aufnahme aufgekommen ist. Tatsächlich wurde
die Behauptung laut, die Aufnahme in Abbildung 7.1 sei gar kein echtes
«Foto», sondern nur eine Karte der Radiostrahlung von M87* – für mich
das Paradebeispiel für einen «Streit um des Kaisers Bart». Die Aufnahme
ist tatsächlich eine in ein Bild verwandelte Radiokarte. Aber im Grunde
entsteht ja *jedes* Foto durch eine kartografische Operation. Dies gilt sowohl für die längst verschwundenen Fotoplatten von anno dazumal,
auf denen die Körnchen einer Silbersalzsuspension einer unterschiedlich starken Belichtung ausgesetzt wurden, als auch für die Selfies, die
wir heute mit unserem Smartphone schießen. In ihnen wird die Intensität des elektrischen Feldes, das ein Sensor hinter der Linse erfasst, in
die Aufnahme umgewandelt, die uns in Pose mit dem Kolosseum dahinter zeigt. Und dies gilt sogar für das, was Sie beim Lesen in diesem
Moment vor Augen haben. Das Bild, das Sie von der Welt wahrnehmen,
ist nur eine Kartierung der Energieverteilung der Photonen, die auf die
lichtempfindlichen Zellen auf Ihrer Netzhaut auftreffen, und die entstehende Karte wird über ein dichtes Netz aus Nervenzellen ins Gehirn
weitergeleitet und von diesem dann interpretiert.

Damit ist wohl klar: Es gibt kein «reines» Foto, weil alles, was wir sehen, letztlich das Ergebnis einer Kartierung von aufgefangenen Signalen ist, die zu einem Bild verarbeitet werden. Und auch wenn unstrittig ist, dass wir mit unseren Augen keine Radiowellen sehen können, kann diese Strahlung durchaus zur Erstellung eines Fotos dienen. Wir würden ja auch nicht behaupten, dass die sonografischen Aufnahmen, die viele von ihren ungeborenen Kindern in der Gebärmutter noch aufbewahren, nur deshalb keine «Fotos» seien, weil wir mit unseren Augen keine Ultraschallwellen sehen. Das macht hoffentlich deutlich, dass es sich hier um einen Streit um Benennungen handelt und dass Aufnahmen, die im sichtbaren oder unsichtbaren Bereich des Lichts erstellt wurden, vom Prinzip her dasselbe sind.

Fazit: Die in Abbildung 7.1 gezeigte Aufnahme ist so, wie die EHTC sie erstellt hat, tatsächlich in jeder Hinsicht das erste jemals aufgenommene Foto eines supermassereichen Schwarzen Lochs. Dass es anhand einer Messung von Radiowellen in einem Frequenzbereich erstellt wurde, für den unsere Augen unempfindlich sind, ändert daran nichts.

Warum nicht schon früher?

Um Zweifel auszuräumen, gehe ich zunächst auf eine weitere naheliegende Frage ein, die häufig gestellt wird: «Kann man denn einen Ereignishorizont fotografieren, wenn er per Definition gar kein Licht ausstrahlt?» Klare und einfache Antwort: Natürlich nicht! Ein Objekt zu fotografieren heißt, die von ihm ausgesandten Photonen aufzufangen, und da der Ereignishorizont eines Schwarzen Lochs kein Photon «entkommen lässt», gelangt auch keines bis zu einer äußeren Beobachterin. Was sich dagegen fotografieren lässt, ist das, was sich *in der Nähe* eines Ereignishorizonts und *um diesen herum* abspielt, wenn er beispielsweise von einem Plasma umhüllt ist, das auf ihn herabstürzt und dabei Strahlung erzeugt.[1] Und genau dafür interessieren sich Astrophysiker, und ebendieses Umfeld haben wir mit der EHTC denn auch aufgenommen.

Wenn man das Umfeld eines Schwarzen Lochs fotografiert, beweist das von sich aus freilich noch nicht, dass sich in ihm tatsächlich ein solches Objekt befindet. Aber wenn sich das Aufgenommene mit den theoretischen Vorhersagen deckt, die anhand der Bewegung von Plasma in der Nähe des Ereignishorizonts getroffen wurden, lässt sich mit hinreichender Sicherheit darauf schließen, dass sich dort tatsächlich ein Schwarzes Loch verbirgt. Im Grunde ist diese Aufnahme ein Foto von dem, was wir sehen würden, wenn wir an ein solches Objekt ausreichend nahe heronkämen.

Dies wirft eine weitere Frage auf: «Wenn wir zwar keinen Ereignishorizont, dafür aber dessen Umfeld fotografieren können, warum haben wir eine solche Aufnahme dann nicht schon früher erstellt?» Die Antwort können wir an diesem Punkt unserer Reise aus dem ziehen, was wir zu den Eigenschaften Schwarzer Löcher erfahren haben. Wie wir sahen, sind sie die kompaktesten Objekte im Universum. Wenn wir unsere Sonne in ein Schwarzes Loch verwandeln wollten, müssten wir sie auf einen Radius von höchstens 3 Kilometern zusammenpressen. Und man kann sich leicht die Schwierigkeit vorstellen, einen solchen Himmelskörper mit so einem winzigen Radius in einer astronomischen Entfernung, also außerhalb unseres Sonnensystems, aufzuspüren.

Diese Schwierigkeit hängt zum Teil damit zusammen, dass vom unmittelbaren Umfeld eines Schwarzen Lochs wenig Licht ausgeht. In der Praxis stellt sich allerdings das größere Problem, eine entsprechende *räumliche Auflösung* zu erreichen, also ein Instrument, zum Beispiel ein Teleskop oder eine Reihe zusammengeschalteter Teleskope zu konstruieren, die ein so winziges Objekt erfassen können. Um nur eine Zahl anzugeben: Ein stellares Schwarzes Loch ganz in unserer Nähe, zum Beispiel in einer Entfernung von einer Million *Astronomischer Einheiten* (AE) – also einer Million Mal die Strecke zwischen Erde und Sonne – hätte eine Winkelausdehnung von 10^{-10} Bogensekunden oder 0,0001 Mikrobogensekunden (die rund 3×10^{-14} Grad entsprechen). Schlicht kein Teleskop – oder keine Reihe von Teleskopen – erreicht eine räumliche Auflösung dieser Größenordnung, nicht einmal mit neuester Technologie. Wie wir auf den Seiten weiter hinten sehen, bekommen wir bestenfalls eine im Bereich von zig Mikrobogensekunden. Wenn wir also ein Schwarzes Loch fotografieren wollen, scheiden stellare Schwarze Löcher eindeutig aus. Sie sind zu klein, um aus astronomischen Entfernungen beobachtet werden zu können. Bleiben folglich supermassereiche Schwarze Löcher. Und je massereicher diese sind, desto besser, weil sie bei gleicher Entfernung größer erscheinen. *Bei gleicher Entfernung wohlgemerkt.* Zu berücksichtigen ist folglich auch, dass sie mit zunehmender Entfernung auch bei einer gewaltigen

Masse eine immer geringere Winkelausdehnung aufweisen. Daher lautet das «Rezept» für die Suche nach optimalen Kandidaten zum Fotografieren: Sie müssen gewaltig massereich, aber auch ausreichend nahe sein!

Hat man diese beiden «Auswahlfilter» erst einmal auf die Hunderttausenden von supermassenreichen Schwarzen Löchern angelegt, die wir im Universum zu kennen meinen, bleiben ganze zwei interessante Kandidaten übrig, bei denen eine Fläche von 10 Schwarzschildradien einer Winkelausdehnung von rund 10 Mikrobogensekunden entspricht. Und um sie in einer Aufnahme zu verewigen, ist auf jeden Fall eine gewaltige räumliche Auflösung erforderlich. Um davon eine Vorstellung zu geben: Das ist so, als wollte man ein Objekt in der Größe eines Samenkorns aus einer Entfernung wie der zwischen Rom und New York erkennen.

Unsere beiden auserwählten Kandidaten sind: Sagittarius A* (kurz Sgr A*), also das Schwarze Loch im Zentrum unserer Galaxis, sowie M87*. Das erste ist, wie zu erahnen, deswegen interessant, weil es das uns am nächsten liegende ist, also durch Nähe das ausgleicht, was ihm an Masse fehlt (bei ihm sind es «nur» wenige Millionen Sonnenmassen). Dagegen ist das zweitgenannte Schwarze Loch (verglichen mit Sgr A* tausend Mal) weiter entfernt, bringt dafür aber eine bedeutend größere Masse auf die Waage. Mit dem Tausendfachen seines «Rivalen» gehört es generell zu den massereichsten, die wir kennen.

Gut: Da wir nun unsere beiden idealen Kandidaten gekürt haben, müssen wir uns nur noch auf die Jagd nach ihnen begeben …

Ein Teleskop, so groß wie die Erde

Um zu verstehen, wie die Aufnahme von Abbildung 7.1 zustande kam, müssen wir zunächst die fachlichen und technologischen Aspekte der Beobachtungen erörtern. Deswegen – und um deutlich zu machen, wie grundlegend die Mathematik für jedes physikalische Verständnis ist – führe ich eine begriffliche Gleichung ein. Sie ist von allgemeiner Tragweite und dürfte einigermaßen rasch einleuchten:

$$\left(\begin{array}{c} \text{Winkelauflösung der} \\ \text{astronomischen Aufnahme} \end{array}\right) = \left(\frac{\text{Wellenlänge der Beobachtungen}}{\text{Größe des Teleskops}}\right) \quad (7.1)$$

Im Kern sagt uns diese Gleichung: Wenn wir eine sehr hohe räumliche Auflösung erreichen wollen, mit der wir winzige Details erkennen und Objekte von äußerst geringer Winkelausdehnung am Himmel erforschen können, müssen wir darauf achten, dass das Verhältnis zwischen der Wellenlänge, in der wir unsere Beobachtungen durchführen, und der Größe des Teleskops möglichst gering ist.

An diesem Punkt könnte man meinen, dass sich dieses Verhältnis am einfachsten verringern ließe, wenn wir ein akkretierendes supermassereiches Schwarzes Loch, also eines, das Materie von außen einsammelt, in den kürzesten Wellenlängen, also im Röntgen- oder sogar im Gammabereich, ins Visier nähmen. Leider ist uns dieser Weg versperrt. Von einem solchen Objekt gelangt nämlich gar keine Röntgen- oder Gammastrahlung bis zu uns. Absurd erscheinen mag das nur dann, wenn man außer Acht lässt, dass nicht jede *emittierte* Strahlung für Teleskope auch *messbar* ist.

Denn ein akkretierendes Schwarzes Loch sendet zwar elektromagnetische Strahlung in einem sehr breiten Spektrum aus und sogar – wie wir bei Cyg X-1 sahen – *vor allem* im Röntgen- und Gammabereich, hauptsächlich in der Nähe des Ereignishorizonts, also in den Bereichen, die für eine eventuelle Beobachtung besonders interessant sind. Aber diese (wie auch die optische) Strahlung gelangt nicht bis zu uns, weil sie auf dem Weg entweder schon von dem extrem heißen und energiereichen Akkretionsmaterial in der Nähe des Schwarzen Lochs oder einfach durch interstellaren Staub absorbiert oder gestreut wird. Verdeutlichen wir die beiden Effekte von Absorption und Streuung wieder mit einem Vergleich: Stellen Sie sich einen Tag mit einem wolkenverhangenen Himmel vor. Bei einer eher leichten Bewölkung sehen Sie immer noch den Umriss der Sonne, der sich als hellere Silhouette vom übrigen Himmel abhebt. Aber bei einer sehr dichten Bewölkung bleibt unser Zentralgestirn unsichtbar. Denn die von der Sonne emittierte Strahlung wird von den Wolken absorbiert. Aber einiges Licht erreicht uns dennoch (ein bewölkter Tag ist ja nicht finster wie die Nacht), weil einige von der Sonne ausgestrahlten Photonen die Wolkendecke durchdringen, dabei aber mehrfach gestreut werden, sodass die typische schattenlose Helligkeit eines trüben Tages entsteht.

Wenn wir also einen möglichst geringen Wert für den rechten Term in Gleichung (7.1) erhalten wollen, um eine besonders hohe Auflösung zu bekommen, müssen wir auf die kürzeste Wellenlänge setzen, die uns auf der Erde zur Verfügung steht. Und dabei ergibt sich nach dem Ausschlussprinzip, dass im elektromagnetischen Spektrum der Radiobereich am besten geeignet ist, um ein Himmelsobjekt mit einer Winkelgröße von nur rund zehn Mikrobogensekunden zu beobachten. Dabei liegt die optimale Wellenlänge bei 1,3 Millimetern oder entsprechend 230 GHz. Diese ist eine Million Mal größer als die von Röntgenstrahlung (die bei einem Nanometer liegt), hat aber einen entscheidenden Vorteil: Weil das Plasma um ein Schwarzes Loch für solche Strahlen fast transparent ist, kommt sie ohne absorbiert oder gestreut zu werden bei uns auch an.

Haben wir dieses Problem gelöst, wartet ein noch hartnäckigeres auf uns: ein Radioteleskop in einer Größe aufzutreiben, dank derer es eine Auflösung von einigen Dutzend Mikrobogensekunden erreicht. Zum Glück ist der Bau von Radioteleskopen auch in beachtlicher Größe möglich. Sie bestehen hauptsächlich aus Stahlkonstruktionen, die unseren Satellitenschüsseln ähneln. Während die meisten bislang errichteten einen Durchmesser zwischen 20 und 50 Metern haben, stechen zwei – das des Arecibo-Observatorium in Puerto Rico und das FAST in China – mit einem von 500 Metern heraus. Leider verfehlt selbst ein so großes Radioteleskop die von uns benötigte Auflösung, und zwar um mindestens fünf Größenordnungen! Wenn wir ausrechnen, wie groß ein Radioteleskop sein müsste, damit es bei Beobachtungen in einer Wellenlänge von rund einem Millimeter eine Auflösung von ungefähr zehn Mikrobogensekunden erreicht, kommen wir auf einen Durchmesser von 10 000 Kilometern. Kurzum, wir bräuchten ein Teleskop so groß wie die Erde!

Dieses scheinbar unüberwindbare Hindernis lässt sich zum Glück dank einer radioastronomischen Technik ausräumen, die ursprünglich in den Achtzigerjahren entwickelt wurde und inzwischen weit verbreitet ist: die *Very Long Baseline Interferometry* (VLBI), die wir mit *Langbasisinterferometrie* übersetzen können. Ohne in die – mitunter ziemlich vertrackten – Einzelheiten zu gehen, sei nur darauf hingewiesen, dass sich die Technik der Interferometrie die Eigenschaften der

Linearität der Wellenphänomene zunutze macht (seien es elektromagnetische, die des Schalls oder seismische). In entsprechend konstruierten Geräten überlagern sich verschiedene Wellen so, dass eine *Interferenz* entsteht. Eine solche ist *konstruktiv*, wenn sich die Amplitude der Wellen summiert, oder *destruktiv*, wenn das Gegenteil eintritt. Dabei zielt die VLBI darauf ab, eine konstruktive Interferenz zwischen dem empfangenen Signal zweier Radioteleskope zu erzeugen, die Tausende von Kilometern voneinander entfernt stehen wie das auf dem Pico Veleta in Spanien und das ALMA in Chile, sodass ein deutlich stärkeres Signal entsteht. Auf die Art erhalten wir gewissermaßen ein virtuelles Radioteleskop mit einem Durchmesser entsprechend der Entfernung zweier realer Instrumente. Die Größe des Radioteleskops in Gleichung (7.1) lässt sich folglich um einen Faktor 1000 oder sogar 10 000 steigern.

Die VLBI ist eine wirklich erstaunliche Technik, die schon *verdächtig* vorteilhaft erscheint. Fast fragt man sich: «Und wo ist der Pferdefuß?» Auch wenn es eigentlich keinen gibt, ist immerhin einzuräumen, dass man sich mit ihr Beschränkungen einhandelt, die keineswegs zu vernachlässigen sind. Erstens muss sichergestellt werden, dass die beiden Radioteleskope wirklich das gleiche Objekt *zum selben Zeitpunkt* im Visier haben. Der Grund liegt auf der Hand: Ohne ihre perfekte Abstimmung aufeinander gäbe es keine Sicherheit, dass beide exakt dieselbe Wellenfront messen, und damit auch kein taugliches Ergebnis und kein aufgenommenes Bild. Es sei daran erinnert, dass die aufgefangene Strahlung aus Quellen in astronomischer Entfernung zu uns stammt und in riesigen und hauptsächlich parallelen Wellenfronten bei uns eintrifft. Aber wie können wir sicher sein, dass wir die gleiche Wellenfront messen? Dazu müssen wir nicht nur das elektrische Feld, das der Radioempfänger misst, sondern auch den genauen Zeitpunkt erfassen, zu dem das Signal eintrifft. Dazu müssen beide Teleskope mit einer Atomuhr ausgestattet sein, damit sie das gemessene Signal auch zeitlich hochpräzise markieren können.

Als zweite Beschränkung kann das Bild nicht in Echtzeit, sondern erst dann aufgenommen werden, wenn das Signal und die jeweilige zeitliche Information der beiden Teleskope *korreliert* worden sind. Dazu muss jede Beobachtung – eine gewaltige Datenmenge, die leicht eine Hundertschaft Terabyte besetzt – aufgezeichnet und in ein spezielles Rechenzentrum geschickt werden, das sie zusammenbringt und eine Interferometrie zwischen den beiden Teleskopen erstellt. Und um alles noch komplizierter zu machen, können die Daten in den seltensten Fällen über das Internet übermittelt werden, weil die Radioteleskope häufig an abgeschiedenen und schwer erreichbaren Standorten stehen, die gerade deswegen optimale Sichtverhältnisse bieten: so insbesondere in extrem trockenen Gebieten, weil Wasserdampf die Qualität von Radiobeobachtungen mehr als alles andere beeinträchtigt und die Luftfeuchtigkeit folglich bei niedrigsten Prozentsätzen liegen muss. Deshalb müssen die Daten auf physischen Trägern abgespeichert und diese – in der Regel mit einem Studenten als Kurier – zur Zusammenführung ins Zentrum versandt werden.

All dies gibt eine erste Vorstellung von den komplizierten technischen Abläufen, um VLBI-Daten zu sammeln und zu verarbeiten, und erklärt zumindest teilweise, warum sich die Nutzung einer solchen Methode so schwierig gestaltet. Zudem hat die EHTC in mindestens zweierlei Hinsicht die Latte für die technologische Umsetzung noch höher gelegt. Erstens mit Blick auf die Anzahl der eingesetzten Teleskope. Tatsächlich lässt sich das oben erläuterte Funktionsprinzip mit zwei Teleskopen auf ein ganzes Netz von Anlagen ausweiten, in dem jedes einzelne mit jedem anderen verbunden ist. Das hat zwei bedeutende Vorteile: Es erhöht die Bildqualität und erweitert die Zeiträume für mögliche Beobachtungen.

Sind nur zwei Radioteleskope im Einsatz, ergibt sich daraus eine sehr fragmentierte interferometrische Darstellung des Bildes. Deren Qualität verbessert sich desto stärker, je mehr interferometrisch verbundene Teleskope eingesetzt werden. Mit dieser Methode lässt sich die Quelle auch länger «verfolgen». Wenn sie hinter dem Horizont einiger Teleskope verschwindet (zum Beispiel die in den östlichen Zonen des Planeten) haben sie die anderen (in dem Fall die westlichen) immer noch im Visier. Um ein Beispiel zu geben: Entsprechend der Erdrotation registriert das Radioteleskop auf dem Pico Veleta in Spanien die Quelle als erstes, während JCMT auf Hawaii sie als letztes erfasst. Indem die EHTC nun sogar acht über den Globus verteilte Radioteleskope nutzte, erreichte sie eine so große operative Kontinuität, dass sie Beobachtungen in einem Zeitfenster von acht bis zehn Stunden pro Tag durchführen konnte – eine Steigerung gegenüber dem Ergebnis mit nur zwei Instrumenten um den Faktor vier oder fünf. Die Verlängerung der Beobachtungszeit hat am Ende die Bildqualität der Aufnahme verbessert.

Dabei ist der zeitgleiche Betrieb von acht Radioteleskopen, die über entlegene Gebiete auf verschiedenen Kontinenten verstreut sind, alles andere als eine triviale Operation – schon deshalb, weil das EHT-Projekt diese Instrumente nicht selbst besitzt. Um sich den gewünschten Zeitraum für Beobachtungen zu sichern, musste die EHTC in einer Art Wettbewerb, der allen aus der Wissenschaftsgemeinde offensteht, zunächst ihre Forschungsvorhaben einreichen. Nachdem sie ein Zeitfenster für alle Radioteleskope erhalten hatte, schickte sie im April 2017 Personal, das die Beobachtungen durchführen konnte und mit den günstigsten

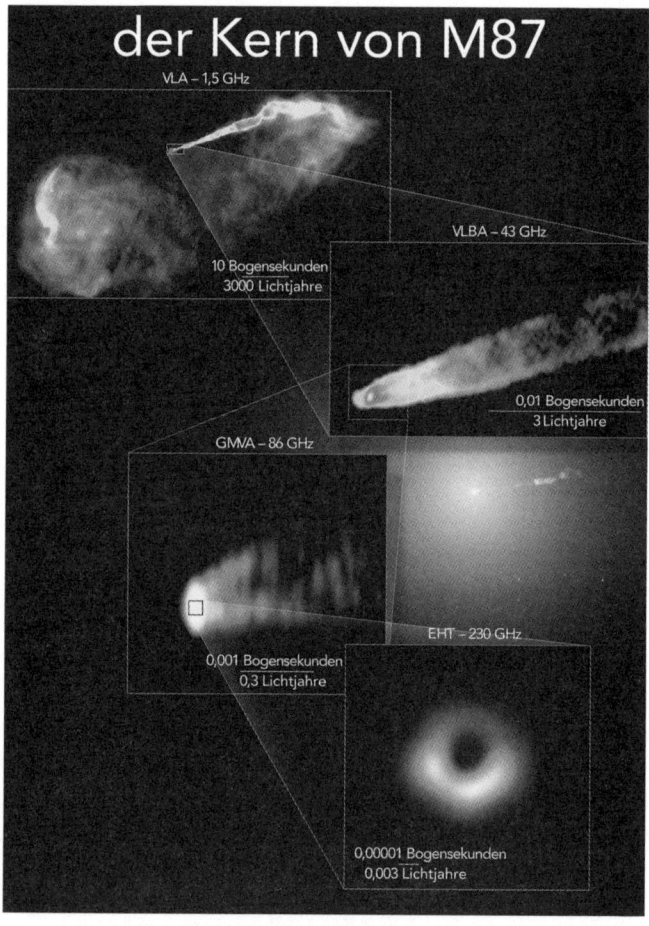

Abb. 7.2: Zusammenstellung von Aufnahmen von M87 bei verschiedenen Radiofrequenzen und folglich mit unterschiedlichen Winkelauflösungen.

Wetterbedingungen vertraut war, an die verschiedenen Standorte ... Selbst wenn die Radioteleskope bei Tag wie bei Nacht betrieben werden können, braucht es aus den genannten Gründen möglichst gutes Wetter. So paradox es erscheinen mag: Diese Instrumente können elektromagnetische Wellen aus einer Entfernung von 65 Millionen Lichtjahren empfangen, aber schon eine wenige Kilometer über ihnen liegende Wolke verschluckt diese Strahlung, bevor sie gemessen werden kann.

Beim Einsatz der VLBI-Technik hat die EHTC noch in einer zweiten Hinsicht einen Schritt nach vorn getan: mit Radioteleskopen, die Beobachtungen bei der höchsten Frequenz durchführen können, die mit heutiger Technik möglich ist, nämlich bei 230 GHz. Dies garantierte die höchste Auflösung nach Gleichung (7.1), eine von rund 25 Mikrobogensekunden. Die verblüffend starke «Zoom-Fähigkeit» mit so hohen Auflösungen, dass die zentralen Regionen von M87 erkundet werden können, veranschaulicht Abbildung 7.2. Sie zeigt eine Zusammensetzung aus Bildern, die bei verschiedenen Radiofrequenzen aufgenommen wurden – mit einer Angabe der jeweiligen Frequenz, Winkelauflösung und Längenskala.

Wie zu erkennen, entstand mithilfe der Radioteleskope der VLA-Anlage (in New Mexico) bei einer Frequenz von 1,5 GHz eine Aufnahme mit einer Winkelauflösung von 10 Bogensekunden, die einer Skala von dreitausend Lichtjahren entsprechen. Auffallend sind hier zwei Jets: ein gut sichtbarer zeigt nach rechts, während vom anderen, nach links gerichteten, nur das Ende des Verlaufs da zu erkennen ist, wo er auf interstellares Medium (Staub und ionisiertes Gas zwischen Sternen) trifft. Bei einer höheren Beobachtungsfrequenz von 43 GHz erreichen die Radioteleskope des US-amerikanischen Interferometers Very Long Baseline Array (VLBA) eine tausendfach höhere Auflösung: 0,01 Bogensekunden. Dadurch wird das Innere des Jets deutlicher sichtbar, mit einer linearen Skala von drei Lichtjahren. Die GMVA-Teleskope erreichen eine doppelt so hohe Frequenz gegenüber der zuvor genannten, also 86 GHz, sodass sich die Auflösung um den Faktor 100 bis auf 0,0001 Bogensekunden steigern lässt, mit einer Skala von einem Drittel Lichtjahr. Und schließlich ermöglichten die gewaltigen technologischen Anstrengungen der EHTC Beobachtungen bei 230 GHz, bei denen eine Auflösung von rund zehn Mikrobogensekunden, also auf einer Skala von nur 3 Lichtstunden erreicht wird. Im Hintergrund der Abbildung sehen Sie ein Bild von M87, aufgenommen im optischen Bereich. Die Riesengalaxie erscheint als ein Objekt mit diffuser Helligkeit und einem leuchtenden Kern, mit dem Jet rechts (der linke wird bei dieser Wellenlänge fast ganz absorbiert).

Klar geworden sein dürfte, warum die von der EHTC erstellte Aufnahme die erste ihrer Art ist: Um sie zustande zu bringen und zu interpretieren, brauchte es die Zusammenarbeit zahlreicher Wissenschaftler – und damit auch gewaltiger Ressourcen zu ihrer Finanzierung. Hier hebe ich mit einigem Stolz den bedeutenden, wenn nicht entscheidenden Beitrag der Europäischen Union hervor. Tatsächlich hat der Europäische Forschungsrat (englisch: *European Research Council*, ERC) 2013 mir und meinen Kollegen Heino Falcke von der Universität Nijmegen in den Niederlanden sowie Michael Kramer vom Max-Planck-Institut in Bonn beachtliche Mittel zuerkannt, dank derer die 2009 gegründete EHTC richtig «an den Start gehen» konnte. Die 14 Millionen Euro aus dem ERC Synergy Grant für unser Projekt mit dem vielsagenden Namen BlackHoleCam[2] (größtenteils finanziert von der Europäischen Union im Bereich Astronomie) machten es möglich, ein Spitzenteam an Forschenden zusammenzustellen, und wirkten zudem als Katalysator, um bei US-Kollegen weitere Mittel einzusammeln. Nachdem eine «kritische Masse» an beteiligten Wissenschaftlern erreicht war, konnte damit die Idee, eine Aufnahme eines supermassereichen Schwarzen Lochs zu erstellen, in die Tat umgesetzt werden.

Bei allen menschlichen Aktivitäten, selbst dann, wenn wir nichts dem Zufall überlassen wollen, spielt Glück oft eine entscheidende Rolle – ein Gedanke, der mich immer wieder fasziniert. Die EHTC hat bei der Aufnahme eines supermassereichen Schwarzen Lochs eine Auflösung erreicht, wie es sie in der Astronomie bis dahin noch nie gegeben hat, und selbst dieses Ergebnis war gerade einmal gut genug, um M87* zu verewigen, das eine Winkelgröße von einigen Dutzend Mikrobogensekunden hat. Aber das wissen wir erst jetzt, weil wir endlich über eine Schätzung der Masse von M87* verfügen. Vor 2017 war diese nur mit einer breiten Unsicherheitsmarge bekannt, weswegen unsere Beobachtungen in gewisser Hinsicht ein Wagnis darstellten. Wäre die Masse dieses Schwarzen Lochs tatsächlich auch nur um den Faktor zwei geringer gewesen, hätten wir es mit einer zu geringen Winkelausdehnung zu tun gehabt, um auf einer Aufnahme irgendwelche Einzelheiten zu erkennen. Kurzum, einmal mehr gilt: *audaces fortuna iuvat*, den Mutigen hilft das Glück. Und wir von der EHTC hatten ebenso viel Glück wie Mut.

Alles eine Frage der Bahnen

Jetzt, mit einer genaueren Vorstellung von der Technologie, mit der sich Beobachtungen mit VLBI-Technik durchführen lassen, können wir uns schließlich damit befassen, was mit dem Licht in der Nähe eines Schwarzen Lochs geschieht. Seine möglichen Bahnen zu kennen, ist aller Wahrscheinlichkeit nach der wichtigste Aspekt, wenn wir verstehen wollen, warum die Aufnahme von M87* zwangsläufig so aussehen muss, wie Abbildung 7.1 sie zeigt.

Wie in Kapitel 3 erörtert, kann sich im Inneren einer gekrümmten Raumzeit nichts auf gerader Bahn bewegen, nicht einmal Photonen, sodass Gravitationslinseneffekte entstehen können. Da nun die Raumzeit im Umfeld Schwarzer Löcher eine maximale Krümmung erreicht, ist natürlich davon auszugehen, dass sich Photonen in solchen Regionen auf stark gekrümmten Bahnen bewegen. Und genau so ist es! Entsprechend zeigt Abbildung 7.3 die Bahnen einiger Photonen in der Nähe eines nichtrotierenden, also eines Schwarzschild'schen Schwarzen Lochs. Wie ich mir vorstellen kann, wirkt diese Grafik auf den ersten Blick einschüchternd oder verwirrend, aber ich kann Ihnen garantieren, dass

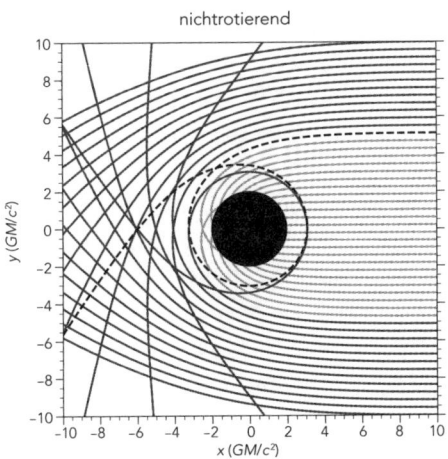

Abb. 7.3: Umlaufbahnen von Photonen von rechts nach links entlang der Äquatorialebene eines nichtrotierenden Schwarzen Lochs.

es uns gemeinsam mit der gebotenen Geduld gelingt, die gewaltige Fülle der enthaltenen Informationen herauszulesen.

Der dunkle Kreis in der Mitte des Schaubilds zeigt, von oben gesehen, den Ereignishorizont eines Schwarzen Lochs, sodass die Linien die Bahnen der Photonen auf einer Äquatorialebene darstellen. Und alle Bahnen entsprechen Lichtstrahlen, die in der Abbildung von rechts aus, also bei $x = 10 \ (GM/c^2)$, ausgesandt werden und die sich so jeweils vom Ursprung aus von rechts nach links weiterverfolgen lassen, zum Beispiel die oberste, die bei $x = 10 \ (GM/c^2)$ und $y = 10 \ (GM/c^2)$ startet.

Wie gut zu erkennen, werden einige Bahnen (die dunkleren durchgezogenen Linien) zwar abgelenkt, landen aber nicht im Schwarzen Loch, während andere (die helleren durchgezogenen Linien) in es hineinstreben. Wie auf Anhieb zu sehen, werden die vom Schwarzen Loch weiter entfernten Bahnen nur leicht gebeugt, aber diese Ablenkung wird mit zunehmender Annäherung (oder, genauer, mit abnehmendem *Stoßparameter*[3]) immer größer, bis sie 90 Grad überschreitet. Interessanterweise treffen einige der Bahnen, die im Schwarzen Loch enden, auf «direkter» Linie in den nichtrotierenden Ereignishorizont, ohne dass sie zuvor eine nennenswerte Ablenkung erfahren, während andere, an ihm vorbeilaufende, von ihm gewissermaßen eingefangen werden. Eine schwarze gestrichelte Linie ist schließlich ein Beispiel für die seltsamen Bahnen, die sich in der Nähe eines Schwarzen Lochs entwickeln können. In dem Fall startet das Photon bei $x = 10 \ (GM/c^2)$ und $y \simeq 5{,}2 \ (GM/c^2)$, nähert sich dem Schwarzen Loch an, umrundet es vollständig, strebt wieder von ihm weg und verschwindet bei $x = -10 \ (GM/c^2)$ und $y \simeq -5{,}5 \ (GM/c^2)$ aus dem Schaubild. Dieses Verhalten ist mehr als «merkwürdig», aber wie wir in Kürze sehen, gibt es noch seltsamere Bahnen.

Angesichts all dessen kann man sich vorstellen, dass es zwischen den dunkel markierten Bahnen der abgelenkten, aber nicht absorbierten Photonen und den hellen, die abgelenkt werden und im Schwarzen Loch landen, eine Grenze gibt. Abgebildet wird diese tatsächlich von der *instabilen Kreisbahn* der Photonen oder dem *Lichtring* (englisch: *light ring*), der bei einem Schwarzschild'schen Schwarzen Loch einen genau festgelegten Radius hat: $r_{po} = 3 \ (GM/c^2)$.[4] Wie uns Abbildung 7.3 zeigt, muss es folglich einen besonderen Radius um ein nichtrotierendes Schwarzes Loch geben, bei dem ein exakt auf ihm emittiertes Photon idealerweise für immer auf der entsprechenden Umlaufbahn bleiben könnte. Aber wie angedeutet, wäre diese Umlaufbahn in Wahrheit *instabil*, und auf ihr zu kreisen, wäre ungefähr so, als wandelte man auf dem Grat eines Berges mit besonders abschüssigen Hängen. Schon bei der kleinsten Störung würde das Photon sie verlassen und ins Schwarze Loch stürzen oder sich in Richtung Unendlichkeit davonmachen.

Um eine konkrete Vorstellung zu geben, was mit Photonen in der Nähe eines Schwarzen Lochs passiert, vergleiche ich das Geschehen gewöhnlich mit einem Bogenschuss. Stellen Sie sich eine Zielscheibe vor, die ganz besondere Eigenschaften hat: Sie wird nicht nur von allen Pfeilen getroffen, die entlang der richtigen Flugbahn abgeschossen wurden, sondern auch von solchen, die sich ihr bis auf einen bestimmten Radius angenähert haben, und sie zwingt sie sogar, sie vor dem Treffer mehrfach zu umkreisen. Ich gebe zu, so eine Zielscheibe habe ich mir schon oft gewünscht – da wäre ich als Bogenschütze deutlich erfolgreicher gewesen … Eben dies geschieht mit sämtlichen Photonen innerhalb des Lichtrings. Sie müssen den Ereignishorizont nicht direkt treffen, denn früher oder später durchqueren sie ihn sowieso und verschwinden im Schwarzen Loch. Wie wir in Kürze sehen, spielt die Grenzbahn, die den Lichtring streift, eine entscheidende Rolle bei der Beobachtung Schwarzer Löcher aus großer Entfernung.

Was Abbildung 7.3 über das Verhalten von Lichtstrahlen zeigt, lässt sich auch auf rotierende oder Kerr'sche Schwarze Löcher ausweiten, die im Universum die erdrückende Mehrheit stellen. Davor muss allerdings noch auf ein wichtiges Merkmal rotierender Schwarzer Löcher hingewiesen werden, von dem bislang noch nicht die Rede war.

Wie gesagt, erzeugen Schwarze Löcher in der umgebenden Raumzeit eine extreme Krümmung. Wenn sich ein solches Objekt dann auch noch um die eigene Achse dreht, ist naturgemäß zu erwarten, dass durch seine Bewegung eine Art «rotierende Krümmung» entsteht. Wie sich leicht einsehen lässt, erzeugt sie in der umliegenden Raumzeit eine Art Wirbel, der jedes Objekt in der Nähe dazu zwingt, mit ihm mit zu rotieren. Stellen Sie sich ein Objekt vor, das sich in großer Entfernung zum Schwarzen Loch befindet und keinen Drehimpuls hat (also für eine weit entfernte Beobachterin hinsichtlich eines lokalen Bezugssystems nicht rotiert). Wenn Sie es auf eine Bahn schicken, auf der es radial auf ein rotierendes Schwarzes Loch stürzt, stellen Sie an einem bestimmten Punkt fest, dass diese nicht mehr nur radial verläuft, sondern eine Ablenkung erfährt, als würde es in gleicher Richtung mit dem Schwarzen Loch mitrotieren. Würden wir hingegen dasselbe Experiment mit einem nichtrotierenden Schwarzen Loch versuchen, folgte das Objekt weiterhin seiner radialen Bahn, ohne je von ihr abzuweichen. Dieses Phänomen – der *Lense-Thirring-* oder *Frame-Dragging-Effekt* – gehört tatsächlich zu den charakteristischen Eigenschaften rotierender Schwarzer Löcher.

Unabhängig von seiner Rotationsgeschwindigkeit besitzt ein Kerr'sches Schwarzes Loch tatsächlich eine ganz besondere Oberfläche, die im Inneren des Ereignishorizonts verläuft, eine sogenannte *Ergosphäre* oder *statische Grenze.* Die Eigenschaften solcher Oberflächen bewirken, dass ein Objekt – mit oder ohne Masse – in Bezug auf das Schwarze Loch nur so lange kontrarotieren kann, als es sich außerhalb der Ergosphäre befindet. Hat es diese Oberfläche durchquert, kann es sich dessen Rotationsrichtung nicht mehr entgegenstellen und wird auf eine korotierende Bahn gezwungen.

Um die Rolle der Ergosphäre besser zu verstehen, greifen wir den Vergleich aus dem vorigen Kapitel wieder auf: den zwischen einem nichtrotierenden Schwarzen Loch und einem See mit einem Loch im Grund. Wir haben uns in diesem Zusammenhang einen Wasserfall mit einer kreisförmigen Abbruchkante vorgestellt, wo das Wasser entlang radialer Bahnen in die Tiefe stürzte. Jetzt können wir uns vorstellen, dass dieses Loch rotiert oder – was dasselbe ist –, dass das hineinstürzende Wasser einen gewissen Drehimpuls besitzt. Um den Wasserfall herum entstünde auf diese Weise ein Strudel, sodass die Strömung nur noch weit von ihm entfernt radial verlaufen würde, während mit zunehmender Nähe zur Abbruchkante von einer immer stärkeren Wirbelbewegung auszugehen ist. Wenn wir in unserem Boot mit den superstarken Motoren auf das Loch zufahren, werden wir ab einem gewissen Punkt unweigerlich vom Strudel erfasst. Und während wir uns der Strömung mithilfe der Außenbordmotoren zunächst noch entgegenstellen und in Bezug auf den Strudel noch gegenrotieren könnten, so würde dies immer schwieriger, je stärker wir uns dem «Ereignishorizont» des Wasserfalls annähern. Ab einem kritischen Punkt könnten wir – unabhängig von der Stärke unserer Motoren – nicht mehr gegenrotieren und würden stattdessen in eine Korotation gezwungen. Dieser kritische Punkt liegt auf der Grenze der Ergosphäre.

Aber auch wenn wir uns der Rotation nach Eintritt in die Ergosphäre nicht mehr entgegenstellen können, so haben wir immer noch die Möglichkeit, aus ihr – zum Beispiel auf einer teilweise radialen Route – wieder herauszufahren und uns vom Schwarzen Loch zu entfernen. Dies deshalb, weil sich die Grenze der Ergosphäre anders als ein Ereignishorizont verhält. Da sie außerhalb von ihm liegt, ermöglicht sie eine Bewegung hinein und auch wieder heraus. Um eine Bezugszahl anzugeben: Bei einem Kerr'schen Schwarzen Loch, das mit der maximal zulässigen Geschwindigkeit, also mit einem dimensionslosen Spin $a \simeq 1$ rotiert, befindet sich der Ereignishorizont auf einem Radius $r_+ \simeq GM/c^2$, während die Grenze der Ergosphäre auf einem fast doppelt so großen von $r_o \simeq 2\,(GM/c^2)$ liegt.

Die Ergosphäre ist eine Region im Umfeld des Schwarzen Lochs, in der hochinteressante physikalische Prozesse ablaufen. Insbesondere können Teilchen auf Höchstgeschwindigkeit beschleunigt werden, und dem Schwarzen Loch kann Rotationsenergie – also seine reduzible Masse – entzogen werden, nämlich durch den Mechanismus des *Penrose-Prozesses* (nach dem britischen Physiker Roger Penrose, der ihn in den Sechzigerjahren erstmals beschrieb)[5]. Auch wenn sich über dieses hochinteressante Thema sehr viel mehr sagen ließe, müssen wir uns jetzt wieder unseren Photonen zuwenden und ihre Bahnen in der Nähe eines rotierenden Schwarzen Lochs untersuchen. Abbildung 7.4 beschreibt ebendieses Szenario, sowohl bei einem im Uhrzeigersinn rotie-

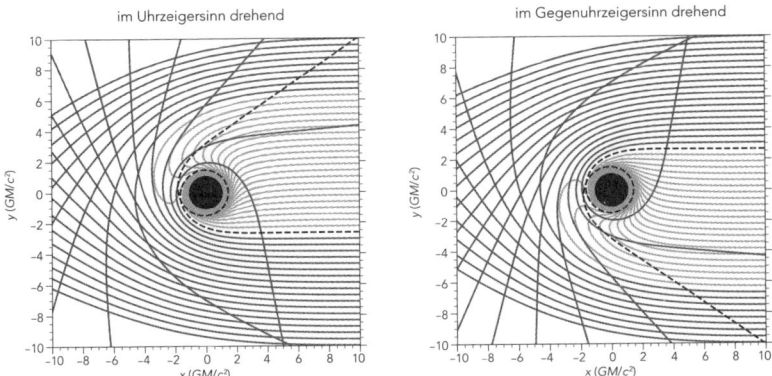

Abb. 7.4: Die gleichen Umlaufbahnen wie in Abbildung 7.3, aber bei rotierenden Schwarzen Löchern. Die Rotation des Schwarzen Lochs erzeugt einen Wirbel in den Bahnen, sodass sich die Photonen an ihre Richtung anpassen müssen. Der Ereignishorizont ist dagegen deutlich kleiner.

renden Schwarzen Loch (im Kasten links) als auch bei einem, das sich im Gegenuhrzeigersinn dreht (Kasten rechts). Beide sind von oben, also entlang der Rotationsachse dargestellt.

Wie hoffentlich gut zu erkennen, zerstört die Rotation des Schwarzen Lochs die in Abbildung 7.3 wohlgeformte Symmetrie der Bahnen. Ob ein Photon vom Schwarzen Loch eingefangen werden kann, hängt auch von der Seite ab, von der her es sich ihm nähert. Insbesondere wenn es sich von der Seite her annähert, zu der das Schwarze Loch hin rotiert (zum Beispiel bei einem im Uhrzeigersinn rotierenden Schwarzen Loch, ausgehend von negativen Werten der y-Koordinate), kann es bis in eine deutlich größere Nähe zum Ereignishorizont gelangen, ohne ihm in die Falle zu gehen. Um dieses Phänomen zu würdigen, beachte man den Unterschied in den Sprüngen, welche die dunklen und die hellen Linien mit Blick auf den Wert $y = 0$ vollziehen, oder vergleiche die Abbildungen 7.3 und 7.4 miteinander.

Wenn wir aufmerksam die beiden Kästen in Abbildung 7.4 betrachten, erkennen wir auch die Ergosphäre. Die Photonen, die sich dem Schwarzen Loch in Gegenrichtung zu seiner Rotation nähern (zum Beispiel ausgehend von positiven Werten der y-Koordinate bei einem im Uhrzeigersinn rotierenden Schwarzen Loch), ändern ab einem bestimmten Punkt ihre Bewegungsrichtung und beginnen mit dem Schwarzen Loch kozurotieren. Da sich die Unterschiede zwischen den Darstellungen in den Kästen rechts und links allein aus der Rotationsrichtung des Schwarzen Lochs ergeben, sind beide Darstellungen in Wirklichkeit äquivalent und antisymmetrisch: Die eine lässt sich also dadurch erstellen, dass man die andere um die x-Achse dreht.

All dies ist jedoch nur eine Teilansicht des Gesamtbildes. Bislang haben wir uns auf Bahnen auf einer Ebene und insbesondere auf der Äquatorialebene des Schwarzen Lochs konzentriert. Die Dynamik von Licht zeigt sich freilich deutlich komplexer, wenn wir *beliebige* (also nicht nur auf einer bestimmten Ebene liegende) Bahnen betrachten: Nur ein kleiner Bruchteil der möglichen Bahnen verläuft auf einer Ebene. Abbildung 7.5 zeigt ein unter Tausenden von möglichen Verläufen zufällig herausgegriffenes Beispiel, das deren Komplexität insgesamt veranschaulicht.

Hier ist es die Bahn eines Photons um ein Schwarzes Loch, das im Uhrzeigersinn rotiert. Der Kasten links zeigt eine dreidimensionale Rekonstruktion der Bahn, während in den Kästen rechts Projektionen

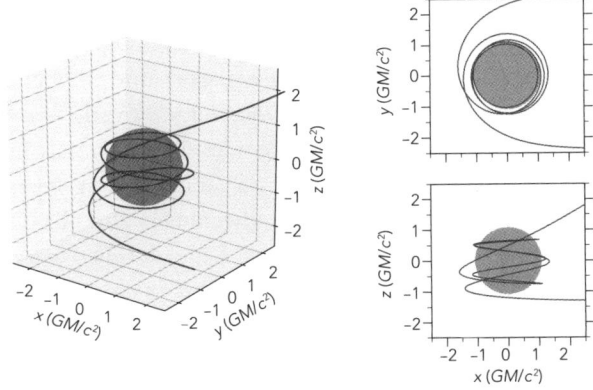

Abb. 7.5: Bahn eines Photons um ein rotierendes Schwarzes Loch.

von ihr auf zwei verschiedenen Ebenen wiedergegeben sind, damit ihr Verlauf einfacher nachzuvollziehen ist. Man beachte die in geometrischer Hinsicht deutlich größere Komplexität – und ich kann versichern, dass es noch komplexere gibt –, mit der es dem Photon gelingt, sich dem Schwarzen Loch erheblich anzunähern und es mindestens vier Mal zu umrunden, ohne sich von ihm verschlucken zu lassen. Stattdessen wird es am Ende in eine Richtung abgelenkt, die der anfänglichen fast schon entgegengesetzt ist. Da das betreffende Photon vom Schwarzen Loch nicht absorbiert wird, ist seine Bahn auch gegenüber der Zeitumkehr symmetrisch. Mit anderen Worten, da sie in beide Richtungen durchlaufen werden kann, ist es gleichgültig, von welcher Seite her Sie den Verlauf seiner Bahn verfolgen – von oben oder von unten her.

Wie erwähnt, sind Bahnen wie die in Figur 7.5 dargestellte keineswegs nur in Ausnahmefällen, sondern vielmehr in der Regel so komplex. Schon bei einer kleinen Veränderung der Ausgangsbedingungen erhält man unendlich viele ebenso komplexe und spannende Varianten. Dies wirkt sich merklich auf das aus, was wir im Folgenden sehen, wenn ich die «Entstehung» des Bildes veranschauliche, das die EHTC bei ihren Beobachtungen gemessen hat. Wie man sich leicht vorstellen kann, gestaltet es sich mitunter extrem kompliziert, ein Bild zu rekonstruieren, wenn Licht in der Nähe eines Schwarzen Lochs so komplexen Bahnen folgt und ein Photon, das von einer Seite her eintrifft, sogar wieder in entgegengesetzter Richtung zu seiner ursprünglichen davonflitzen kann – etwas, das wir in unserer von einer flachen Raumzeit geprägten Wahrnehmung nicht gewohnt sind. Die Vorstellung, dass Licht aus jeder beliebigen Richtung emittiert und überall empfangen werden kann, könnte sogar zu der Überzeugung verleiten, dass es gar nicht möglich sei, von den Regionen um ein Schwarzes Loch herum eine Aufnahme zu erstellen, und dass sämtliche aus Beobachtungen gewonnene Bilder zwangsläufig verschwommen und ohne erkennbare Details ausfallen müssten. Aber wie wir sogleich sehen, sorgt ein interessantes Spiel aus *Licht* und *Schatten* dafür, dass ein unter realistischen astrophysikalischen Bedingungen erstelltes Bild klare Eigenschaften hat. Lichter entstehen, weil die Strahlung nicht überall, sondern in ganz bestimmten Regionen emittiert wird, und *Schatten*, weil ein Teil der emittierten Strahlung vom Schwarzen Loch absorbiert wird und uns deshalb nicht erreicht.

Spiele aus Licht und Schatten

Wir haben soeben gesehen, auf welchen komplexen Bahnen sich Licht in einer gekrümmten Raumzeit und insbesondere in der Nähe eines Schwarzen Lochs bewegen kann. Und wie wir sogar feststellten, kann ein Photon dahin zurückkehren, von wo es ausgestrahlt worden ist. Diese Verhaltensweisen unterscheiden sich stark von denen, die wir auf der Erde gewohnt sind, auf der sich Licht zumeist auf gerader Linie ausbreitet und wir das sehen, was wir vor uns, aber bestimmt nicht, was wir hinter uns haben. Und wenn ein Gegenstand vor uns liegt, sehen wir auch sein Bild direkt von vorn und nicht indirekt seine Hinteransicht. Stellen Sie sich vor, wie überrascht sie wären, wenn Sie auf einen Mann mit Anzug und Krawatte zuträten, der Ihnen das Gesicht zuwendet, Sie aber auch den Fleck auf seinem Rücken sähen. Dagegen ist all dies in der Nähe eines Schwarzen Lochs durchaus möglich!

Um die Dinge noch komplizierter zu machen, halte man sich vor Augen, dass Licht nicht nur die Richtung wechseln, sondern vom Schwarzen Loch auch verschluckt werden und «verschwinden» kann. Kurzum, um zu verstehen, was in der Nähe eines Schwarzen Lochs geschieht, müssen wir unsere Wahrnehmung umziehen und uns klarmachen, was unter Extrembedingungen der Krümmung möglich oder unmöglich ist. Dann wissen wir genau, worauf wir uns gefasst machen müssen. Deswegen versuchen wir jetzt nachzuvollziehen, wie bestimmte geometrische Formen, die möglichen Lichtquellen um ein Schwarzes Loch entsprechen, von einer Beobachterin in astronomischer Ferne wahrgenommen werden können. Wie wir dabei feststellen, kann das Licht verschwinden, sodass Dunkelzonen – also Schatten – entstehen, aber auch wie durch eine Linse gebündelt verstärkt werden.

Als das einfachste Szenario, das uns einige der Feinheiten nachzuvollziehen hilft, die es zu beachten gilt, wenn wir eine Aufnahme im Umfeld eines Schwarzen Lochs erstellen, zeigt Abbildung 7.6 ein nichtrotierendes und isoliertes Schwarzes Loch (also ohne Materie in der Umgebung), bei dem der Ereignishorizont in Grau markiert ist. Ganz links, hinter dem Schwarzen Loch, ist sehr schematisch eine Lichtquelle – zum Beispiel ein wunderschöner Sternenhimmel –, abgebildet. Dies soll verdeutlichen, was mit einem von dieser Quelle ausgestrahlten Lichtstrahl geschieht und wie er bei einer Beobachterin ankommt, die rechts von der Abbildung positioniert ist.

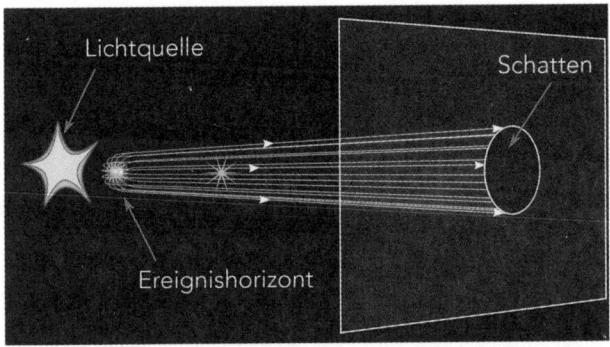

Abb. 7.6: Entstehung «eines Schattens» von einem Schwarzen Loch.

An diesem Punkt müssten Sie eine ziemlich klare Vorstellung davon haben, wie es einem Lichtstrahl ergeht, der auf ein Schwarzes Loch zielt, und was eine entfernte Beobachterin an ihrem Himmel sehen würde. Ein Teil der von der Quelle emittierten Photonen würde natürlich vom Schwarzen Loch unmittelbar absorbiert, nämlich all diejenigen, deren Bahn die Kugeloberfläche des Ereignishorizonts schneiden.

Andere durchqueren diesen nicht, kommen ihm auf ihrer Bahn aber so nahe, dass sie unausweichlich angezogen und abgelenkt werden. Wie wir sagten, bildet die instabile Kreisbahn oder der Lichtring die Grenze, ab der die Photonen auf ihren Bahnen noch «davonkommen», ohne verschluckt zu werden. Deshalb nimmt eine Beobachterin in weiter Entfernung an ihrem Sternenhimmel eine fast lichtlose Zone wahr, weil in dieser sämtliche Photonen auf dem Weg zu ihr vom Schwarzen Loch abgefangen worden sind. Sie sieht also den *Schatten* des Schwarzen Lochs.

Dieses Phänomen ist von grundlegender Bedeutung, gibt es doch Anlass zu mindestens drei Feststellungen, um keine Mythen entstehen oder falsche Vorstellungen aufkommen zu lassen. Erstens bildet der Schatten nicht unmittelbar die Größe des Ereignishorizonts ab. Wie wir sahen, wird seine Größe nicht nur von den Photonen bestimmt, die direkt auf diese Oberfläche treffen, sondern auch von denen, die den Ereignishorizont in einem geringeren Abstand als dem des Lichtrings streifen. Zudem handelt es sich um ein in den Himmel projiziertes Bild, das folglich größer als der Lichtring sein muss. Genau gesagt, ist der Rand des Schattens – und damit seine Größe – mathematisch definiert als der Stoßparameter an der instabilen Kreisbahn der Photonen, mit einem Radius gegeben durch $r_{sh} = \sqrt{27}\ (GM/c^2)$. Da $\sqrt{27} \simeq 5{,}2$, ist der Schatten – also der dunklere Teil, den wir in Abbildung 7.1 sehen – deutlich (fast drei Mal) größer als der Ereignishorizont. Dabei ist wichtig, dass der Schatten, ebenso wie der Ereignishorizont, proportional zur Masse des Schwarzen Lochs ist. Je massereicher dieses ist, desto größer ist sein in den Himmel projiziertes Bild, und desto einfacher lässt sich von ihm ein Foto aufnehmen.

Als zweite wichtige Feststellung ist der Schatten eine – in den Himmel projizierte – Zone mit einem *Defizit* an Licht (das vom Schwarzen Loch absorbiert wurde), muss deswegen aber nicht unbedingt vollständig lichtlos sein. Vom Ereignishorizont selbst geht zwar keinerlei Licht aus, aber trotzdem kann seine Dunkelzone durchaus Strahlung emittieren. Denn ein Photon, das von einer Quelle – wie dem weißen Sternchen in Abbildung 7.6 – zwischen dem Ereignishorizont und einer fernen Beobachterin stammt, wird vom Schwarzen Loch natürlich nicht absorbiert. Deswegen ist der Schatten in Abbildung 7.1 nicht vollständig dunkel. Und so hat sich die EHTC denn auch auf den Helligkeitskontrast zwischen dem Zentrum des Bildes und dem leuchtenden Ring konzentriert, insofern dies die einzige Größe ist, bei der eine Messung Sinn ergibt und physikalisch möglich ist.

Als dritte und letzte Feststellung hängt die Form des Schattens – außer bei einem nichtrotierenden Schwarzen Loch, bei dem die sphärische Symmetrie für einen einzigen Schatten sorgt – von der Rotationsgeschwindigkeit (dem Spin) *a* des Schwarzen Lochs ab, aber auch von der Neigung von dessen Rotationsachse in Bezug auf die Beobachterin. Dies deshalb, weil ein Schwarzes Loch eine gleichgerichtete Rotation der gesamten Raumzeit in seinem Umfeld (das Frame-Dragging) herbeiführt. Dadurch können die sich dem Schwarzen Loch von links nähernden Photonen noch weiter an den Ereignishorizont herankommen, ohne absorbiert zu werden (siehe wieder Abbildung 7.4).

Die Rotation und folglich der Verlust an sphärischer Symmetrie hat eine weitere Konsequenz: Der Schatten hat je nach dem Neigungswinkel, aus dem er betrachtet wird, ein unterschiedliches Erscheinungsbild. So wirkt der Schatten eines rotierenden Schwarzen Lochs vollkommen kreisförmig, wenn er entlang der Polrichtung (also bei einem Blick auf einen der beiden Pole) betrachtet wird, während er deformiert erscheint, sobald wir ihn von der Äquatorialebene aus beobachten.

Da die Form des Schattens von der Rotationsgeschwindigkeit des Schwarzen Lochs abhängt, ist es zumindest im Prinzip möglich, durch dessen «einfache» Vermessung auf die Rotation des Objekts rückzuschließen. In Wirklichkeit liegen die Dinge weitaus komplizierter, als wir sie vereinfachend beschrieben haben. Tatsächlich gestalten sich solche präzisen Messungen angesichts der gegenwärtig zu erreichenden Genauigkeit von Beobachtungen nach wie vor äußerst schwierig. Hauptsächlich deshalb konnten die von der EHTC durchgeführten Beobachtungen von M87* kein Maß für dessen Rotationsgeschwindigkeit liefern, auch wenn offenbar ausgeschlossen werden kann, dass es sich bei ihm um ein Schwarzes Loch vom Schwarzschild-Typus handelt. Darauf kommen wir zurück, wenn von der Gegenüberstellung zwischen Beobachtungen und Vorhersagen der Theorie die Rede ist.

Aber auch wenn noch gewaltige technische Schwierigkeiten überwunden werden müssen, um ein präzises Bild des Schattens zu erstellen, bleibt dieser gleichwohl ein formidables Instrument, um den Eigenschaften des Schwarzen Lochs auf die Spur zu kommen. Wenn auch nur subtil, so verbergen sich in ihm sämtliche Informationen zur Masse, zum Drehimpuls und zur Ladung – den einzigen drei Eigenschaften eines Schwarzen Lochs. Für mich ist es ebenso faszinierend wie paradox, dass sich Schwarze Löcher nur dadurch erhellen lassen, dass man Messungen an der von ihnen hervorgerufenen Dunkelzone vornimmt … Dies gilt allgemein – nicht nur für Schwarze Löcher in der Allgemeinen Relativitätstheorie, sondern auch für die in alternativen Theorien wie für kompakte Objekte, die gar keine Schwarzen Löcher sind! Darauf kommen wir zurück, wenn wir uns die Frage stellen, ob M87* denn tatsächlich ein Schwarzes Loch ist.

Bis hierher haben wir extrem idealisierte physikalische Bedingungen behandelt: ein isoliertes Schwarzes Loch vor einem Hintergrund aus Licht. Unter realistischen astrophysikalischen Bedingungen ist dagegen zu erwarten, dass ein Schwarzes Loch von einem extrem heißen und energiereichen Plasma umgeben ist, das sich über eine Akkretionsscheibe in sein Inneres ergießt. Wie also muss ein Schwarzes Loch unter solchen Bedingungen erscheinen?

Zuallererst lässt sich sagen, dass sich sein Bild stark von dem unterscheidet, das wir in einer flachen Raumzeit erwarten könnten. Um die Frage zu beantworten, greifen wir wieder auf eine Idealisierung zurück. Anstatt von einem realistischen Bild einer Akkretionsscheibe auszugehen, deren Eigenschaften sich mit ausgeklügelten numerischen Simulationen ermitteln lassen, denken wir an eine einfachere geometrische Form. Sie hilft uns besser, einige der hervorstechenden Eigenschaften der Gravitationslinseneffekte nachzuvollziehen, denen ausgedehnte Objekte wie eine Akkretionsscheibe unterliegen.

Betrachten wir diese also als einen Ring, der mit einer vernachlässigbaren Höhenausdehnung um ein Schwarzes Loch liegt. Davon ausgehend können wir uns fragen, wie dieser ganz flache Kringel Beobachtern erschiene, wenn sie ihn aus einer bestimmten Entfernung unter einem bestimmten Winkel betrachten würden.

Genau dies zeigt Abbildung 7.7: Links ist ein Schwarzes Loch, umgeben von einer flachen Scheibe aus Materie, und rechts ist das Bild dargestellt, das eine Beobachterin, die in einem bestimmten Neigungswinkel zum Objekt positioniert ist, zu sehen bekäme. (So brauchen wir die bisher erörterten Grenzfälle nicht berücksichtigen.) Als ein wichtiger Unterschied zu Abbildung 7.6 wird das Schwarze Loch hier von keiner ausgedehnten Lichtquelle hinter ihr angestrahlt: Hier spendet die Akkretionsscheibe das Licht und erscheint uns folglich durch die Krümmung des Lichts um das Schwarze Loch deformiert. In einer fla-

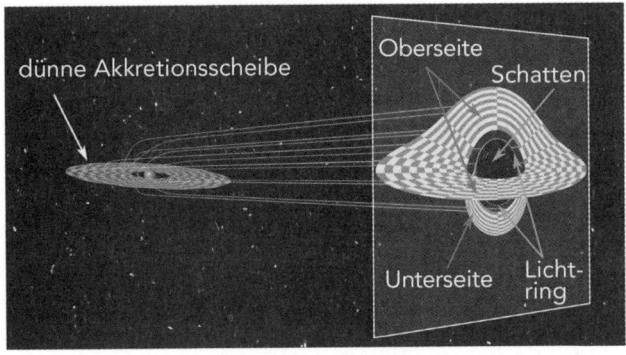

Abb. 7.7: Wie einer fernen Beobachterin eine sehr dünne Akkretionsscheibe
erscheinen würde.

chen Raumzeit würden wir von dieser Scheibe nur den vorderen Teil
der Oberseite sehen, weil der hintere hinter dem Schwarzen Loch liegt.
Aber da das Bild in einer gekrümmten Raumzeit entsteht, müssen wir
uns auf eine ganz andere Form gefasst machen.

Die Abbildung zeigt insbesondere, wie dieser «Kringel» verzerrt
wird. Sichtbar ist nicht nur der vordere, sondern auch der hintere Teil
der Oberseite, obwohl dieser hinter dem Schwarzen Loch verborgen
sein müsste. Daraus lässt sich eine wichtige Lehre ziehen: Wenn Sie sich
im Weltall irgendwo verstecken wollen, *dann bloß nicht hinter einem
Schwarzen Loch!* Das wäre völlig zwecklos und würde im Übrigen verraten, wie wenig Sie mit der Allgemeinen Relativitätstheorie vertraut
sind … Doch damit nicht genug: Die Raumzeit ist so stark gekrümmt,
dass wir sogar die Unterseite des hinteren Teils der Scheibe als eine Art
Anhängsel sähen – und damit also fast jeden Teil der Scheibe. Man beachte, dass der Schatten nicht als durchgehende, sondern als eine zwei-
geteilte dunklere Region erscheint. Ein Teil ist über der vorderen Oberseite der Akkretionsscheibe, der andere unter ihr sichtbar. Abgebildet
ist auch der Lichtring, dargestellt als ein dünner Kreis, der besonders
hell strahlt, weil er eine große Anzahl an Photonen bündeln kann.

Wer wie ich Science-Fiction-Filme liebt – zumindest die mit einigem
Realismus und physikalischer Stimmigkeit –, dem dürfte aufgefallen
sein, dass die Darstellung der Akkretionsscheibe auf der rechten Seite
von Abbildung 7.7 von Nahem an das supermassereiche Schwarze Loch
Gargantua in Christopher Nolans Film *Interstellar* von 2014 erinnert.

Sicher kein Zufall, denn dessen Darstellung ist tatsächlich ziemlich realistisch. Aber zwei Details sind doch wirklichkeitsfremd.

Erstens ist die Akkretionsscheibe um Gargantua ziemlich flach, während in Wahrheit zu erwarten ist, dass das Plasma im Inneren der Scheibe besonders heiß ist – und damit unter hohem Druck steht –, sodass es sich «aufbläht» (insbesondere in der Nähe des Schwarzen Lochs). Die Akkretionsscheibe ist in Wahrheit also dick und wird mit zunehmender Entfernung vom Schwarzen Loch immer dicker, wie die Darstellungen in Abbildung 7.8 zeigen. Diese verschiedenen Beispiele veranschaulichen, wie man das Schwarze Loch aus der Ferne aus unterschiedlichen Beobachtungswinkeln sehen würde. Das kleine Symbol rechts unten in den Kästen gibt den jeweiligen Winkel und auch die Rotationsrichtung des Plasmas an.

Als ein wichtiger Unterschied zur Abbildung 7.7 zeigen die Bilder hier keine idealisierten Materieverteilungen. Sie sind vielmehr das Ergebnis numerischer Simulationen, die wir weiter hinten im Einzelnen erörtern. Zunächst zu den beiden Kästen oben links und unten rechts: Sie geben ziemlich gewöhnliche Verhältnisse wieder, unter denen die

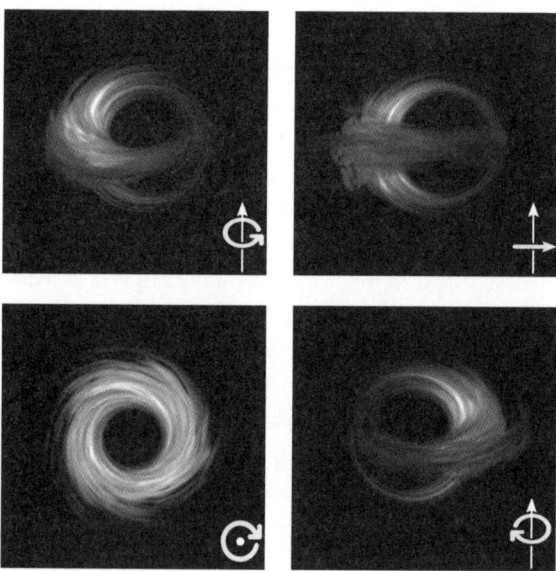

Abb. 7.8: Bilder aus verschiedenen Blickwinkeln einer dicken Akkretionsscheibe um ein rotierendes Schwarzes Loch.

Scheibe «pummeliger» erscheint, aber immer noch mit den genannten Merkmalen (von der Scheibe sind Ober- und Unterseite zu sehen, und der Schatten ist zweigeteilt).

Als zweiter wichtiger Aspekt – der bei der Akkretionsscheibe um Gargantua fehlt – sind die Scheiben in Abbildung 7.8 mit einer helleren und damit auch einer weniger hellen Seite dargestellt. Die einzige Ausnahme – hier bewusst mit aufgenommen – bildet der Kasten unten links, der die Akkretionsscheibe aus einem Beobachtungswinkel von null (also vom Nordpol aus gesehen) zeigt. Die Asymmetrie in der Helligkeitsverteilung hängt mit einem ziemlich bekannten Phänomen zusammen: dem *Doppler-Effekt*, benannt nach dem österreichischen Physiker Christian Doppler (1803–1853), der ihn 1842 erstmals beschrieb. Durch ihn verändert ein Signal mit Wellencharakter seine Frequenz, wenn seine Quelle in Bewegung ist. Mit anderen Worten, wir hören das Martinshorn des Rettungswagens mit einem höheren Ton, wenn dieser sich auf uns zubewegt, und mit einem tieferen, wenn er sich von uns wegbewegt. Bei einer solchen Frequenzveränderung liegt im ersten Fall ein sogenanntes *blauverschobenes* (englisch: *blueshift Doppler signal*) und im zweiten ein *rotverschobenes Dopplersignal (redshift Doppler signal)* vor.

Während der Doppler-Effekt schon in der klassischen Physik eine Rolle spielt, da wir ihn sogar bei Quellen wahrnehmen, die sich mit geringer Geschwindigkeit auf uns zu- oder von uns wegbewegen, erhält er in der Speziellen Relativitätstheorie eine ganz neue Bedeutung. Denn durch ihn ändern Strahlungen nicht nur ihre Frequenz, sondern auch ihre Amplitude. Das Signal eines Objekts, das sich mit annähernder Lichtgeschwindigkeit auf uns zubewegt, erscheint nicht nur blauverschoben, sondern auch intensiver. Spürbar tritt dieses Phänomen erst bei annähernder Lichtgeschwindigkeit in Erscheinung und wird als *relativistische Dopplerverstärkung* (oder englisch: *relativistic Doppler boost*) bezeichnet.

Zurück zu Abbildung 7.8. In drei der vier Kästen zeigt die Akkretionsscheibe deshalb eine «hellere Seite», weil ihre Materie um das Schwarze Loch rotiert. Dadurch wird das Licht, das von dem sich auf uns zubewegenden Teil abgestrahlt wird, durch den relativistischen Doppler-Effekt verstärkt.[6] Entsprechend bildet die dunkle Seite den Teil der Akkretionsscheibe ab, in dem sich Materie von uns wegbewegt, weshalb sich ihre Strahlung abschwächt. Dies erklärt auch, warum der

Kasten unten links keine helle Seite hat. In ihm bewegt sich keine Materie der Akkretionsscheibe auf uns zu oder von uns weg (die gesamte Bewegung verläuft entlang einer Ebene rechtwinklig zu unserer Blickrichtung). Deswegen wird auch kein ausgesandtes Licht verstärkt oder abgeschwächt.

Die Vorhersagen der Theorie

Wie wir sahen, kann die Strahlung im Umfeld eines Schwarzen Lochs unglaubliche Spiele aus Licht und Schatten hervorbringen. Entsprechend kann die Geometrie (als dünne oder dicke Scheibe) eines Objekts, das ein bestimmtes Licht im Radiobereich emittiert, radikal anders in Erscheinung treten, als wir es aufgrund unserer Welterfahrung (die bekanntlich in einer flachen Raumzeit herangereift ist) erwarten würden. Was allerdings noch zu sehen – und zu verstehen – bleibt, ist die Geometrie, die das Objekt tatsächlich hat. Mit anderen Worten: «Welche Eigenschaften hat die Materie, die sich in der Nähe eines supermassereichen Schwarzen Lochs befindet?»

Um die Frage einfach zu beantworten, könnte man eine bestimmte Menge Materie, zum Beispiel einen großen Eimer Wasser, auf ein rotierendes Schwarzes Loch werfen und beobachten, was mit ihr geschieht, während sie auf den Ereignishorizont stürzt. Die gewonnenen Daten ließen dann Rückschlüsse darauf zu, was sich mit der Materie einer Akkretionsscheibe über einem supermassereichen Schwarzen Loch allgemein ereignet.

Ein derart bequemes Verfahren würde mir natürlich einen Haufen Probleme ersparen (auch wenn es mich aller Wahrscheinlichkeit nach am Ende arbeitslos machen würde). Aber wie für jedermann erkennbar, ist dieser Weg leider versperrt. Also besteht der einzige – und ich betone: der *einzige* – Weg zu einer Antwort auf die gestellte Frage darin, sich die Gleichungen anzuschauen, die das Verhalten von Wasser beschreiben, das auf ein Schwarzes Loch geschüttet wird, und sie zu lösen. Und genau das habe ich gelernt – und im Verlauf meines Berufslebens mit einem immer realitätsnäheren Vorgehen.

Wie ich aus Erfahrung weiß, reißt zwischen mir und meinen Gesprächspartnern ein schier unüberbrückbarer Graben auf, wenn ich darlege, wie ich von Berufs wegen Differentialgleichungen mit partiellen Ableitungen löse, die mit Schwarzen Löchern und Neutronensternen zu tun haben. Deshalb versuche ich es mit einer besseren Erklärung: Differentialgleichungen zu lösen, um nachzuvollziehen, was mit Materie im Umfeld eines Schwarzen Lochs geschieht, ist – mit den zwangsläufigen Unterschieden – ungefähr so, als würde man eine Wettervorhersage erstellen. Viele von Ihnen werden Wettervorhersagen nur mit einer Website oder einer geografischen Karte in Verbindung bringen, über die sich Symbole bewegen, die für Regen, Wolken oder Sommerhitze stehen, anschaulich erklärt von einem Fernsehmoderator oder einer -moderatorin. In Wahrheit sind diese Symbole auf den Karten das Ergebnis komplizierter Berechnungen, die mehrfach am Tag durchgeführt werden, und zwar mit parallelen Supercomputern, die Gleichungen der klassischen viskosen Hydrodynamik, sogenannte *Navier-Stokes-Gleichungen*, lösen. (Und dabei handelt es sich eben gerade um Differentialgleichungen mit partiellen Ableitungen.) Diese Hochleistungsrechner nutzen Daten, die Bodensonden oder Verkehrspiloten laufend zu Wetterverhältnissen sammeln – zum Beispiel zu Windgeschwindigkeiten, Temperaturverteilungen, Luftdruck und zur Zusammensetzung der Atmosphäre – als «Ausgangsbedingungen», um anhand von ihnen Navier-Stokes-Gleichungen zu lösen. Auf diese Art lassen sich Vorhersagen dazu treffen, wie die Verteilungen von Windgeschwindigkeiten, Temperaturen und Drücken der Atmosphäre wenige Stunden später aussehen werden. Dieses ganze Verfahren fassen wir unter dem Begriff «Wettervorhersage» zusammen und tun es gerne als Banalität ab, während es sich aber tatsächlich um die Lösung wunderschöner Gleichungen handelt.

Nun, die Arbeit, die ich mit meinen Kollegen erledige, ist, zumindest dem Prinzip nach, ziemlich ähnlich. Tatsächlich muss auch ich von Ausgangsbedingungen ausgehen – zum Beispiel wie viel Wasser im Eimer steht, der über dem Schwarzen Loch ausgeschüttet wird, und wie es sich zusammensetzt – und Gleichungen lösen, die mir verraten, wo dieses Wasser landet, wenn es in seinem ursprünglichen Zustand bleibt oder vielleicht zu einem ionisierten Plasma verdampft. Ich verhehle nicht, dass diese Gleichungen – die der *relativistischen Magnetohydrodynamik*, also der Dynamik eines Plasmas mit Magnetfeld –, deutlich komplizierter sind als die für eine Prognose, wie sich die Wolkendecke in einer bestimmten Zone weiterentwickelt. Und die Regime, in denen diese Gleichungen erkundet werden, sind auch extremer, als man sich vorstellen kann.[7]

Unter dem Strich kann man jedenfalls sagen, dass unser Tun nicht sehr viel anders ist, als wenn man Wetterprognosen erstellt. Natürlich zielen unsere Simulationen nicht darauf ab, das Wetter im Umfeld eines Schwarzen Lochs vorherzusagen, sondern festzustellen, was mit Materie geschieht, die aus verschiedenen Gründen Bahnen um ein solches Objekt zieht.

Auf die Art verraten uns die Simulationen, dass sich das Plasma über dem Schwarzen Loch in keiner sphärischen Symmetrie ansammelt, also nicht als eine einheitliche kugelförmige Wolke, aus der Plasma auf radialen Bahnen ins Schwarze Loch stürzt. Vielmehr konzentriert es sich auf einer Ebene (der sogenannten *Äquatorialebene*) und bildet eine Scheibe, die das Loch umkreist. Und ebendiese Simulationen offenbarten, dass die Akkretionsscheibe um ein supermassereiches Schwarzes Loch wie M87*, anders als im Film *Interstellar* gezeigt, keine flache Gestalt haben kann, sondern vielmehr die Form eines dicken «Sesamkringels» aufweisen muss, der weder stillsteht noch vollkommen symmetrisch ist. Im Inneren der Akkretionsscheibe laufen eine Reihe von Prozessen ab, die durch starke Magnetfelder vorangetrieben werden und den *Akkretionsprozess* über dem Schwarzen Loch befeuern.

Das Schöne an numerischen Simulationen ist, dass sie uns Einblick in sämtliche Eigenschaften des Plasmas wie Dichte, Geschwindigkeit, Temperatur und Druck geben, sodass wir berechnen können, wie viel Materie und welches Magnetfeld sich pro Zeiteinheit auf das Schwarze Loch ergießt (also die *Akkretionsrate*). Diese Simulationen verraten uns auch, dass diese Akkretionsrate, sowohl an Materie als auch an magnetischem Feld, über die Zeit nicht konstant, sondern quasistationär ist, also um einen in etwa konstanten mittleren Wert schwankt, ähnlich wie bei Wasser, dass von einer Anhöhe herabstützt. Seine jeweilige Menge bleibt nur annähernd konstant und ist ständig im Fluss.

Und schließlich verraten uns die Simulationen, dass sich an den Polen des Schwarzen Lochs die sogenannten *relativistischen Jets* ausbilden, also Regionen, in denen sich die Menge an Materie tatsächlich verringert (annähernd unter Verhältnissen eines Vakuums), während das Magnetfeld dort besonders intensiv ist. Faktisch bestimmt es als fast vorherrschende Kraft die Dynamik des Plasmas. In diesen beiden Regionen – aufgrund der Symmetrie sind es zwangsläufig zwei – ist das

Magnetfeld im Wesentlichen rechtwinklig zur Äquatorialebene der Scheibe ausgerichtet. Jahrzehnte der VLBI-Beobachtungen des Jets von M87* haben uns offenbart, dass sich die wenige dort präsente Materie mit annähernder Lichtgeschwindigkeit bewegt.

Im Gegensatz zur Ausbreitungsgeschwindigkeit der Materie in den Jets ist über ihre Zusammensetzung bislang noch wenig bekannt, auch wenn plausibel erscheint, dass sie aus geladenen leichten Teilchen wie Elektronen und Positronen besteht.[8] Fraglich ist zudem, wodurch die Materie im Inneren des relativistischen Jets auf gewaltige Geschwindigkeiten beschleunigt wird, nachdem ihr ebenso gewaltige Energien übertragen wurden. Dazu gibt es immerhin einige Ideen.[9]

Als weiterer Unsicherheitsfaktor zu den relativistischen Jets, die vielfach ein Schleier der Unkenntnis umgibt, liegen auch die Prozesse im Dunkeln, die zu ihrer Kollimation, der Bündelung führen, bei der sie auf riesigen Längenskalen ihre schlanke Form beibehalten, ohne «auseinanderzubrechen» oder sich zu zerstreuen. Dieser Prozess ist so effizient, dass der Jet von M87* auf einer Längenskala gebündelt bleibt, die seinen Durchmesser um acht Größenordnungen übertrifft. Um schon wieder einen Vergleich zu bemühen: Dies ist ungefähr so, als würde über einem Aschenbecher aus einer Zigarette Rauch in einer schlanken Säule mit einem Durchmesser von rund einem Zentimeter aufsteigen und auf einer Länge von rund tausend Kilometern, also der Entfernung Mailand–Berlin, seine Form beibehalten, ohne sich in Luft aufzulösen. Ähnliches beobachten wir beim Jet von M87*. Damit leuchtet wohl unmittelbar ein, wie extrem effizient der Kollimationsprozess wirkt, unabhängig davon, wie er entsteht!

Insbesondere in heutiger Zeit, in der es schwierig geworden ist, echte Information von Desinformation sowie Wissenschaft und Methodenstrenge von Unwissenheit und Oberflächlichkeit zu unterscheiden, halte ich eine abschließende Bemerkung zu diesem Teil für wichtig.

Es gibt einen grundlegenden Unterschied zwischen den Bildern, die mithilfe numerischer Simulationen entstehen, und denen, wie sie oft in Hochglanz auf den Titelseiten populärwissenschaftlicher Magazine oder auf entsprechenden Websites auftauchen. Bei Letzteren handelt es sich faktisch zumeist um «künstlerische Interpretationen», also fantasievolle Darstellungen dessen, wie ein Prozess – zum Beispiel die Akkretion eines Schwarzen Lochs – ablaufen kann. Häufig sind sie das Ergebnis der Zusammenarbeit zwischen Computergrafikexperten und

Astrophysikern, aber der grundlegende Aspekt bleibt: Sie müssen mit den Gesetzen der Physik nicht unbedingt im Einklang stehen.

Dagegen sind die über numerische Simulationen gewonnenen Bilder – so interessant sie für «künstlerische» Belange auch sein mögen – das Ergebnis von Lösungen komplexer Gleichungen (in unserem Fall denen der relativistischen Magnetohydrodynamik um ein rotierendes Schwarzes Loch). Damit sind sie physikalisch fundiert, da sie auf Gleichungen beruhen, die wir für eine getreue Darstellung der Realität halten.

Nichtsdestotrotz verraten uns solche Bilder noch nicht, wie uns ein supermassereiches Schwarzes Loch erscheinen würde, wenn wir uns in die Nähe zu ihm begeben könnten. Um zu verstehen, was wir sähen, müssen wir uns zunächst nochmals anstrengen.

Von einem turbulenten Plasma zu einer Lichtkarte

Die genannten Bilder geben uns nicht einmal darüber Aufschluss, was wir *sehen* könnten, wenn unsere Augen für Radiowellen empfindlich wären. Denn sie informieren uns nur über die Verteilung der Materie, aber nicht über das Licht, das sie emittiert. Ohne Materie gibt es natürlich keine Lichtquelle und damit auch keine Möglichkeit, ein Bild zu erstellen. Materie ist dafür aber nur eine notwendige Vorbedingung: Sie allein sagt noch nichts darüber aus, wie die Lichtquelle verteilt ist und wie sie ihr Licht hervorbringt. Denn nicht jede Materie strahlt Licht aus.

Um zu verdeutlichen, worum es hier geht, denken wir an die bunten Lichterketten, die unsere Weihnachtsbäume schmücken. Stellen wir uns so eine Kette aus bunten LED-Lämpchen vor, von denen nicht alle funktionieren – womöglich deshalb nicht, weil die Feierlichkeiten am Ende doch etwas ausgeartet sind und der Baum eine Sektdusche abbekommen hat ... Sagen wir also, nur die Hälfte, 50 Prozent, der Lämpchen brennt. Aber wir wissen noch nicht, welche. Wir könnten mit unserer Kette den Baum schmücken und uns präzise notieren, wie sich die Lichterkette über seine Oberfläche verteilt: in wie vielen Windungen sie den Baum umschlingt und wo ihre einzelnen Lämpchen sitzen. Dann können wir sämtliche Lichter im Haus ausschalten und uns für den großen Augenblick bereithalten, zu dem wir die schmückenden Lichtlein einschalten. Natürlich kennen wir die Position der einzelnen LEDs, können aber noch nicht wissen, welches «Bild» von dieser Dekoration wir insgesamt bekommen. Wir wissen weder, ob ein Lämpchen an einer bestimmten Stelle brennt oder nicht brennt, ob es weiß oder farbig ist und, wenn es farbig ist, in welcher Farbe es leuchtet ... Wir haben keine Ahnung, welche der zahllosen möglichen Anordnungen wir vor uns haben, wenn der Baum erleuchtet ist.

Ganz ähnlich ergeht es uns auch mit den Simulationen der Magnetohydrodynamik. Dank ihrer wissen wir einigermaßen genau, wo sich die Materie befindet und welche Eigenschaften sie hat. Unklar ist allerdings noch, welche Teile von ihr Licht emittieren können und in welchen Mengen sie dies vermögen. Neben der ohnehin komplexen Aufgabe zu verstehen, was mit der Materie im Umfeld eines Schwarzen Lochs geschieht, müssen wir eine weitere erledigen: ein *Emissionsmodell* erstellen. Wir brauchen ein physikalisch-mathematisches Modell, das es uns ermöglicht, den wichtigsten Eigenschaften der Materie – also Dichte und Temperatur der Elektronen als den eigentlichen Verantwortlichen für die Strahlung – eine bestimmte Menge an emittiertem Licht mit dessen jeweiligen Merkmalen zuzuordnen. So können wir ermitteln, welche Teile der Materie Licht ausstrahlen. Wir müssen eine Karte unserer LED-Lichterkette erstellen, die uns darüber informiert, welche Lämpchen funktionieren und in welcher Farbe sie leuchten.

Noch komplizierter werden die Dinge schließlich dadurch, dass das ausgestrahlte Licht um ein Schwarzes Loch – wie schon ausgiebig erörtert – mitunter ziemlich seltsamen Bahnen folgt. Wenn eine Zone des Plasmas große Mengen an Licht emittiert, ist folglich keineswegs ausgemacht, dass dieses, je nachdem, wo diese Zone liegt, uns auch tatsächlich erreicht. Und ebenso wenig ist gesagt, dass eine Zone des Plasmas, die nur schwach Licht emittiert, nicht aufzuspüren ist. Denn solches Licht kann bei einer günstigen Lage der Emissionszone durch Gravitationslinseneffekte verstärkt und damit für uns sichtbar werden.

Kurzum, inzwischen ist wohl klar, dass magnetohydrodynamische Simulationen nur den ersten Schritt bilden, um ein Bild von einem supermassereichen Schwarzen Loch zu erstellen. Als der nächste, ebenso schwierige wie komplexe Schritt ist eine Vorhersage zu treffen, wie die Materieverteilung Licht emittiert und wie sich dieses in der Nähe des

Schwarzen Lochs ausbreitet, bis es zu uns zu gelangt. Gelöst werden muss also ein Problem des sogenannten *Strahlungstransports*, bei dem die Bahn eines jeden Lichtstrahls in der gekrümmten Raumzeit um ein Schwarzes Loch berechnet wird und dabei auch die Wechselwirkung des Lichtstrahls mit der Materie eingeschätzt werden muss, auf die er stoßen wird. Unter realistischen Bedingungen durchquert das Licht kein reines Vakuum. Die Photonen treffen auf ihrer Bahn bis zu uns unweigerlich (und häufig) auf Akkretionsmaterie. Je nach den Eigenschaften des Plasmas der Akkretionsscheibe, auf das der Lichtstrahl unterwegs trifft, kann die Wechselwirkung mit ihm seine Intensität (durch Absorption) verringern oder (wenn von dort emittiertes Licht hinzukommt) auch vergrößern. Angesichts der komplexen Operationen, die einzeln für die Bahnen von Millionen Lichtstrahlen durchgeführt werden müssen, ist wohl leicht vorstellbar, dass auch für diesen Schritt bei der Bestimmung des Bildes kostspielige Simulationen erforderlich sind, die von parallelen Supercomputern durchgeführt werden. Und genau damit habe ich mich mit meiner Forschungsgruppe in Frankfurt beschäftigt.

Ohne in die – zahlreichen und für unseren Zusammenhang eher nebensächlichen – technischen Einzelheiten dazu zu gehen, wie das Problem des Strahlungstransports in der Praxis gelöst wird, habe ich in Abbildung 7.9 schematisch die drei wichtigsten Phasen dieses Prozesses zusammengestellt, der schließlich zur Konstruktion eines synthetischen Bildes führt. So zeigt der Kasten links das Ergebnis einer magnetohydrodynamischen Simulation, welche die Verteilung des Plasmas in der Akkretionsscheibe berechnet. Im mittleren Kasten ist dagegen die Strahlung im Radiobereich (vor allem bei einer Frequenz von 230 GHz) dargestellt, wie sie anhand des vorangegangenen Bildes berechnet

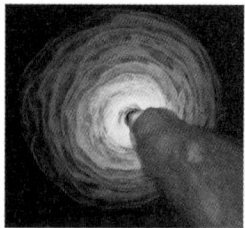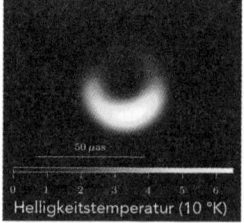

Abb. 7.9: Die drei Phasen der Erstellung eines synthetischen Bildes.

wurde. (So würde die Materie im Kasten links erscheinen, wenn wir sie mit Augen sähen, die für Radiostrahlung empfindlich sind.) Und während es sich hierbei um ein *ideales synthetisches Bild* handelt, also eines, das nur mithilfe eines vollkommenen Instruments ohne irgendwelche Störungseffekte zu gewinnen ist, zeigt der dritte Kasten schließlich das Bild, das wir tatsächlich erhielten, wenn es mithilfe eines Netzes aus Radioteleskopen, verbunden über VLBI-Technik, also mit hoher, aber endlicher Auflösung, aufgenommen würde. Alle drei Bilder in den Kästen wurden unter einem Winkel entsprechend dem erstellt, unter dem wir M87* zu beobachten meinen.

Insgesamt können wir anhand von Abbildung 7.9 eine Reihe von Feststellungen treffen. Erstens ist bei einem Vergleich zwischen den Kästen links und rechts leicht zu erkennen, dass nicht alle Akkretionsmaterie zur Emission von Radiostrahlung beiträgt. Auch geht die intensivste Strahlung nicht von den dichtesten Zonen aus, selbst wenn allgemein ein Großteil der Emission gerade in den zentralen Zonen der Akkretionsscheibe erfolgt, in denen die Dichte am höchsten ist.

Als zweite Feststellung stellt das Bild in der Mitte die *Summe* sämtlicher Beiträge des Lichts dar, das in der Nähe des Schwarzen Lochs erzeugt wird und das – einmal abgelenkt und verstärkt – eine ferne Beobachterin erreichen würde. Selbst wenn das Licht, das wir in der Darstellung sehen, zu einem großen Teil von der Akkretionsscheibe stammt, wird es auch (zu erheblichen Anteilen) von dem auf uns gerichteten und (vielleicht in sogar noch höheren Anteilen) von dem von uns abgewandten Jet emittiert. Das ist aus zweierlei Gründen möglich: Zum einen kann auch das in Gegenrichtung zu uns ausgestrahlte Licht abgelenkt werden und bis zu uns gelangen, und zum anderen ist die Akkretionsmaterie fachsprachlich als *optisch dünn*, also als halbtransparent für Radiostrahlung definiert, sodass diese das Plasma durchqueren kann, ohne absorbiert zu werden.

Der Kasten rechts schließlich erinnert uns daran, dass die mit gegenwärtiger Technologie erreichbare Auflösung, obwohl die bislang höchste, noch weit hinter der gewünschten zurückbleibt, die es uns ermöglichen würde, aus dem Bild eines Schwarzen Lochs eine gewaltige Fülle an Informationen zu gewinnen. Aber so wie Rom auch nicht an einem Tag erbaut wurde, ist der Prozess, das Bild eines Schwarzen Lochs zu erstellen, mit den Ergebnissen der EHTC von 2019 noch keineswegs abgeschlossen. Im Gegenteil muss das Bild, das Abbildung 7.1

zeigt, als Auftakt zu einer Entwicklung gesehen werden, die erst nach Jahrzehnten voll ausgereift sein wird.

Kehren wir für einen Augenblick zu den numerischen Simulationen und zum Vergleich mit der Strömung zurück, die sich an einem Wasserfall messen lässt. Wie wir sahen, ist die Bewegung der Materie um ein Schwarzes Loch herum naturgemäß turbulent und damit grundlegend chaotisch, auch wenn sie ziemlich genau bekannte und konstante statistische Eigenschaften aufweist, was die Durchschnittswerte und die Schwankungsbreite angeht. Und was für die Materie gilt, muss folglich auch für die Strahlung gelten, die von solcher Materie emittiert wird. Dieser Schluss hat eine ebenso banale wie wichtige Konsequenz: Wie die Simulationen klar zeigen, kann es nicht nur ein *einziges* und *statisches* Bild von M87* geben. Es muss *multipel* und *dynamisch* sein und damit den Zustand der Materie um das Schwarze Loch zu einem bestimmten Zeitpunkt darstellen.

Eigentlich kommt diese Schlussfolgerung gar nicht so überraschend. Stellen wir uns vor, wir schießen eine Reihe von Fotos von einem Berg, ungefähr so, als wollten wir ein Video im Zeitraffer aufnehmen. Dabei ist klar, dass die verschiedenen Aufnahmen einander zwar ziemlich stark ähneln dürften, aber keines mit dem vorangegangenen oder nachfolgenden identisch sein wird, zum Beispiel weil sich eine Wolke weiterbewegt oder die Lichtverhältnisse sich etwas ändern. So verhält es sich auch mit unseren magnetohydrodynamischen Simulationen und daher mit unseren Radiobeobachtungen, wenn wir eine Aufnahme von M87* zu erstellen versuchen. Mit der Materieverteilung verändert sich ständig auch die Radioemission, weil das Bild, das wir herzustellen versuchen, von sich aus einer Variabilität unterliegt. Kurzum, es ist, als wollten wir ein Foto von einem kleinen Mädchen aufnehmen, das trotz unserer Ermahnungen einfach nicht stillhalten will. Wie wir alle wissen, liegt in so einem Fall das Geheimrezept, damit das Bild nicht verwackelt, in der Verwendung kürzerer Belichtungszeiten, wie sie für bewegte Objekte üblicherweise zum Einsatz kommen. Sie brauchen also eine desto kürzere Belichtungszeit, je schneller sich das Mädchen bewegt!

Hier stellt sich eine äußerst logische Frage: «Auf welcher Zeitskala verändert sich die Strahlungsemission von M87*?» Dafür, dass eine ziemlich komplexe Dynamik im Spiel ist, fällt die Antwort zum Glück ziemlich einfach aus. Die Zeitskala der Variation eines Schwarzen Lochs hängt von dessen Masse ab. Genau genommen, kann sie mit der Zeit in

Verbindung gebracht werden, die benötigt wird, um einen kreisförmigen Umlauf um das Schwarze Loch zu vollziehen, und im einfachsten Fall um ein nichtrotierendes Schwarzes Loch auf einem kreisförmigen Orbit, der sich mit dem Lichtring deckt – gegeben durch $\tau \simeq 3GM/c^2$. Dabei habe ich berücksichtigt, dass es in Wirklichkeit genügt, nur einen Teil dieser Kreisbahn zu betrachten und dass diese auch auf einer geringeren Entfernung zum Ereignishorizont liegen kann.

Wenn wir in diesen Ausdruck den Wert für die geschätzte Masse von M87*, also 6,5 Milliarden Sonnenmassen, einsetzen, kommen wir auf eine Zeitskala der Variabilität von rund 24 Stunden. Und so müsste unser bewegtes Objekt – das supermassereiche Schwarze Loch im Zentrum der Galaxie M87 – fast statisch erscheinen, solange wir Belichtungszeiten von unter einem Tag verwenden. Da die Beobachtungen der EHTC in einem Zeitfenster von rund 8 bis 10 Stunden abliefen – eben wegen dieser Zeitskala wird M87* als erstes für das Teleskop in Frankreich sichtbar und verschwindet am Ende für das auf Hawaii –, lassen sich mit ihm in Grunde statische Bilder erstellen (auch wenn sie von einem auf den anderen Tag leicht variieren können, wie tatsächlich gezeigt wurde). Leider gilt dieser fast stationäre Zustand zum Beispiel nicht für Sgr A*, dessen Masse fast tausend Mal kleiner ist, sodass dessen erwartete Variabilität in der Größenordnung von einigen Minuten liegt. In dem Fall führten die Beobachtungen tatsächlich weniger zu einem Bild als vielmehr zu einem unvollständigen Kurzfilm, der deutlich schwieriger zu erstellen und zu interpretieren war. Die EHTC arbeitet gegenwärtig noch an der abschließenden Auswertung dieser Daten, die gegen Ende 2021 veröffentlicht werden müssten.

Am Ende dieses Abschnitts stellen sich manche von Ihnen wahrscheinlich die Frage: «Muss nicht auch der Zuwachs an Materie des Schwarzen Lochs berücksichtigt werden, da es doch immer noch Material einsammelt?» Eine gute Frage, die uns aber kein allzu großes Kopfzerbrechen bereiten muss. Die Zeitskalen, auf denen sich die Masse eines massereichen Schwarzen Lochs verändert, sind tatsächlich riesengroß im Vergleich zu denen bei der Erstellung eines Bildes. Nach den Beobachtungen von M87* können wir eine Schätzung vornehmen, wonach das Schwarze Loch rund vierhundert Jahre benötigt, um eine zusätzliche Sonnenmasse zu gewinnen. Angesichts seiner Gesamtmasse von Milliarden Sonnenmassen «legt» es folglich in zehn Millionen Jahren höchsten ein Millionstel an Ausgangsmasse «zu». Im Übrigen sind

solche Verhältnisse ganz ähnlich denen, wenn wir unsere Fotos vom
Berg schießen. Wir wissen, dass dieser – wenn auch nur schleichend
langsam – durch Erosion zerbröckelt und dass ein guter Teil seiner
Masse in ungefähr zehn Millionen Jahren im Meer gelandet sein wird.
Solche Bedenken sind sicher nicht unsere Hauptsorge, wenn wir ihn
mit unserem Objektiv ins Visier nehmen …

Die Bilder von M87*

Um Ihnen eine Vorstellung zu geben, wie magnetohydrodynamische
Simulationen ablaufen, habe ich sie weiter vorn mit der Arbeit der
Meteorologen verglichen. Aber es gibt einen wichtigen Unterschied:
Während sich deren Wettervorhersagen auf ein Zeitfernster von einigen
Stunden bis einigen Tagen beziehen und für längere Zeiträume immer
unzuverlässiger werden, decken unsere Simulationen deutlich längere
Zeitskalen, in der Größenordnung eines Jahrzehnts, ab.

Hoffentlich stellen Sie sich hier spontan die Frage: «Warum Simulationen für zehn Jahre durchführen, wenn die Beobachtungen weniger
als einen Tag dauern?» Die Antwort ist ziemlich einfach: Unsere Simulationen für so lange Zeitskalen haben zum Ziel, eine *Statistik* der möglichen Akkretionszustände des Schwarzen Lochs zu erstellen. Sobald
die VLBI-Beobachtungen durchgeführt sind und ein Bild des Schwarzen Lochs rekonstruiert worden ist, lässt sich dieses – so die Idee – mit
der gewaltigen «Bibliothek» an synthetischen Bildern vergleichen, die
die möglichen Erscheinungsformen eines supermassereichen Schwarzen Lochs zeigen. Das ist ungefähr so, als begnügten wir uns nicht damit, von unserem Berg nur ein einziges Foto zu schießen, sondern
machten über einen Zeitraum von zehn Jahren hinweg jeden Tag auf
verschiedenen Höhen gleich mehrere Bilder. Wenn dabei ein ziemlich
verschwommenes Bild von etwas herauskäme, das ein Berg sein *könnte*,
hilft uns unser reichhaltiger Katalog, so die Hoffnung, festzustellen, ob
es sich dabei tatsächlich um ein Bergmassiv handelt oder nicht, und
falls dem so ist, hilft er vielleicht sogar dabei herauszubekommen, welcher Berg es ist.

Nach dieser Logik haben die Wissenschaftler der EHTC – und insbesondere die Frankfurter Forschungsgruppe – die größte und systema-

tischste Modellierung vorangetrieben, die je in Angriff genommen wurde. Das Ziel war, eine möglichst umfassende und vollständige Beschreibung der physikalischen Bedingungen zu erstellen, denen ein Akkretionsplasma um ein Schwarzes Loch unterliegt. Mit komplexen numerischen Codes und unter Nutzung sämtlicher verfügbarer paralleler Supercomputer haben wir eine gewaltige Anzahl von Simulationen mit höchster Auflösung durchgeführt. Diese deckten sämtliche wichtigen Variationen bei den Parametern ab, nach denen ein supermassereiches Schwarzes Loch aus seinem Umfeld Materie einsammeln kann.

So haben wir bei den Simulationen einen oder mehrere folgender Parameter variieren lassen: den Spin des Schwarzen Lochs (bei nichtrotierenden wie auch bei besonders rasant rotierenden Schwarzen Löchern), die Rotationsrichtung des Plasmas in Bezug auf das Schwarze Loch (mit einer Vorhersage für korotierendes und kontrarotierendes akkretierendes Plasma) und die Intensität des Magnetfelds (was Zugriff auf zwei verschiedene Zustände der Scheibe gibt, gekennzeichnet durch Akkretionsraten, die hoch oder niedrig sein können). Vielleicht ist aufgefallen, dass ich die Masse des Schwarzen Lochs unerwähnt gelassen habe. Das liegt daran, dass diese bei allen betrachteten Schwarzen Löchern dieselbe war. Möglich war dies insofern, als sich die Masse des Schwarzen Lochs, auch wenn sie eine wichtige Rolle spielt, leicht umskalieren lässt. Mit ein und derselben Simulation lässt sich die Akkretion ganz verschiedener Schwarzer Löcher (zum Beispiel mit 1 oder mit 10 Milliarden Sonnenmassen) beschreiben, sobald die von ihr berechneten Größen (Geschwindigkeit, Dichte, Druck etc.) in die geeignete Skala gesetzt worden sind.

Die zahlreichen durchgeführten Simulationen hier im Einzelnen zu erörtern, wäre natürlich ohne jeden Belang. Wichtig ist dagegen, worin sie sich jeweils unterscheiden. In einigen ist die Akkretionsscheibe sehr leuchtkräftig, während sie in anderen nur ganz schwach strahlt. Im manchen reicht die Scheibe bis dicht an den Ereignishorizont heran (in Allgemeinen bei sehr rasant rotierenden Schwarzen Löchern mit korotierendem Plasma), während sie in anderen großen Abstand hält (gewöhnlich bei rasant rotierenden Schwarzen Löchern mit kontrarotierendem Plasma). Und nicht zu vergessen, kann jede Simulation Hunderte verschiedener Bilder liefern. Zur weiteren Bereicherung des Bildes, das unter einem theoretischen Gesichtspunkt entwickelt werden konnte, erinnere ich schließlich daran, dass jede Simulation im Nach-

hinein mit einem Emissionsmodell versehen werden kann, das die ener-
getischen Eigenschaften der Elektronen angibt, die für die Strahlung
verantwortlich sind. Die gleiche numerische Simulation kann mithin
Anstoß zu einer großen Vielfalt an weiteren Durchläufen geben, sobald
die Eigenschaften des Emissionsmodells verändert wurden.

An diesem Punkt überrascht es Sie wohl nicht mehr, dass die EHTC
bei ihren Bemühungen, aus den Beobachtungen sämtliche nützlichen
Informationen herauszuziehen und sie theoretisch zu interpretieren, in
nur gut sechs Monaten 60 000 synthetische Bilder erstellt hat, die an
realistische Beobachtungskapazitäten angepasst wurden. Noch eindrucksvoller erscheint diese gewaltige Bibliothek, wenn man sich ver-
gegenwärtigt, dass wir die Ausrichtung von M87* mit Blick auf unsere
Sichtlinie nicht kennen. Neben anderen wollen wir auch diese Information aus den Beobachtungen gewinnen. Folglich kann jedes dieser synthetischen Bilder Hunderte weitere generieren, indem wir einfach an
den beiden Winkeln drehen, auf die wir einwirken können.

Konzeptionell ist jedes dieser 60 000 Bilder eine plausible und physikalisch stimmige Darstellung dessen, wie ein akkretierendes super-
massives Schwarzes Loch erscheinen könnte, wenn es mit einem Netz
aus Radioteleskopen, verbunden durch VLBI-Technik, beobachtet
würde. Möglich ist dabei allerdings auch, dass sich keines mit einem
der vier Bilder deckt, die die EHTC anhand der am 5., 6., 10. und
11. April 2017 gesammelten Daten rekonstruiert hat. Diese Bilder zeigen erwartungsgemäß eine Veränderlichkeit von Tag zu Tag, ermöglichen es aber auch, die Stabilität der grundlegenden Eigenschaften zu
erkennen.

Fassen wir zusammen: Im April 2017 führte die EHTC nach monatelangen Vorbereitungen VLBI-Beobachtungen an M87* durch und konnte
nach über einem Jahr der Datenauswertung vier *Beobachtungsbilder*
rekonstruieren. Zudem führte sie zwischen Ende 2018 und Anfang 2019
umfangreiche Modellierungen durch, um vorherzusagen, wie ein supermassereiches Schwarzes Loch, umgeben von Akkretionsplasma, erscheinen müsste, und erstellte auf diese Art 60 000 synthetische Bilder. Der
Arbeitsgang, den ich noch nicht beschrieben habe – also das fehlende
Teil im großen Puzzlespiel auf dem Weg zum ersten Foto eines Schwarzen Lochs – besteht natürlich darin, herauszufinden, welches der
60 000 Modelle den Beobachtungsbildern entspricht, um so zu erkennen, wie diese Bilder zu interpretieren sind. Ohne Übertreibung ist das

die Suche nach der Stecknadel im Heuhaufen. Zum Glück gibt es heute Computer: Sie ermöglichen es, diese weitere Herausforderung in Angriff zu nehmen – und sie zu bewältigen.

Tatsächlich erlauben es raffinierte mathematische Algorithmen dank der Rechenleistung von Supercomputern, solche hochkomplexen Probleme, die mit einer großen Anzahl an möglichen Parametern einhergehen, tatsächlich zu lösen. Die technischen Einzelheiten solcher Algorithmen wie das *Markow-Chain-Monte-Carlo-Verfahren* oder die *genetischen Algorithmen* tun hier nichts zur Sache. Es genügt der Hinweis, dass sie eben dazu dienen, eine optimale (oder quasioptimale) Lösung für ebendiese Art Probleme zu finden. Dabei wird letztendlich ermittelt, mit welcher Wahrscheinlichkeit jeder der betrachteten Parameter innerhalb eines bestimmten Intervalls variiert. Dies ermöglicht es, die vier Beobachtungsbilder mit sämtlichen synthetischen abzugleichen und die Wahrscheinlichkeit zu bestimmen, mit der ein bestimmter Parameter, zum Beispiel die Masse des Schwarzen Lochs oder sein Spin, in ein bestimmtes Intervall fällt.

Um die Funktionsweise dieses Prozesses besser zu verstehen, unternehmen wir ein weiteres Gedankenexperiment. Stellen Sie sich vor, Sie befinden sich in einem Stadion mit einem Fassungsvermögen von 60 000 Zuschauern (zum Vergleich: das Olympiastadion in Rom fasst 70 000). Sie wollen ein Sportereignis miterleben und haben am Eingang kurz Ihre Freundin gesehen. Beim Hineingehen verlieren Sie sie aus den Augen und glauben, sie sei inzwischen schon irgendwo im Stadion, können aber nicht einmal sicher sein, dass sie es tatsächlich betreten hat. Stellen Sie sich auch vor, Sie haben von Ihrer Freundin ein neueres, aber ziemlich unscharfes Foto bei sich. Nun sieht das Prozedere beim Einlass ins Stadion vor, dass jede hereinkommende Person von einer Überwachungskamera fotografiert wird. Folglich beschließen Sie, das freundliche Sicherheitspersonal zu bitten, Ihr verschwommenes und qualitativ schlechtes Foto mit den Aufnahmen der hochauflösenden Kameras abzugleichen. Genau dieser Prozess zum Abgleich stützt sich auf das Markow-Chain-Monte-Carlo-Verfahren oder auf genetische Algorithmen. Diese versuchen diejenige der Aufnahmen zu ermitteln, die die größtmögliche Übereinstimmung mit dem Bezugsbild zeigt. In der Praxis werden Techniken der Gesichtserkennung eingesetzt, die die menschliche Physiognomie in ihre wichtigsten Merkmale zerlegen (zum Beispiel der Augenabstand, die Position der Nase im Verhältnis zu den

Augen, die Größe des Mundes etc.). Im Prinzip wird jedes Gesicht in eine Reihe aus N Zahlen zerlegt, mit einem Parameter für jeden Aspekt der Gesichtszüge, und der Algorithmus tut nichts anderes, als die Serie Ihres Bildes der Freundin mit den 60 000 in der Bilderbibliothek abzugleichen. Der «intelligente» Teil besteht folglich darin, nach der größtmöglichen Übereinstimmung zu suchen, ohne auf die gesamte Datenbasis zurückgreifen zu müssen. Stattdessen «bewegt» der Algorithmus sich durch einen Raum, in dem die Bilder günstig «geordnet» sind. Auf die Art läuft die Suche einfacher und vor allem schneller ab.

Eine schematische Darstellung dieses Verfahrens zeigt Abbildung 7.10 mit dem unscharfen Foto unserer Freundin oben links (das aber auch das von Abbildung 7.1 – unser eigentliches Thema – sein könnte) sowie oben rechts mit dem Abgleich mit einer beliebigen Aufnahme aus der Datenbank (genauer gesagt: Bild 54 200).[10] Darunter sehen wir dagegen die zehn Bilder aus der Bibliothek, die der Vorlage am nächsten kommen.

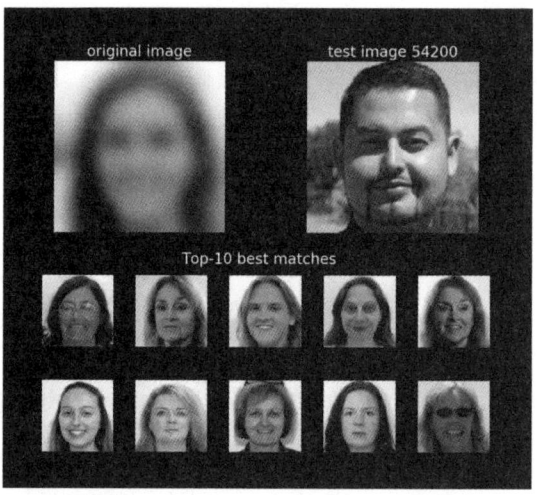

Abb. 7.10: Verfahren zum Abgleich von Bildern.

Aus mathematischer Sicht haben die Bilder unten beim Vergleich der jeweiligen Parameter zu den Gesichtszügen unserer Freundin am besten abgeschnitten. Wie zu sehen, liefert die mathematische Operation, bei der das Bezugsbild in den Raum der Bilderbibliothek mit den anwesenden Personen im Stadion projiziert wird, kein eindeutiges, sondern ein *entartetes* Ergebnis. Verständlicher ausgedrückt, verrät uns der Vergleichsprozess, dass es mehrere – mindestens zehn, aber womöglich noch mehr – Kandidaten gibt, die in fast paritätischer Weise sämtliche Kriterien erfüllen, die wir dem Algorithmus auferlegt haben, um ein Bild zu ermitteln, das unserer Freundin «ausreichend ähnelt». Da unsere verfügbare Informationsmenge begrenzt ist und wir nur auf Beobachtungen zurückgreifen können, erhalten wir – wie im Fall der Erklärungen zu unserer Wanduhr – fast zwangsläufig eine Vielfalt an Möglichkeiten.

Das Beispiel in Abbildung 7.10 – konzeptionell ganz ähnlich dem bei M87* eingesetzten Verfahren – vermittelt uns zwei wichtige Lehren, die uns im Folgenden nutzen. Nach der ersten scheint es fast so, als befinde sich unsere Freundin nicht im Stadion, da sich keines der Bilder mit der größten Übereinstimmung mit unserer Vorlage vollständig deckt (auch wenn ihr einige sehr nahekommen). Merke wohl: Ich habe «scheint» geschrieben. Naturgemäß liefern uns diese Erkennungsalgorithmen nur eine *Wahrscheinlichkeit* für eine gewisse Übereinstimmung, aber niemals Gewissheit, außer bei Bildern ohne jedes Rauschen (also gestochen scharfen und hochauflösenden). Ein ähnliches Ergebnis ist jedenfalls auch beim Vergleich zwischen den Beobachtungsbildern von M87* und den synthetischen möglich. Auch wenn wir unser Bestes gaben, um ein Bild möglichst nahe an der Realität zu erstellen, ist diese tatsächlich stets komplexer, als wir sie mit unseren Simulationen darstellen können. Deswegen ist vollkommen plausibel – und wissenschaftlich akzeptabel –, dass keines von Hunderttausenden synthetisch hergestellten Bildern «exakt» dem beobachteten entspricht.

Die zweite Lehre vermitteln uns die Porträtbilder im unteren Bereich der Abbildung. Wie wir feststellen können, gehört unsere Freundin einer besonderen Klasse von Personen an: solchen mit langen Haaren. Dieses Faktum erscheint im Moment für unsere Forschungen als eher irrelevant, wird aber von Bedeutung sein, wenn wir uns wieder den Beobachtungen von M87* zuwenden. Und wie uns der Vergleich auch zeigt, gehört unsere Freundin zudem der allgemeineren Klasse der Menschen weiblichen Geschlechts an. Tatsächlich sind alle unten abgebildeten Personen Frauen, obwohl sich im Stadion auch einige Männer mit langen Haaren aufhalten könnten, denn das Gesicht unserer Freundin hat eindeutig weibliche Züge. Sie könnten einwenden, dass dieses Ergebnis banal sei. Sie wussten das doch schon. Aber eine solche Schlussfolgerung zeigt sich als weitaus weniger banal, wenn wir Abbildung 7.1 als Bezugsbild hernehmen, weil wir von ihm eben nicht wissen, welcher Klasse es angehört.

Ein repräsentatives Beispiel dafür, wie wir in der EHTC praktisch vorgehen, illustriert Abbildung 7.11. Sie zeigt die optimale Übereinstimmung zwischen dem Bild von M87*, das aus der Beobachtung vom 11. April 2017 stammt (Kasten links), und einem synthetischen (Kasten rechts), das zweckmäßig verschlechtert wurde, um das experimentelle Rauschen zu berücksichtigen. Die Ähnlichkeit zwischen beiden Bildern dürfte beeindrucken. Und tatsächlich gehört die Punktzahl, die die Algorithmen an das Bild rechts vergeben haben, zu den höchsten unter den Hunderttausenden erzeugten Bildern.

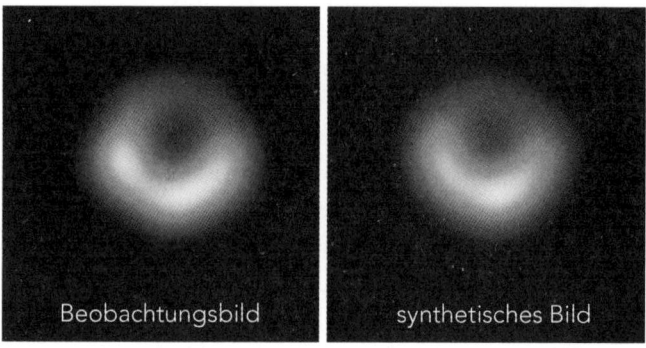

Abb. 7.11: Beispiel für eine optimale Übereinstimmung zwischen einem Beobachtungsbild von M87* und einem zweckmäßig verschlechterten synthetischen Bild.

Da das Bild rechts durch magnetohydrodynamische Simulationen und anhand eines bestimmten Emissionsmodells entstanden ist, kennen wir sämtliche Merkmale des Dargestellten (Masse und Spin des Schwarzen Lochs, Neigungswinkel zur Sichtlinie des Beobachters, Temperatur und Energieverteilung der Elektronen ...). Dies könnte uns zur Überzeugung bringen, dass wir damit auch schon alles über das Bild links wüssten. Aber diese scheinbar tadellose Logik trügt! Der Grund ist ganz einfach: Das Bild rechts liegt als eine theoretische Darstellung zwar sehr nahe an der beobachteten Realität, ist dabei aber leider nicht das einzige. Wie bei den Frauenporträts im unteren Bereich von Abbildung 7.10 treten auch bei M87* mehrdeutige Ergebnisse auf, die sich nicht beseitigen lassen und die eine direkte Folge der endlichen (und grundlegend niedrigen) Auflösung sind, mit der das Beobachtungsbild erstellt wurde.

Als wichtigste Konsequenz dieser vielfachen und mehrdeutigen Übereinstimmungen zwischen Theorie und Beobachtungen gibt es synthetische Bilder, die sich zwar auf sehr unterschiedliche Modelle von Schwarzen Löchern (zum Beispiel auf ein nichtrotierendes und auf ein besonders rasant rotierendes Schwarzes Loch) beziehen, von unserem Algorithmus aber gleichermaßen als mit den Beobachtungen im Einklang stehend bewertet werden. Auch wenn dieses Ergebnis auf den ersten Blick unmöglich erscheinen mag, ist es durchaus plausibel. Es ergibt sich daraus, dass auch die für die Strahlungsemission herangezogenen Modelle unterschiedlich sind und so die Unterschiede in der Dynamik des Plasmas ausgleichen können. Die Unterschiede im Spin und in der Emission können sich so miteinander verschwören, dass sie – gleichsam zufallsbedingt – zwei ganz ähnliche Bilder entstehen lassen.

Dieses Ergebnis, das uns angesichts der spektakulären Neuheit der ersten Beobachtungen von M87* nicht allzu sehr überraschen darf, ist Fluch und Segen zugleich. Ein Fluch insofern es uns vor Augen führt, dass wir den Spin des Schwarzen Lochs und seine Ausrichtung bei unseren Beobachtungen *nicht erfassen* und folglich auch nichts über seinen Wert aussagen können. In der Tat enthalten die Veröffentlichungen der EHTC zu den Beobachtungen auch keinerlei *gemessenen* Wert für den Spin von M87*. Aber es stellt auch einen Segen dar: Anhand von ihm können wir mit großer Sicherheit darauf schließen, dass es sich bei dem, was Abbildung 7.1 zeigt, um ein supermassereiches Schwarzes Loch handelt. Dies deshalb, weil die klar sichtbaren Merkmale des Bildes immer und unter allen Umständen von denen eines Materie einsammelnden Schwarzen Loch stammen müssen, unabhängig vom Wert des Spin.

Kehren wir zu unserem Vergleich mit dem Stadion zurück. Wie wir sahen, informieren uns alle mit dem Bezugsbild übereinstimmenden Fotos in Abbildung 7.10 darüber, dass unsere Freundin der Kategorie der Menschen «mit langen Haaren» angehört und es sich hochwahrscheinlich auch um eine Frau handelt. Ganz analog sagen uns diese vielfachen und mehrdeutigen Übereinstimmungen zwischen Theorie und Beobachtungen, dass das Objekt, von dem die EHTC ein Bild gewonnen hat, sehr wahrscheinlich ein Element der Klasse kompakter Objekte des Typs «Schwarzes Loch» ist, weil es sämtliche entsprechenden Grundmerkmale aufweist. Und dies ist durchaus ein revolutionäres Ergebnis!

Ich beschließe diesen Teil mit zwei optimistischen Feststellungen. Erstens habe ich Ihnen mit meiner Aussage, dass wir beim Spin von M87* im Dunkeln tappen, noch nicht alles gesagt. Dies gilt zwar mit Blick auf die Bilder, die die EHTC im April 2017 aufgenommen hat, aber wenn wir, weniger puristisch, frühere Beobachtungen anderer Forschender berücksichtigen, kommt etwas Licht ins Dunkel. Insbesondere können wir anhand der gemessenen Energie der Strahlungsemission im relativistischen Jet von M87*, die sich mit einer gewissen Präzision auch in den vom Schwarzen Loch entfernten Regionen schätzen lassen, ausschließen, dass es sich bei M87* um ein nichtrotierendes Schwarzes Loch handelt. Die numerischen Simulationen verraten uns nämlich, dass Schwarze Löcher des Schwarzschild-Typs zwar ebenfalls Jets erzeugen, dass diese aber «zu schwach» sind, um die Energien zu erklären, die bei den Beobachtungen gemessen wurden. Kurzum, wir können mithilfe dieser Vorarbeit anderer Astronomen mit einer einigermaßen hohen Sicherheit darauf schließen, dass M87* ein rotierendes Schwarzes Loch ist, selbst wenn wir dessen Rotationsgeschwindigkeit und -richtung noch nicht kennen.

Zweite Feststellung: Bei dieser Vieldeutigkeit in der Übereinstimmung zwischen Theorie und Beobachtung wird es nicht auf ewig bleiben. Die eben erst gewonnenen Bilder sind nur die *ersten* von M87*, auf die in Zukunft anhand immer präziserer Messungen weitere folgen können. Anders als bei den Beobachtungen Schwarzer Löcher über Gravitationswellen – von ihnen ist im nächsten Kapitel die Rede –, die nur einmalig durchführbar sind, lassen sich Bilder wie das von M87* noch über viele Jahrzehnte in der Zukunft erstellen. Dabei werden die Beobachtungen immer zuverlässiger und detailreicher, nicht nur, weil sie im Radiobereich mit immer geringeren Wellenlängen durchgeführt werden – siehe nochmals Gleichung (7.I) –, sondern auch wegen der immer empfindlicheren Radioteleskope. In nicht allzu ferner Zukunft werden solche Teleskope auch auf Satelliten in den Orbit geschickt und mit VLBI-Technik verbunden werden, um so eine Basislinie von Zigtausend Kilometern, also eines Vielfachen des Erddurchmessers zu schaffen.

Kurzum, der Schleier der Unsicherheit, hinter dem sich der Wert des Spin von M87* derzeit noch verbirgt, wird in nicht allzu langer Zeit gelüftet werden: Bald kennen wir ihn!

Aber sind wir wirklich sicher?

Wie wir sahen, stehen die Beobachtungen der EHTC mit den Vorhersagen der Theorie, die auf Modellen Schwarzer Löcher basieren, durchaus im Einklang. Deshalb ist auch das Konzept des Schwarzen Lochs – so wie von der Allgemeinen Relativitätstheorie ausgedrückt – mit den Beobachtungen bestens vereinbar.

Gleichzeitig haben wir bei mehreren Gelegenheiten Überlegungen dazu angestellt, dass die Astrophysik als eine beobachtende Wissenschaft damit leben muss, dass ihre Beobachtungen und die sie erklärenden Modelle mit einer Vielfalt an Lösungen zur Deckung zu bringen sind. Festgestellt haben wir auch, dass die Lösung mit dem Schwarzen Loch, obwohl die natürlichste und einfachste Erklärung für die beobachteten Erscheinungsformen kompakter astrophysikalischer Objekte, keineswegs die einzige ist. Tatsächlich gibt es alternative Deutungen als kompakte Objekte mit oder ohne eine Oberfläche, aber ohne einen Ereignishorizont. Und wie wir schließlich sahen, ist Einsteins Allgemeine Relativitätstheorie mit ihren häufig verblüffenden Vorhersagen, die sich bislang immer als richtig erwiesen haben, keineswegs die einzige Gravitationstheorie, mit der sich die Beobachtungen erklären lassen.

Angesichts dieser Feststellungen könnten Sie nun zwei unterschiedliche Standpunkte einnehmen. Einen konservativeren, nach dem die einzige richtige Deutung der Beobachtungen der EHTC – als die einfachste und natürlichste – diejenige sei, die innerhalb der Allgemeinen Relativitätstheorie ein Schwarzes Loch ins Spiel bringt. Wenn dies Ihr Standpunkt ist, müssen Sie hier nicht weiterlesen und können gleich zum nächsten Kapitel springen. Der zweite, kompromissbereite Standpunkt stützt sich dagegen auf die Lehren, die uns die Wissenschaftsgeschichte bisher beigebracht hat. Was heute als exotisch und abstrus anmutet, kann morgen plausibel und akzeptabel sein. Aus dem zweiten Standpunkt heraus könnten Sie sich eine so einfache wie grundlegende

Frage stellen: «Sind wir denn sicher, dass das, was die EHTC da fotografiert hat, ein Schwarzes Loch ist?»

Ich habe meine gesamte Berufslaufbahn damit zugebracht, die Konsequenzen der Allgemeinen Relativitätstheorie im Einzelnen zu erforschen, und glaube fest daran, dass diese Theorie, so unvollständig sie auch ist, die richtige Deutung der Gravitation liefert. Aber vielleicht überrascht es Sie nicht, dass ich mich klar unter denen verorte, die für andere Möglichkeiten offen sind. Deswegen habe ich mit meinen Mitarbeitern in den letzten Jahren eine Reihe von Forschungen durchgeführt, um die obenstehende Frage zu beantworten. Auf die Einzelheiten möchte und kann ich hier schon deshalb nicht eingehen, weil ich sonst – für eine allgemein verständliche Darstellung – allzu tief ins Fachliche greifen müsste. Aber die entscheidenden Schlussfolgerungen kann ich mitteilen.

Insgesamt haben meine Mitarbeiter und ich uns das Ziel gesetzt, das Spektrum der kompakten Objekte zu erweitern, die einem Akkretionsphänomen ganz ähnlich dem unterliegen, das wir bisher mit Blick auf ein einsteinsches Schwarzes Loch erörtert haben, und objektiv einzuschätzen, ob sich solche Objekte anhand der Beobachtungen möglicherweise ausmachen lassen. Dazu dienten die gleichen magnetohydrodynamischen Simulationen, die an vorderer Stelle mit Blick auf Schwarzschild'sche oder Kerr'sche Schwarze Löcher erläutert wurden, sowie die gleichen Emissionsmodelle zur elektromagnetischen Strahlung, um synthetische Bilder zu erstellen. Schließlich haben wir die gleichen Informationen zu den Eigenschaften der Radioteleskope und zu ihrer Auflösung dazu genutzt, realistische Bilder zu gewinnen.

Bis heute haben wir für unseren Vergleich zwei Beispiele betrachtet: ein *dilatonisches* Schwarzes Loch, repräsentativ für eine Klasse kompakter Objekte, die eine Alternative zu einsteinschen Schwarzen Löchern darstellen, aber dennoch einen Ereignishorizont haben, sowie einen *Bosonenstern,* der dagegen keinen Ereignishorizont hat, aber vergleichbar kompakt wie ein Schwarzes Loch ist. Der Vollständigkeit halber betone ich, dass ein dilatonisches Schwarzes Loch als Lösung in der Einstein-Maxwell-Dilaton-Axion-Gravitationstheorie auftaucht. In diesem kombinierten Gravitationsmodell werden die Einstein-Maxwell-Gleichungen an die Skalarfelder des Dilatons und des Axions gekoppelt, deren Existenz bislang nur Spekulation ist. Für ein dilatonisches Schwarzes Loch als repräsentativen Fall für eine alternative Gravitationstheorie haben wir uns deshalb entschieden, weil sich eine solche Lösung physikalisch von der Allgemeinen Relativitätstheorie dadurch unterscheidet, dass sie die Existenz eines weiteren Skalarfeldes erfordert (eben das des Dilatons), das in Einsteins Theorie fehlt. Entsprechend hat die Entscheidung zugunsten des Bosonensterns damit zu tun, dass die Existenz dieses Typs von Objekten in der Astrophysik vielfach diskutiert wird, er sich aber ganz ähnlich wie Objekte wie ein Wurmloch verhalten müsste.

Das umfassende Endergebnis dieser Forschungen habe ich in Abbildung 7.11 dargestellt. (Zu den nicht gerade wenigen Einzelheiten siehe die einschlägigen Veröffentlichungen.[11]) Die Darstellung zeigt den Vergleich zwischen drei Bildern im Radiobereich bei 230 MHz von drei kompakten Objekten, die über eine dicke Scheibe verlaufend den gleichen Akkretionsprozessen unterliegen. Im Kasten links ein rotierendes

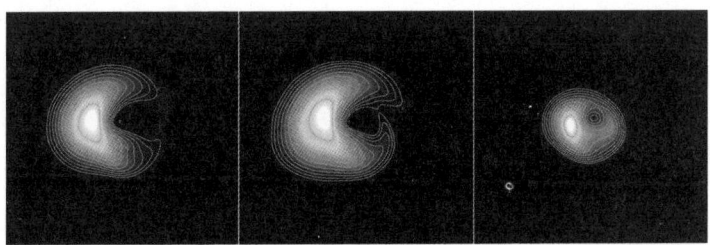

Abb. 7.12: Vergleich zwischen drei kompakten Objekten mit der gleichen Masse, die den gleichen Akkretionsprozessen unterliegen: Kerr'sches Schwarzes Loch, dilatonisches Schwarzes Loch und ein Bosonenstern.

Schwarzes Loch nach Einsteins Theorie (also ein Kerr-Schwarzes Loch mit Spin $a = 0,6$), in der Mitte ein dilatonisches Schwarzes Loch mit einem Wert für den Dilaton-Parameter, bei dem es eine innerste stabile Umlaufbahn entsprechend der eines Kerr'schen Schwarzen Lochs gibt $(b = 0,5)$, und rechts schließlich das Modell eines Bosonensterns mit einer Kompaktheit $M/R \simeq 0,1$.

Abbildung 7.12 zeigt die Verhältnisse so schön, dass sich große Erklärungen erübrigen. Die Unterschiede zwischen den Schwarzen Löchern (links und in der Mitte) auf der einen und dem Bosonenstern (rechts) auf der anderen Seite sind gut zu erkennen, während sie bei einem Vergleich der Modelle von Schwarzen Löchern untereinander weniger deutlich hervortreten. Bei unseren einschlägigen Forschungen kamen wir im Kern zu der Schlussfolgerung, dass es gegenwärtig möglich ist, ein Schwarzes Loch von einem Bosonenstern zu unterscheiden, da dieser einen deutlich kleineren Schatten hat als ein Schwarzes Loch. (Ein ähnliches Verhalten – bei gleicher Masse ein kleinerer Schatten – ist auch von einem Wurmloch zu erwarten.) Angesichts der ziemlich eng gezogenen Grenzen bei der Masse von M87*, die keine größere Schwankung als die Größe des gemessenen Schattens zulassen, ist auch auszuschließen, dass ein Bosonenstern mit den von der EHTC durchgeführten Beobachtungen noch vereinbar ist – zumindest in dem bislang betrachteten Modell. Zudem lautet unsere Schlussfolgerung, dass sich – bei der aktuellen Bildqualität – ein Kerr'sches Schwarzes Loch nicht mit hinreichender Sicherheit von einem dilatonischen unterscheiden lässt, auch wenn ihre Bilder leicht voneinander abweichen. Deswegen ist dieses Kapitel auch mit *Die erste Aufnahme eines Schwarzen Lochs* und nicht mit *eines einsteinschen Schwarzen Lochs* überschrieben. Beim gegenwärtigen Kenntnisstand sind wir tatsächlich noch nicht in der Lage, ein einsteinsches von einem Schwarzen Loch der Dilaton-Theorie zu unterscheiden – und wahrscheinlich auch nicht von denen, die in vielen anderen Theorien vorhergesagt werden.

Möglicherweise – und wohl sogar sehr wahrscheinlich – bleibt dies auch so lange so, bis VLBI-Beobachtungen mit deutlich höherer Auflösung mehr Klarheit bringen. Aber sehr wahrscheinlich können neue und wiederholte Beobachtungen – wie sie von der EHTC für die nächsten Jahre vorgesehen sind – einige der mehrdeutigen Ergebnisse in Abbildung 7.12 überwinden. Dies erscheint möglich, weil die Simulationen deutlich zeigen, dass die Variabilität des Akkretionsflusses in verschiedenen Schwarzen Löchern unterschiedlich ist, sodass die Möglichkeit, zu verschiedenen Zeiten aufgenommene Bilder miteinander zu vergleichen, eine entscheidende Rolle dabei spielen kann, die im Vergleich zweier statischer Bilder vorhandenen Mehrdeutigkeiten zu beseitigen. Noch einmal: Die bislang aufgenommenen Bilder von M87* sind folglich nur als die *ersten* anzusehen. Eine ganze Reihe von Fragen lassen sich beantworten, wenn neue Messungen vorliegen.

Zum Abschluss dieses Kapitel über die erste Aufnahme eines Schwarzen Lochs noch eine allgemeinere Feststellung: Wie bereits hervorgehoben, hat die Arbeit der EHTC eine technologische Revolution markiert und unser Verständnis der Astro- und der Gravitationsphysik radikal erweitert. Die Beobachtungen der EHTC – und deren theoretische Interpretation – haben mindestens zwei Beiträge geleistet, die aus wissenschaftlicher Sicht einhellig als die bedeutendsten anerkannt wurden. Erstens wurde mit ihnen zweifelsfrei nachgewiesen, dass sich im Zentrum der Galaxie M87 ein supermassereiches Schwarzes Loch befindet. Als naheliegende und einleuchtende Schlussfolgerung sagen uns diese Beobachtungen – da M87 als Galaxie keine besonderen Merkmale aufweist –, dass im Zentrum jeder Galaxie ein solches Schwarzes Loch liegen müsste. Diese Hypothese kam im Grunde bereits mit der Idee auf, Galaxien im Zusammenhang mit einem Schwarzen Loch zu denken, und ist deshalb schon recht alt. Deswegen ist schon bemerkenswert, dass sie erst 2019 eine Bestätigung gefunden hat. Aber noch wichtiger ist: Diese Hypothese ist entscheidend für unser gegenwärtiges Verständnis, wie die großräumigen Strukturen im Universum entstanden sind.

Als zweite universell anerkannte Leistung haben die Beobachtungen der EHTC den Nachweis erbracht, dass die Lösung mit dem Schwarzen Loch, wie von der Allgemeinen Relativitätstheorie vorhergesagt, eine wesentliche Eigenschaft besitzt: ihre Einfachheit! Es ist geradezu staunenswert, dass ein Objekt wie M87* mit einigen Milliarden Sonnenmassen die gleichen Eigenschaften wie ein anderes mit einer hundert Millionen Mal geringeren Masse aufweist, beispielsweise die Schwarzen Löcher, die LIGO und Virgo zum Vorschein brachten. Die einfache Skalierbarkeit des Verhaltens Schwarzer Löcher anhand der Masse *(no-hair theorem)* ist eine Vorhersage der Allgemeinen Relativitätstheorie, die diese Objekte auf wunderbare Weise einzigartig macht. Genau aus diesem Grund ergänzen sich die Beobachtungen der Gemeinschaftsprojekte EHT und LIGO/Virgo. Beide sind notwendig, um das Konzept des Schwarzen Lochs auf den uns zugänglichen größeren wie auch kleineren Skalen zu erkunden.

Nach meiner persönlichen Meinung ist die tiefere Bedeutung der Beobachtungen jedoch anderswo zu suchen. Für wertvoller als die erste Aufnahme eines Schwarzen Lochs an sich halte ich die Tatsache, dass diese Aufnahme ein mathematisches Konzept – das des Ereignishorizonts – in ein «physikalisches Objekt» verwandelt. Die Beobachtungen haben nachgewiesen, dass es jetzt möglich ist, Beobachtungstests an dem vorzunehmen, was vormals nur als Konzept vorlag und als solches in weiten Teilen durchaus angefochten wurde. Dank dieser und aller nachfolgenden Beobachtungen werden wir darauf verzichten können, «über die höchsten Fragen herumzudisputieren, ohne je zu einer Wahrheit zu gelangen», wie Galilei bereits zitiert wurde. Anhand von ihnen lassen sich jetzt verschiedene und gleichermaßen plausible Theorien miteinander vergleichen und diejenigen aussondern, die mit ihnen nicht vereinbar sind. Diesen banalen, aber entscheidenden Schritt bei der Anwendung der wissenschaftlichen Methodik war uns bislang versagt geblieben. Letztlich haben uns die Beobachtungen des EHTC also das einfachste und wichtigsten Instrument für Forschende an die Hand gegeben: die Möglichkeit, zu Erkenntnissen vorzustoßen. Darin sehe ich den größten Wert der Aufnahme von M87*.

Gravitationswellen: Krümmung in Bewegung

Im Jahr 2015 zeichneten erstmals Detektoren direkt Gravitationswellen auf, als zwei Schwarze Löcher eines Doppelsystems miteinander verschmolzen – fast hundert Jahre nachdem Einstein diese Wellen als Lösung seiner Gleichungen unter Bedingungen schwacher Gravitationsfelder vorhergesagt hatte. Seither gehören auch sie zum Inventar physikalischer Kenntnisse, die auch unter «Außenstehenden» verbreitet sind. Ich gehe folglich davon aus, dass die meisten von Ihnen von Gravitationswellen zumindest schon einmal gehört haben. Für viele sind sie freilich immer noch eine ziemlich unbekannte Größe, und es würde mich nicht wundern, wenn Sie sich in diesem Moment fragen: «Gehört schon, aber *was sind* Gravitationswellen eigentlich?» Die richtige – wenn Ihnen auch wahrscheinlich ziemlich unverständlich erscheinende – Antwort lautet, dass es sich um *linearisierte* Lösungen oder *Wellenlösungen* der einsteinschen Gleichungen handelt, die die in Lichtgeschwindigkeit verlaufende Ausbreitung der «Kräuselungen» in der Raumzeit darstellen, wenn diese gekrümmt wird. Mir ist natürlich klar, dass so eine Definition nur weitere Fragezeichen hervorruft. Eben deshalb erkläre ich Ihnen in diesem Kapitel deutlicher – und hoffentlich verständlicher –, worum es dabei geht.

Dazu muss ich zwangsläufig beim Wellenbegriff anfangen, der in der Physik grundlegend ist. Aus mathematischer Sicht spricht man jedes Mal dann von einer Welle, wenn man es mit einem bestimmten Typ der Differentialgleichung mit partiellen Ableitungen zu tun hat, die deswegen auch *Wellengleichungen* heißen. Diese kommen so verbreitet und häufig vor, dass wir zu ihrer Darstellung ein eigenes mathematisches Symbol, nämlich □ eingeführt haben.[1] Aus unmittelbar physikalischer Sicht ist die Welle dagegen ein Phänomen, in dem etwas in Zeit und Raum von einem Punkt zu einem anderen transportiert wird, also eine bestimmte physikalische Größe, die verschiedene und bestimmte Positionen in der Raumzeit besetzt. Mögliche Beispiele gibt es viele: Schallwellen, seismische Wellen, elektromagnetische Wellen, Wasserwellen ... In all diesen Fällen sind kleine Schwankungen einer physikalischen Größe im Spiel, die sich von einem Teil des Raums zum anderen hin ausbreiten. So sind zum Beispiel Schallwellen, dank derer wir uns mit Worten verständigen oder Musik hören können, nichts anderes als geringfügige Störungen in Druck und Dichte, die sich in einem (gasförmigen oder flüssigen) Medium in einem bestimmten Tempo, also mit der Schallgeschwindigkeit ausbreiten. Auf Dichteschwankungen beruhen auch die seismischen Wellen, die es zu trauriger Berühmtheit bringen, wenn sie von Erdbeben herrühren, die aber auch dazu genutzt werden, die Eigenschaften des Untergrunds in der Tiefe zu sondieren. In analoger Weise sind die Wellen, mit denen man es im Zusammenhang mit Photonen zu tun hat, Störungen in elektrischen und magnetischen Feldern, die sich mit Lichtgeschwindigkeit ausbreiten. Und dann gibt es noch die Wasserwellen, die wir erzeugen, wenn wir einen Stein in einen Teich werfen. Auch sie sind Störungen, wenn auch in etwas komplexerer Form, insofern sie sich an der trennenden Oberfläche zwischen zwei Fluiden mit unterschiedlichen Eigenschaften entwickeln (Wasser ist nicht komprimierbar, Luft dagegen schon). In all diesen Beispielen gelten Wellen folglich als kleine Störungen einer bestimmten physikalischen Größe in Bezug auf einen ihrer Referenzwerte. Diese Störungen breiten sich mit einer bestimmten – je nach Wellentyp unterschiedlichen – Geschwindigkeit aus und entfernen sich von ihrer Quelle. Zudem transportieren alle diese Wellen sowohl Energie als auch einen Impuls mit einer Schwingung, die senkrecht zur Ausbreitungsrichtung (als sogenannte *Transversalwellen*, so bei den elektromagnetischen) oder auch ihr entlang (als *Longitudinalwellen* wie bei den Schallwellen) erfolgen kann. Und schließlich gibt es auch Zwischenformen, bei denen die Schwingung quer und längs zur Ausbreitungsrichtung verläuft, wie es bei Wasserwellen der Fall ist.

Auch wenn sich alle Wellenphänomene ähneln, da sie den gleichen Wellengleichungen gehorchen, verdienen die Gravitationswellen eine gesonderte Erörterung. Sie gehen nämlich mit der Störung einer Größe einher, die für unsere Erfahrung ziemlich ungewöhnlich ist.

Wellen wie die anderen, aber auch verschieden

Während uns das Konzept der Welle – schon als Teil unserer Alltagserfahrung – ziemlich klar ist, verstehen wir von dem der Gravitationswelle deutlich weniger, weil es etwas uns Ungewohntes beinhaltet: die Krümmung der Raumzeit. Um ihre Natur zu verstehen, wenden wir uns in einem Schritt zurück wieder dem Beispiel des Bettlakens und der Bowlingkugel aus Kapitel 3 zu. Insbesondere lenke ich die Aufmerksamkeit dabei auf ein nicht unwichtiges Detail in diesem Szenario, nämlich darauf, dass es sich auf eine *statische* Quelle bezieht: Die Krümmung tritt an einer bestimmten Stelle auf, weil dort eine bestimmte Menge an Masse (oder Energie) vorhanden ist. Wenn wir die Quelle der Krümmung (hier die Bowlingkugel) von einem Punkt zu einem anderen rollen, folgt die Verformung im Bettlaken natürlich dieser Bewegung.

Dieses scheinbar banale Detail ist in Wahrheit sehr wichtig, insofern es uns verrät, dass die Krümmung nicht als eine *statische*, sondern im Gegenteil als eine *dynamische* Eigenschaft aufzufassen ist. Als eine solche kann sie ihre Position in der Raumzeit verändern – sich also «bewegen». Wenn aber einleuchtet, dass sich die Krümmung mit ihrer Quelle mitbewegt, dann muss ebenso unmittelbar auch der Gedanke einleuchten, dass sie sich verändern und sich übertragen kann, wenn sich – aus irgendeinem Grund – die Eigenschaften der Quelle verändern. Der logische Faden, dem wir gefolgt sind, führt zur Erwartung, dass eine Krümmungsquelle, die ihre Eigenschaften verändert – zum Beispiel weil sie sich bewegt oder ihre Form oder Kompaktheit verändert –, dabei Krümmungsstörungen hervorruft, die sich in Form von Wellen ausbreiten. Kehren wir zum Beispiel des Bettlakens zurück: Wenn wir die Bowlingkugel schrittweise von einem Punkt auf der Oberfläche zu einem anderen schieben, entstehen im Stoff kleine Falten, die sich, während die Kugel weiterrollt, kontinuierlich verändern und sich – in welchen winzigen Ausmaßen auch immer – bis an den Rand des Lakens hin ausbreiten. Genau dies sind Gravitationswellen: Krümmungsstörungen, die sich ausbreiten, wenn eine Quelle nicht mehr statisch ist. Mit anderen Worten, sie sind, wie die Überschrift zu diesem Kapitel besagt, *Krümmung in Bewegung*.

Ein besonders kritischer Geist könnte freilich einwenden, dass es sich um ein wirklichkeitsfremdes Phänomen handele. Im Grunde haben

wir gelernt, dass jedes Objekt mit Masse (oder Energie), also auch jedes
Sandkörnchen, Krümmung verursachen kann. Und nach dem soeben
Gesagten müsste man nur eine Handvoll Sand durch die Finger rieseln
lassen, um Gravitationswellen zu erzeugen. Schwer zu glauben ...
Schon, aber es ist trotzdem so! Auch ein sich bewegendes Sandkorn, der
Flügelschlag eines Schmetterlings oder unsere Gestik, wenn wir reden,
sind Quellen von Gravitationswellen. Die Allgemeine Relativitätstheorie lässt hier keinen Raum für Zweifel: Gravitationswellen sind Lösungen der einsteinschen Feldgleichungen für schwache Gravitationsfelder – also für fast flache Bettlaken. Sobald sie von einer Quelle erzeugt
werden, breiten sie sich mit Lichtgeschwindigkeit aus und rufen trans-
versale Störungen hervor. Um diese Tatsache mit einer logischen Überlegung auszusöhnen, die ihr scheinbar widerspricht, sei daran erinnert, dass in einem solchen Szenario die *Stärke* der hervorgerufenen
Krümmung von grundlegender Bedeutung ist. Wie wir sahen, ist die
Raumzeit eher starr und lässt sich nur schwer krümmen, außer durch
kompakte Objekte wie Neutronensterne oder Schwarze Löcher. Folglich sind die von einem Sandkorn oder einem Schmetterling hervorgerufenen Krümmungen, obwohl nicht gleich null, so doch verschwindend gering. Deswegen breiten sich die Gravitationswellen, die deren
Bewegung erzeugt, so unmerklich aus, dass ich bezweifle, dass sie mit
einem Gerät jemals gemessen werden können.

Da nun geklärt ist, was Gravitationswellen sind und welche Phänomene mit ihnen einhergehen, können wir uns fragen: «Welche Verformungen, die eine Krümmungsquelle erzeugt, bringen Gravitationswellen hervor?» Die Antwort ist supereinfach: *alle!* Bei einer erheblichen
Krümmungsquelle erzeugt jede mögliche Veränderung ihrer Eigenschaften Gravitationswellen. Zu dieser einfachen Regel gibt es nur eine
einzige Ausnahme: Wenn bei der Verformung die sphärische Symmetrie
erhalten bleibt. Dieses Ergebnis, das mit der Aussage des erwähnten
Birkhoff-Theorems zusammenhängt, ist besonders interessant. Es sagt
uns nämlich Folgendes: Wenn wir in einem Schwarzen Loch vom
Schwarzschild-Typ, das also sphärisch symmetrisch ist, eine sphärisch
symmetrische Störung hervorrufen würden, zum Beispiel indem wir
mit *isotroper Verteilung* (also auf die gleiche Weise in allen Radialrich-
tungen) ein Medium hineingössen, würde es keine Gravitationswellen
aussenden. Wenn wir dagegen das gleiche Schwarze Loch einer nicht-
sphärischen Akkretion aussetzten, indem wir in es zum Beispiel einen

einzelnen Tropfen des genannten Mediums hineinfallen ließen, würde es Gravitationswellen emittieren.

Wellen dieser Art zeigt Abbildung 8.1, die anhand einer numerischen Simulation erstellt wurde. Das Bild stellt diese Wellen beim Zusammensturz eines – zwangsläufig sphärischen – Neutronensterns zu einem Schwarzen Loch dar, und zwar in den allerersten Momenten, wenn dieses seine sphärische Geometrie noch nicht erlangt hat, sondern noch eine Störung aufweist.

Von dieser in der Natur eher selten vorkommenden Ausnahme abgesehen (eine vollkommene Symmetrie aufrechtzuerhalten ist schier unmöglich), ruft zwar jede Art Störung von Masse und Energie Gravitationswellen hervor, aber nicht immer in einer Stärke und Frequenz, die experimentell messbar wären. Mit diesen beiden Punkten – Effizienz der Produktion und Möglichkeit zu Detektion – befassen wir uns weiter hinten im Kapitel. Für den Augenblick genügen einige weitere Vorbemerkungen zu den Gravitationswellen, um ihre Auswirkungen auf die übrige Raumzeit bei ihrer Ausbreitung deutlich zu machen.

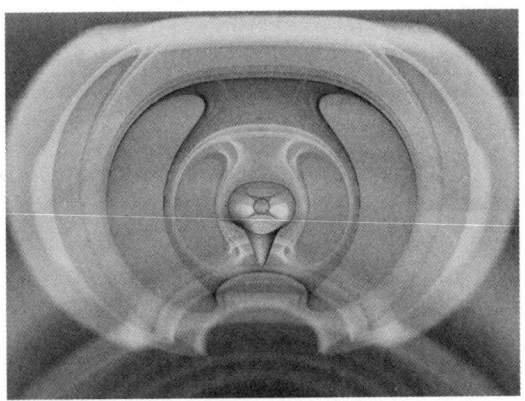

Abb. 8.1: Numerische Simulation von Gravitationswellen,
die ein gestörtes Schwarzes Loch aussendet.

Was geschieht, wenn wir mit einer Gravitationswelle interagieren, lässt sich vielleicht einfacher anhand eines Vergleichs mit einer Art von Wellen erklären, die wir aus unserer Alltagserfahrung kennen: mit denen, die auf einer in Unruhe versetzten Oberfläche eines Gewässers entstehen. Stellen wir uns also vor, wir lägen auf einer Luftmatratze, die an einem Tag ganz ohne Wind auf dem Wasser eines vollkommen stillen Sees ruht. In der Ferne sehen wir jemanden aus einem Boot ins Wasser springen. Beim Eintauchen versetzt er das Wasser in eine Unruhe, die sich im Wesentlichen kreisförmig nach außen hin ausbreitet und sich desto stärker abschwächt, je weiter die Wellenfront nach außen vordringt und eine immer größere Wasserfläche in Mitleidenschaft zieht. Bei uns angelangt, ist diese Störung ganz schwach geworden, und die Wellenlänge ist deutlich weiter als die Größe unserer Luftmatratze, die wir folglich als punktförmig betrachten können. In erster Näherung (oder, mathematisch ausgedrückt, zur ersten Ordnung in der Störung) können wir sagen, dass die Wellen transversal verlaufen, da unsere Luftmatratze periodisch vertikal (also senkrecht zu ihrer Ausbreitungsrichtung) zu schwanken beginnt. Tatsächlich übertragen sie die kinetische Energie, die die Person mit ihrem Sprung ins Wasser freigesetzt hat. Sobald die Störung vorübergezogen ist, kehrt die Matratze in ihren ursprünglichen Ruhezustand zurück.[2]

Ganz analog können wir uns in einem Gedankenexperiment vorstellen, dass irgendwo im Universum – durch Abläufe, die wir weiter hinten im Kapitel beschreiben – Gravitationswellen entstehen, die bis zu uns gelangen und uns aus senkrechter Richtung auf der Oberfläche des Sees treffen, mit einer Wellenlänge, die auch in diesem Fall größer als die Größe unserer «Luftmatratze» ist, wenn auch nicht um sehr viel. Da es sich bei ihnen um Transversalwellen handelt, ist die ausgelöste Störung nicht als eine Veränderung der vertikalen Lage der Luftmatratze messbar. Sie verursachen vielmehr eine lokale Veränderung des Wertes der Krümmung. Genauer gesagt, da die Gravitationswellen mit ihrer Ausbreitung von einem Punkt zum nächsten den Wert der Krümmung der Raumzeit verändern, erzeugen sie Gezeitenkräfte, die Veränderungen in der Lage der Objekte herbeiführen, die ansonsten keinen äußeren Kräften ausgesetzt sind (so wie die Gezeitenkräfte des Mondes die Wasseroberflächen auf der Erde heben und senken). Auf die Art verformen die Gezeitenfelder, die uns in unserem Gedankenexperiment erreichen, sowohl uns als auch das umliegende Wasser. Bei dieser sogenannten *quadrupolaren* Verformung kommt es zu einer Stauchung in einer gegebenen Richtung und einer «Streckung» in der zu ihr senkrecht liegenden. Diese Effekte erfolgen periodisch, weil sie die Frequenz widerspiegeln, in der die Wellen ausgesandt werden. Diese kann im Verlauf der Zeit auch variieren, wie wir im Folgenden erörtern.

Zur Verdeutlichung zeigt Abbildung 8.2 die quadrupolaren Deformationen, denen Leonardo da Vincis *vitruvianischer Mensch* ausgesetzt wäre, wenn eine Gravitationswelle durch ihn hindurchliefe. Zum Glück erreichen uns auf der Erde nur Gravitationswellen, die so schwach sind, dass sie keine nennenswerte Deformation erzeugen. Um sie überhaupt aufzuspüren, braucht es erst einmal die Konstruktion höchstempfindlicher Detektoren.

Abb. 8.2: Quadrupolare Verformung des *vitruvianischen Menschen* durch eine Gravitationswelle.

In ihrer mathematischen Formulierung verhalten sich die Lösungen der einsteinschen Gleichungen nur dann wie Wellen, wenn bestimmte Bedingungen gegeben sind: leere Raumzeit, geringe Krümmung, asymptotische Flachheit. Solche Bedingungen herrschen sicherlich nicht in der Umgebung der Quelle (dort weist die Raumzeit eine ausgeprägte und sehr dynamische Krümmung auf), aber sie liegen nahe bei denen, die wir, weit vom Ursprungsort entfernt, bei uns vorfinden. In dem Fall besitzen die Gravitationswellen zwei lineare Polarisationsgrade, die auch *Plus-Polarisation* (angegeben mit dem Symbol +) bzw. *Kreuz-Polarisation* (angegeben mit dem Symbol ×) heißen. Die Kreuz- ist mit der Plus-

Polarisation identisch, aber um 45 Grad gedreht. Konkret heißt dies mit Blick auf Abbildung 8.2: Während die Plus-Polarisation den *vitruvianischen Menschen* entlang der Kopf-Fuß-Achse und vor allem entlang der Ausbreitungsrichtung, also auf der Höhe der Beckens dehnt und staucht, geschieht dies durch die Kreuz-Polarisation entlang der Diagonale zu dieser Richtung.[3]

Allgemein spiegelt der Polarisationsgrad der Gravitationswellen die Eigenschaften der Quelle wider. Realistische astrophysikalische Quellen erzeugen Strahlung mit einer Mischung aus diesen Polarisationsgraden, auch wenn einige – unter besonderen Bedingungen – Gravitationsstrahlung mit einer einzigen Polarisation erzeugen können. Damit können wir uns der Frage zuwenden, warum es überhaupt wichtig ist, Gravitationswellen zu erforschen.

Gravitations- und elektromagnetische Wellen im Vergleich

Seit 2015 wurde immer wieder hervorgehoben, dass der direkte Nachweis der Gravitationswellen die Geburtsstunde der *Multimessenger-Gravitationsastronomie* markiert habe, mit der ein weiteres «Fenster» ins Universum aufgestoßen wurde. Beide Aussagen sind richtig, auch wenn sie leicht unverständlich klingen mögen. Betrachten wir sie also eingehender.

Bei der Multimessenger-Astronomie (nach dem englischen *multimessenger astronomy*) handelt es sich laut offizieller Definition um einen Zweig der Astronomie, in der wissenschaftliche Erkenntnisse über verschiedene Informationskanäle, sogenannte *Botschaften* oder *Boten*, gewonnen werden. Das sind neben dem naheliegenden, dem elektromagnetischen Kanal (also das Licht, das Himmelsobjekte in verschiedenen Spektralbereichen ausstrahlen) insbesondere auch Boten wie Neutrinos, die bei Supernova-Explosionen in Erscheinung treten, oder Gravitationswellen. Mit den Letztgenannten beschäftigt sich denn auch die *Multimessenger-Gravitationsastronomie.*

Ihre besondere Bedeutung zieht diese Art der Astronomie daraus, dass sie eine sehr viel «reichhaltigere» Quelle für Erkenntnisse ist als die traditionelle. Zur Verdeutlichung ein Beispiel, das ich ganz eingängig und zugleich leicht verständlich finde. Stellen Sie sich vor, Sie nähmen an einem der zahlreichen und wunderschönen Dorffeste teil, die dem Sommer in Italien ihren Stempel aufprägen, und mit auf dem Programm stünde ein pyrotechnisches Spektakel. Da Sie Feuerwerke lieben, haben Sie sich gleich den besten Platz gesichert: eine erhöhte Position, ausreichend weit entfernt, um das Schauspiel als Ganzes überblicken zu können, aber auch noch nahe genug, damit die Knallgeräusche den Lichteffekten nicht allzu weit hinterherhinken. Und so nippen Sie nun, in der Umarmung der Sommernacht, an Ihrem Glas Wein und genießen unter besten Bedingungen ein denkwürdiges Schauspiel.

Stellen Sie sich nun vor, Sie seien entweder blind oder taub. Wenn Sie die Lichteffekte nicht sehen, erleben Sie das ganze Ereignis als eine Abfolge von Knallgeräuschen – einige lauter und tiefer, andere schwächer und höher. Wenn Sie dagegen die Böllerei des Feuerwerks nicht hören, erleben Sie eine aus bunten und faszinierenden Effekten bestehende Choreografie mit, die aber so entrückt wirkt, als spiele sich alles auf einem anderen Planeten ab. Ich habe mir ein Feuerwerk schon mehrmals von einem zu niedrigen Standpunkt aus angeschaut und kann versichern, dass es mich deutlich weniger begeistert hat.

Wie uns dieses Beispiel zeigt, sind Feuerwerke in jederlei Hinsicht ein *Multimessenger-Phänomen*, dessen Informationen sowohl von Schallwellen (als dem ersten Boten) als auch von elektromagnetischen Wellen (also vom Licht als dem zweiten) übermittelt werden. Dank dieses Vergleichs gewinnen wir eine umfassend und unmittelbare Vorstellung davon, um wie viel reichhaltiger und informativer Multimessenger-Beobachtungen gegenüber den traditionellen astronomischen sind. Denn sie ermöglichen es uns, verschiedene Aspekte einer Quelle zu erforschen, weil diese von verschiedenen Boten übermittelt werden.

Tatsächlich erreicht uns die überwiegende Mehrheit der Informationen, die wir über unser Universum gewinnen, über elektromagnetische Wellen. Diese decken, von Radio- bis zu Gammastrahlen, ein sehr breites Spektrum ab, haben eines aber gemeinsam: Sie verraten uns Einzelheiten zum thermodynamischen Zustand von Quellen. Gleichzeitig wechselwirkt Licht – und dies gilt insbesondere für die Photonen, aus denen es sich zusammensetzt – auf deutliche Weise mit der Materie, der es auf seinem Weg begegnet, sodass es Phänomenen der Absorption unterliegt. Wie wir sahen, kann eine astronomische Quelle durch die Wirkung des Materials, das zwischen ihr und uns liegt, teilweise oder ganz verdunkelt werden. Dagegen übertragen Gravitationswellen ein gravitatives Gezeitenfeld, das mit den Kräften, die die astronomischen Objekte zusammenhalten, nur schwach verbunden ist. Sie breiten sich fast ungestört aus und liefern uns Informationen zu den globalen Bewegungen der Quellen in deutlich anderen Frequenzen als denen der elektromagnetischen Wellen. Sie expandieren und kontrahieren die Raumzeit abwechselnd in orthogonalen Richtungen. Wegen dieser *Orthogonalität* übermitteln sie zwangsläufig eine andere Art Information als elektromagnetische Strahlung, die sich zu dieser ergänzend nutzen lässt.

Die nachfolgende Tabelle fasst die teils radikalen Unterschiede zwischen elektromagnetischen Wellen (EMW) und Gravitationswellen (GW) zusammen, auch bei der Art der Informationen, die sie liefern.

EMW	GW
Sind Schwingungen elektrischer und magnetischer Felder, die sich in der Raumzeit ausbreiten.	Sind Schwingungen der Raumzeit selbst.
Erzeugen in der einfachsten Form eine *Dipolstrahlung*, also eine, die von einem oszillierenden Dipol (zwei entgegengesetzten Ladungen) hervorgebracht wird.	Erzeugen in der einfachsten Form *Quadrupolstrahlung*, entstehen also durch einen *Massequadrupol* (eine nichtzirkuläre Masseverteilung), der in Schwingung versetzt wird.
Sind fast immer das Ergebnis der inkohärenten Überlagerung der Beiträge von Millionen Elektronen, Atomen oder Molekülen.	Entstehen durch die kohärente Bewegung großer Mengen Masseenergie, seien es astronomische Objekte oder Energieverdichtungen.
Verraten uns Einzelheiten zum thermodynamischen Zustand (Temperatur, Dichte) der Konzentrationen, von denen sie hervorgebracht werden.	Verraten uns Einzelheiten der dynamischen und globalen Eigenschaften (Größe, Masse und Geschwindigkeit) großer Konzentrationen an Masseenergie.
Ihre Wellenlängen sind sehr kurz im Verhältnis zur Ausdehnung der astronomischen Quellen. Dennoch lassen sich «Bilder» von ihren Quellen herstellen.	Ihre Wellenlängen sind häufig vergleichbar mit der Größe ihrer Quellen, wenn nicht größer. Aus ihnen lassen sich keine «Bilder» herstellen.
Unterliegen Phänomenen der Absorption, Diffusion und Dispersion, wenn sie auf Materie treffen.	Breiten sich ungestört mit Lichtgeschwindigkeit durch jede Art Material aus.

Das Spektrum der von Himmels-objekten ausgesandten Wellen dieser Art ist im Wesentlichen von der Masse der Quelle unabhängig. Dadurch sind sich die Emissionsspektren stellarer und supermassereicher Schwarzer Löcher sehr ähnlich.	Das Spektrum dieser Wellen hängt von der Masse der Himmelsobjekte ab, von denen sie ausgesandt werden. Stellare Schwarze Löcher senden diese Wellen in deutlich höheren Frequenzen aus als supermassereiche Schwarze Löcher.
Ihre Wellenlängen sind kürzer als die Krümmungsradien der Objekte, denen sie bei der Ausbreitung bis zu uns begegnen. Dies sorgt für Gravitations-linsenphänomene (Ablenkung und Verstärkung).	Haben Wellenlängen vergleichbar mit den Krümmungsradien der Objekte, denen sie bei der Ausbreitung bis zu uns begegnen. Die Gravitationslinsen-phänomene sind deutlich weniger ausgeprägt und schwieriger zu messen.

Diese kurze Gegenüberstellung zeigt wohl klar die fantastischen Chancen auf, die sich bieten, wenn man dasselbe astrophysikalische Objekt anhand der Emission von Gravitationswellen und anhand elektromagnetischer Wellen beobachten kann. So lässt sich die Menge an gewonnenen Informationen diversifizieren und erweitern. Nachdem am 14. September 2015 erstmals Gravitationswellen (aus der Verschmelzung zweier Schwarzer Löcher) detektiert worden waren – das als GW150914 bezeichnete Signal –, suchten die Astronomen über viele Monate hinweg nach Spuren einer einhergehenden elektromagnetischen Emission in allen nutzbaren Bereichen des Spektrums, von Radiowellen bis zur Gammastrahlung. Leider bis heute ohne Erfolg. Ähnlich frustrierende Fehlschläge begleiteten lange Zeit auch die Fahndung nach Signalen aus anderen Doppelsystemen Schwarzer Löcher (derzeit über sechzig). Zum Glück änderte sich dies 2017 mit dem Ereignis GW170817. Bei dieser Verschmelzung zweier Neutronensterne eines Doppelsystems bot sich uns ein fantastisches Feuerwerk dar. Darüber reden wir in Kürze.

Wie spürt man Gravitationswellen auf?

Wie wir sahen, entstehen Gravitationswellen keineswegs selten oder unter komplexen Umständen. Wenn man sie mit einem Detektor aufspüren will, besteht das eigentliche Problem vielmehr darin, dass sie dazu mit ausreichender Intensität bei uns eintreffen müssen. Hier sei vor allem daran erinnert, dass die Ausbreitung einer Gravitationswelle über die Gezeitenkräfte in Erscheinung tritt, die eine Schwankung in der Größe der Objekte herbeiführt, auf die sie treffen. Einige Seiten weiter hinten erörtere ich eingehend, was Gravitationswellen in einer Stärke hervorbringt, in der wir sie detektieren können, aber eines nehme ich vorweg: Selbst wenn wir die denkbar intensivsten astronomischen Quellen – nämlich Doppelsysteme Schwarzer Löcher – und deren typische Entfernungen zu uns berücksichtigen, liegt die Amplitude h, mit der ihre Wellen bei uns eintreffen, in der Größenordnung von 10^{-21}, hat also den verschwindend geringen Wert, der einem Teil auf 1 000 000 000 000 000 000 000 entspricht. Für ihre Messung braucht es eine kaum vorstellbare Präzision. Es ist, als wollten wir eine Länge von einem Milliardstel des Durchmessers eines Atoms oder die Entfernung zwischen der Erde und Proxima Centauri bis auf 40 Mikron (Mikrometer) genau messen!

Aber obwohl eine solche Präzision unmöglich erreichbar scheint, operieren mit ihr im Normalfall die modernen Gravitationswellendetektoren wie LIGO oder Virgo, auch wenn dafür Jahrzehnte der Forschung und kontinuierlicher Verbesserungen notwendig waren. Vielleicht fragen Sie hier: «Aber wie erreichen sie solche Ergebnisse?» Nun, dank der Technik der Interferometrie, die im vorigen Kapitel bereits erörtert wurde. Gravitationswellendetektoren beruhen auf einem relativ simplen Verfahren, das gewissermaßen ein Experiment wiederholt, das Albert Michelson (1852–1931) und Edward Morley (1838–1923) am Ende des 19. Jahrhunderts durchführten (um die Geschwindigkeit der Erde auf ihrer Bahn um die Sonne relativ zu einem hypothetischen Lichtäther zu messen, der sich dann aber als inexistent erwies). Abbildung 8.3 zeigt schematisch vereinfacht ein Michelson-Interferometer, wie es bei diesem sogenannten *Michelson-Morley-Experiment* eingesetzt wurde.

Dabei erzeugt eine möglichst kohärente und stabile Lichtquelle – heute ein Hochleistungslaser, aber damals natürlich mit eher spartanischer Technik – einen Lichtstrahl, der auf einen halbdurchlässigen Spiegel trifft. Dieser reflektiert einen Teil des Lichts und lässt den anderen passieren, ähnlich den Einwegspiegeln, die Polizeibeamte auf ihren Dienststellen dazu einsetzen, Personen in einem anderen Raum unbemerkt zu beobachten. In Gravitationsinterferometern kommen Spiegel zum Einsatz, die exakt 50 Prozent des Lichts reflektieren und 50 Pro-

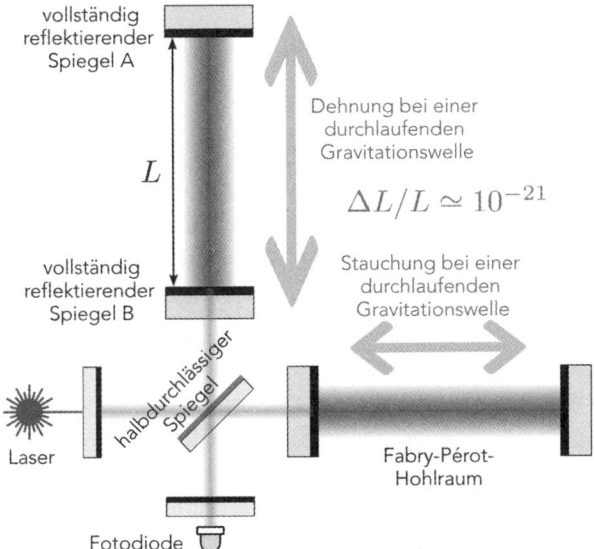

Abb. 8.3: Schema eines interferometrischen Gravitationswellendetektors.

zent passieren lassen. Wie die Abbildung zeigt, ist der Spiegel in einem 45-Grad-Winkel zum auftreffenden Strahl positioniert, sodass er ihn in zwei Teile «aufspaltet» (deswegen auch «Strahlteiler», englisch *beam splitter* genannt), die jeweils in einen der beiden rechtwinklig zueinanderstehenden «Arme» des Interferometers gelenkt werden.

Im ursprünglichen Experiment von 1887 hatten die beiden Arme eine Länge von ungefähr zehn Metern – eindeutig zu kurz, um Gravitationswellen zu messen. Die jeweilige Längenveränderung der Arme, die durch eine Gravitationswelle ausgelöst wird – $\Delta L/L$ –, entspricht deren Amplitude, die, wie wir sahen, bei $h \simeq 10^{-21}$ liegt. Messungen sind mit gegenwärtiger Technologie folglich nur bei einer Länge L von mehreren Kilometern möglich. Und so können die interferometrischen Detektoren des Observatoriums LIGO, von denen einer in Livingston, Louisiana, und der andere in Hanford, im Bundesstaat Washington steht, mit vier Kilometer langen Armen aufwarten, während der Virgo-Detektor in Cascina bei Pisa mit etwas kürzeren von nur drei Kilometern arbeitet.

Die beiden Strahlen, in die der Strahlteiler den ursprünglichen Laser zerlegt hat, passieren jeweils einen dieser beiden Arme bis zu einem ersten vollständig reflektierenden Spiegel, der an feinen Siliziumfasern aufgehängt ist (zum Beispiel «Spiegel A» im senkrecht dargestellten Arm), und werden von ihm zurückgeworfen. Diese Spiegel sind natürlich keine handelsüblichen, sondern vielmehr technische Wunderwerke. Fast 20 Zentimeter dick und zig Kilogramm schwer, weisen sie eine Oberfläche auf, die bis auf Unebenheiten von nur rund einem Nanometer, also einem Milliardstel Meter, glattpoliert ist. Und während Haushaltsspiegel einen Reflexionsgrad zwischen 80 und 90 Prozent aufweisen, warten sie mit einem von über 99,9999 Prozent auf. Sie absorbieren nur eines von einer Million Photonen, alle übrigen werden reflektiert.

Nach dieser staunenswerten Reflexion werden die beiden Lichtbündel im Strahlteiler wieder zusammengeführt und landen in der *Fotodiode*, einem hochempfindlichen Detektor, mit dem sie interferometrisch wechselwirken. Allgemein lässt sich das Interferometer so «einstellen», dass sie im Strahlteiler perfekt *in Phase* oder in *Phasenopposition* eintreffen. Dadurch entsteht in der Fotodiode eine Interferenz, die im ersten Fall konstruktiv und im zweiten destruktiv ist. Zu praktischen Zwecken muss die Fotodiode eine destruktive Interferenz messen, weshalb es denn auch heißt, dass die Fotodiode *auf dunkle Streifen* gestellt wird.

Läuft eine Gravitationswelle durch die beiden Arme, zum Beispiel mit einer Ausbreitungsrichtung rechtwinklig zur deren Ebene, verändert sich mit der Verzerrung der Raumzeit deren Länge. Daraus ergibt sich eine Phasenverschiebung zwischen den Lichtwellen in den beiden Armen und damit eine Veränderung der Interferenz in der Fotodiode, die jetzt nicht mehr synchron als dunkle Streifen abgebildet wird. Je größer die Amplitude der Gravitationswelle, desto größer die Verzerrung der Arme der Interferometer und damit auch die Phasenverschiebung in den wieder zusammengeführten Lichtstrahlen in der Fotodiode.

Entsprechend dieser Beschreibung, bei der ich auf zahlreiche Details verzichtet habe, funktioniert ein klassisches interferometrisches Experiment, wie es Michelson und Morley durchgeführt haben. Ein solches Interferometer allein spürt allerdings noch keine Gravitationswelle auf, auch wenn es wie das von LIGO vier Kilometer lange Arme hat! Und zwar deshalb nicht, weil die Verformungen, die eine solche Welle hervorruft (also unser *Signal*) gegenüber denjenigen, die vom Umfeld erzeugt werden (das sogenannte *Rauschen*) viel zu gering sind.

Und da wir an der Amplitude des Signals nichts verändern können, weil es einzig und allein von den Eigenschaften der Quelle bestimmt wird, müssen wir folglich mit einer ganzen Reihe experimenteller Kniffe die Stärke dieses Rauschens so deutlich reduzieren, dass es unter der des Signals liegt. Das ist ungefähr so, als wollten Sie in einem Raum, in dem aus Lautsprechern gedämpft Musik erklingt, heraushören, um welches Stück es sich handelt, obwohl andere Anwesende lautstark reden. Da Sie die Musik nicht lauter stellen können, müssen Sie folglich die Leute bitten, einen Moment lang still zu sein.

Im Verlauf der letzten vierzig Jahre wurden zahlreiche Techniken entwickelt, um die verschiedenen Rauschquellen auszuschalten, die der modernen Gravitationswellendetektion in die Quere kommen. Ihre eingehende Erörterung, so interessant sie wäre, bräuchte allerdings deutlich mehr Zeit, als uns für diesen letzten Teil unserer Reise noch bleibt. Hervorgehoben sei nur, dass Detektoren wie LIGO und Virgo aus einer Zusammenarbeit von Tausenden von Personen hervorgegangen sind. Wie die Radioteleskope der EHTC oder die Teilchenbeschleuniger des CERN stellen sie einen Gipfelpunkt der Technologie dar. Und sie sind sogar das einzige Instrument, um die Quellen von Gravitationswellen aufzuspüren, von denen im nächsten Abschnitt die Rede ist.

Was ruft die Welle hervor?

Diese Überschrift, ich weiß, mag abwegig erscheinen. Denn Sie wissen ja inzwischen, dass jede nichtsphärische Veränderung einer Masse- oder Energieverteilung Gravitationswellen erzeugt. Aber die angemessene Überschrift wäre zu lang geworden: «Welche Quellen erzeugen so starke Gravitationswellen, dass diese detektiert werden können?» Eine Antwort ist ziemlich einfach: Die Quelle muss ausreichend «gewaltig» sein, also ein genügend hohes Maß an Energie in Form von Gravitationswellen freisetzen.

Ich habe Ihnen schon einige Zeit keine Gleichung mehr vorgelegt. Damit Sie beim Lesen nicht aus der Übung kommen, gebe ich unten eine vereinfachte Version der *Quadrupolnäherung* der Helligkeit einer Quelle von Gravitationswellen an. Im Kern verrät uns diese, dass sich die Stärke einer solchen Quelle mit Blick darauf ausdrücken lässt, wie viel Energie sie pro Zeiteinheit verliert. Damit gilt:

$$L_{GW} \simeq Gc \left(\frac{M}{R}\right)^2 \left(\frac{v}{c}\right)^6 \sim \frac{c^5}{G}\left(\frac{r_s}{R}\right)^2 \left(\frac{v}{c}\right)^6 \tag{8.I}$$

In der Formel steht M für die Masse der Quelle, R für ihre charakteristische Größe (zum Beispiel den Radius, wenn wir an einen Stern denken) und v für die mittlere Geschwindigkeit, mit der sie sich bewegt. Wie gewöhnlich habe ich die Teile, die mit Konstanten verbunden sind, grau gesetzt, weil sie für das Verständnis der Gleichung unwichtig sind.

Bei genauerer Betrachtung erkennen wir sofort, dass der Ausdruck (8.I) aus drei Gliedern besteht. Das erste, links, ist nur die Definition für die Helligkeit; das mittlere beruht eben auf der Masse und der Geschwindigkeit, und das rechte beinhaltet wiederum eine Größe, die uns in Kapitel 6 bereits begegnet ist, den Schwarzschildradius: $r_s = 2GM/c^2$ (6.I). Konzentrieren wir uns einen Augenblick auf den Term in der Mitte. Er sagt uns, dass die Helligkeit zu einer Größe proportional ist, auf die wir auf unserer Reise schon mehrfach gestoßen sind, nämlich zur Kompaktheit der Quelle *(M/R)*, die hier zum Quadrat erhoben ist. Zudem ist die Helligkeit auch proportional zur Geschwindigkeit, wenn sie auf die des Lichts bezogen wird, und hier in ihrer sechsten Potenz.

So beschrieben, klärt Ausdruck (8.I) über zahlreiche Einzelheiten auf, die bislang im Dunkeln lagen. Da sich astrophysikalische Strukturen zumeist durch eine sehr geringe Kompaktheit auszeichnen und sich mit Geschwindigkeiten bewegen, die um ein gewaltiges Maß unter der des Lichts liegt, ist ihre Helligkeit an emittierten Gravitationswellen extrem gering. Nehmen wir als konkretes Beispiel unsere Sonne. Wie wir sahen, liegt deren Kompaktheit im Bereich von $M/R \simeq 10^{-6}$ (4.III), während sie in unserer Galaxis mit einer Geschwindigkeit von rund 800 000 Stundenkilometern durch den Raum schießt, also mit gut einem Tausendstel der Lichtgeschwindigkeit. Damit können wir ihre Emissionsleistung bei Gravitationswellen berechnen: $L_{GW} \simeq 10^8$ Watt $\simeq 10^{-18} L_{EM}$. Mit anderen Worten, die gravitative «Heiligkeit» der Sonne entspricht knapp einem Milliardstel eines Milliardstel dessen, was sie an elektromagnetischer Strahlung emittiert. Und wenn dies für ein sich so rasch bewegendes Objekt mit einer einigermaßen großen Kompaktheit gilt, ahnen Sie sicher, wie vergeblich es wäre, würde man versuchen, hier, auf der Erde, messbare Gravitationswellen zu erzeugen. Stellen Sie sich vor, Sie wollten hierfür zum Beispiel eine Masse von tausend Kilogramm nutzen, die sich mit 100 Stundenkilometern fortbewegt, einen Kleinwagen, den Sie auf einer ringförmigen Rennstrecke mit einem Radius von einem Kilometer Kreise ziehen lassen. In diesem Fall lägt die Amplitude der von ihm erzeugten Gravitationswellen bei $\simeq 10^{-43}$: bei einigen Millionstel eines Milliardstel eines Milliardstel dessen, was ein Detektor messen könnte.

Konzentrieren wir uns nun auf das rechte Glied von Ausdruck (8.I). Er sagt uns, dass ein Objekt das größte Potenzial zur Erzeugung von Gravitationswellen mitbringt, wenn es vergleichbare Abmessungen wie sein Schwarzschildradius hat und sich mit einer Geschwindigkeit ganz nahe an der des Lichts bewegt. Dies erklärt, warum das erste gemessene Signal von Gravitationswellen von einem Doppelsystem aus Schwarzen Löchern stammte. Solche Systeme sind die gewaltigsten Quellen, die wir uns vorstellen können, da sie aus Objekten bestehen, deren Abmessungen *exakt* denen des Ereignishorizonts entsprechen, sich mit rund 2/3 der Lichtgeschwindigkeit bewegen und als Teile eines Doppelsystems größtmöglich von einer sphärischen Symmetrie abweichen.

Kurz gesagt, der Ausdruck (8.I) sendet uns eine unmissverständliche Botschaft: Wenn wir irgendeine Hoffnung haben wollen, Gravitationswellen mit interferometrischen Instrumenten aufzuspüren, müssen wir das Signal einer Quelle auffangen, die *extrem kompakt* ist (bei der also $M \simeq R$), eine mit dem *Schwarzschildradius vergleichbare Größe* hat (also eine $R \simeq r_s$) und die sich zudem *nahezu mit Lichtgeschwindigkeit* (also mit $v \simeq c$) *bewegt*. Wellen, die von solchen Quellen aus einer Entfernung von einigen hundert Megaparsec ausgehen, erreichen die Erde mit einer Amplitude von $h \simeq 10^{-21}$ und sind für unsere empfindlichen Instrumente gerade noch messbar.

Damit sind die wesentlichen Merkmale der Gravitationswellen geklärt. Jetzt können wir die verschiedenen Signale von Gravitationswellen anhand ihrer Quellen klassifizieren, die auf ihre Amplitude, Frequenz und Veränderlichkeit zwangsläufig einen entscheidenden Einfluss ausüben.

1. *Impulsartige Signale* sind sehr kurz, in der Größenordnung einer Zehntel Millisekunde oder darunter, und können von verschiedenen Quellen stammen. Signale dieses Typs sind allgemein in Verbindung mit Supernova-Explosionen, jedenfalls mit einem gravitativen Kollaps zu erwarten, aus dem – wie bei Supernovae – ein Neutronenstern oder ein Schwarzes Loch hervorgeht. Wegen ihrer Kürze und Flüchtigkeit sind ihre *Spektraleigenschaften* – also der Frequenzbereich, der sie und ihre Amplitude in den verschiedenen Frequenzen kennzeichnet – nicht gut bestimmt, aber den Erwartungen nach liegen diese Signale allgemein im hohen Frequenzbereich, ab einigen hundert Hz bis zu mehreren kHz. Angesichts der Empfindlichkeit der gegenwärtigen interferometrischen Detektoren und der Tatsache, dass das Signal einer Supernova-Explosion in der Regel schwach bei uns ankommt, werden solche impulsartige Signale vor allem aus nahen Raumregionen, also aus dem Inneren unserer Galaxis, erwartet. Tatsächlich sind extragalaktische Supernova-Explosionen – obwohl sie sehr häufig vorkommen und ihre elektromagnetische Strahlung beobachtbar ist – zu weit entfernt, als dass sie für Gravitationswellendetektoren «sichtbar» wären. Da sich in der Sternenpopulation unserer Galaxis eine Supernova-Explosion nur alle dreißig bis vierzig Jahre ereignet, überrascht es nicht, dass LIGO und Virgo bislang noch keine Signale dieses Typs aufgefangen haben, auch wenn wir alle gespannt darauf warten. Und schließlich könnten Signale dieses Typs gerade wegen ihrer «Impulsivität» von Quellen stammen, die vorhergesagt, aber bislang noch nie beobachtet wurden, so von kosmischen Strings, Überbleibseln von Phasenübergängen im primordialen Universum. Sollte eine völlig neue und unerwartete Quelle auftauchen, die bislang noch keine Theorie vorhersagt, ist mit ziemlicher Wahrscheinlichkeit davon auszugehen, dass das entsprechende Signal ein impulsartiges ist. Aus diesem Grund wäre die erste Messung eines solchen Signals doppelt interessant!

2. *Periodische Signale* sind solche, die in einer Frequenz – oder einer begrenzten Anzahl ganz bestimmter Frequenzen – über sehr lange Perioden, über Jahrzehnte oder sogar Jahrhunderte, fast konstant bleiben. Potenzielle Quellen für solche periodischen Gravitationswellen sind die Pulsare, die uns bereits begegnet sind und von denen wir wissen, dass sie ein Bündel an elektromagnetischer Strahlung aussenden, von dem wir wie vom Lichtstrahl eines Leucht-

turms periodisch gestreift werden. Diese rotierenden Neutronensterne können Abweichungen von der Achsensymmetrie zeigen:
wegen Deformationen an ihrer Oberfläche – den «Bergen», wie wir
sie bezeichnet haben –, die in der Phase entstanden, als der Proto-
Neutronenstern abgekühlt und die Oberfläche dabei erstarrt ist. Deformationen sind auch, falls kristallinen Typs, im stellaren Kern
möglich oder könnten durch ein starkes Magnetfeld entstanden
sein, das – über die magnetische Spannung – nicht axiale Kräfte ausübt. Kurzum, schon eine kleine Asymmetrie macht aus einem Neutronenstern – wegen seiner großen Kompaktheit und seiner rasanten Rotation – eine Quelle für Gravitationswellen, die auch messbar
sind, sofern diese sich innerhalb unserer Milchstraße befindet. Ihre
Emission erfolgt in einer bestimmten Frequenz, die allerdings nicht
bekannt ist. Auch ist das erwartete Signal äußerst schwach, und das
Signal-Rausch-Verhältnis liegt mitunter unterhalb der kritischen
Grenze des noch zu Erkennenden. Diese schwachen Signale lassen
sich also nur durch Beobachtungen über Wochen oder Monaten aus
dem Meer des sie umgebenden Rauschens «extrahieren». Die bisherigen Beobachtungskampagnen von LIGO und Virgo haben bislang
noch keine Quelle periodischer Gravitationswellen zum Vorschein
gebracht. Zutage gefördert haben sie allerdings, dass der Höhe der
Erhebungen auf Neutronensternen sehr enge Grenzen auferlegt
sind: bei höchstens einem Millimeter und in vielen Fällen unterhalb
eines Zehntelmillimeters.

3. *Stochastische Signale* unterscheiden sich deutlich von den oben beschriebenen, insofern ihre Quellen nicht *einzeln aufgelöst* sind. Das
gemessene Signal lässt sich nur einer – zumeist sehr großen – Ansammlung von Quellen zuordnen, die für die Instrumente nicht
einzeln auszumachen sind. Auch wenn jede für sich zu schwach ist,
um isoliert aufgespürt zu werden, bilden sie zusammen eine Masse,
von der ein messbares Signal ausgeht. Zur Verdeutlichung ein Beispiel: Stellen Sie sich eine ferne Galaxie vor, die Sie mit bloßem
Auge oder einem kleinen Teleskop sehen können. Sie sehen sie als
einen kleinen Nebelfleck, weil Sie das Licht der Dutzende, wenn
nicht Hunderte von Milliarden von Sternen, aus denen sie sich zusammensetzt, nicht einzeln unterscheiden können. Kein Stern ist für
sich allein so lichtstark, als dass Sie ihn sehen könnten. Aber die
Strahlung aller zusammen macht sie als Galaxie sichtbar. Das Gleiche

gilt für Quellen von Gravitationswellen. Als einzelne nicht aufgelöst, addieren sich ihre zahllosen schwachen Signale zu einem auf-
spürbaren auf. Die Quellen stochastischer Signale untergliedern
sich in verschiedene Klassen. Der *stochastische Hintergrund* ist astrophysikalischen Ursprungs, bestehend zum Beispiel aus einer hohen
Anzahl an Doppelsystemen aus Weißen oder aus Braunen Zwergen,
zwei unterschiedlichen Arten von Sternen, von denen es allein in
unserer Milchstraße Milliarden gibt. In der Endphase ihres Lebens
angekommen, sind sie kompakter als gewöhnliche, aber deutlich
weniger kompakt als Neutronensterne. Abgesehen von den Neutronensternen sehr nahe gelegener und gut bekannter Doppelsysteme,
ist ihr Signal zu schwach, um einzeln identifiziert zu werden, weil
ihre Quellen nicht kompakt genug sind und nicht ausreichend
schnell rotieren. Aber wenn Millionen von ihnen «eingeschaltet»
sind und Gravitationswellen aussenden, lassen sich ihre Signale bei
ausreichend langer Beobachtungszeit aufspüren. Die typische Periode der Gravitationswellen dieser Quellen liegt bei rund einer
Stunde, also bei einer zu niederen Frequenz, als dass sie von Interferometern wie LIGO oder Virgo gemessen werden könnten. «Sichtbar» werden sie allerdings sicherlich für das Weltrauminterferome-
ter LISA sein, wenn es voraussichtlich um 2030 im Orbit in Betrieb
geht. Ein weiterer stochastischer Hintergrund schließlich ist kosmischen Ursprungs, der im Zusammenhang mit dem Urknall entstanden sein könnte, infolge winziger, aber gleichwohl vorhandener
Störungen in der Dichteverteilung. Diese kosmologischen Gravitationswellen haben äußerst niedere Frequenzen, aber ein Teil müsste
als ein Signal mit einer Periode von zig Tagen für LISA folglich
detektierbar sein. Da sie nur 10^{-43} Sekunden nach dem Urknall ausgesandt wurden, könnten sie wertvolle neue Aufschlüsse über die
physikalischen Bedingungen liefern, die in den allerersten Augenblicken im Leben des Universums geherrscht hatten, falls sie –
direkt oder indirekt über den «Abdruck», den sie in der kosmischen Hintergrundstrahlung vielleicht hinterlassen haben[4] – gemessen werden könnten.

4. *Signale aus Doppelsystemen* sind das Gravitationssignal par excel-
lence, insofern sie zu den intensivsten gehören und bislang auch als
einzige – direkt oder indirekt – detektiert wurden. Sie weisen vielfältige interessante Aspekte auf, von denen noch die Rede ist. Hier

nur das Wichtigste: Wie wir sahen, gibt es zwei Klassen astrophysikalischer Objekte, die bei der Kompaktheit die unangefochtenen Champions sind: Neutronensterne und Schwarze Löcher. Und nur wegen dieser Kompaktheit sind sie potenziell starke Quellen für Gravitationswellen. Als Vorteil kommt hinzu, dass sie ziemlich häufig in Doppelsystemen (bestehend aus zwei Schwarzen Löchern, zwei Neutronensternen oder «gemischt») auftreten. Dies ist insofern in doppelter Hinsicht bedeutsam, als es der Quelle eine beachtliche – und tatsächlich die größtmögliche – Abweichung von einer sphärischen Symmetrie verschafft und es den Komponenten des Systems ermöglicht, Geschwindigkeiten nahe der des Lichts zu erreichen. Zählt man all diese Faktoren zusammen – und behält dabei den Ausdruck (8.I) im Kopf –, liegt der Schluss nahe, dass die Gravitationswellen, die aus Doppelsystemen aus Schwarzen Löchern und Neutronensternen stammen, die stärksten Gravitationssignale sind.

Vor Abschluss dieses Abschnitts gebe ich mit Abbildung 8.4 noch eine Übersicht über die verschiedenen astrophysikalischen Quellen für Gravitationswellen, die wir bislang erörtert haben. Deren Position auf der horizontalen Achse gibt eine Vorstellung von der charakteristischen Frequenz (oder Periode), in der die Welle ausgesandt wird, und ermöglicht damit einen Vergleich zwischen Quellen mit Perioden von Tagen (oder mit Frequenzen von zig Millionstel Hz wie bei Doppelsystemen

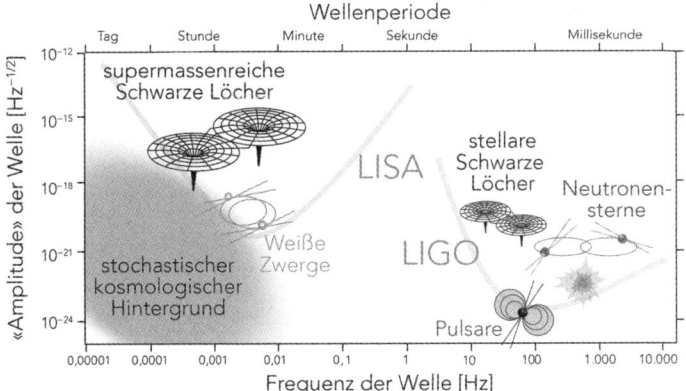

Abb. 8.4: Die verschiedenen Quellen von Gravitationswellen, die von Detektoren wie LIGO und Virgo oder LISA aufgespürt werden können.

aus supermassereichen Schwarzen Löchern) oder von zig Millisekunden und sogar von noch kürzeren (also nur mit Hunderten oder Tausenden Hz wie bei Doppelsystemen von Neutronensternen. Entsprechend gibt die vertikale Position der einzelnen Quellen eine grobe Vorstellung zur charakteristischen Amplitude der Gravitationswellen, die sie erzeugen. Und die Kurven im Schaubild stellen die der Empfindlichkeit interferometrischer Detektoren wie LIGO und Virgo oder des zukünftigen Weltrauminterferometers LISA dar.

Die aufgeführten Quellen sind natürlich nicht alle gleich weit von uns entfernt. Im Gegenteil, die charakteristische Amplitude bezieht sich auf Quellen an der Grenze des *Beobachtungshorizonts*, also auf den Umkreis im Universum, innerhalb dessen sie jeweils beobachtbar sind. Bei einem Gravitationssignal aus einer Supernova-Explosion ist dieser Horizont auf die Milchstraße begrenzt (also auf eine Entfernung von rund hundert Kiloparsec), während er bei einem Doppelsystem aus Neutronensternen bis in eine Entfernung von Zig Megaparsec und bei einem Doppelsystem aus stellaren Schwarzen Löchern sogar bis zu einer von Hunderten Megaparsec reicht. Mit dem Interferometer LISA wird er sich auf weite Teile des beobachtbaren Universums erweitern, was Doppelsysteme aus supermassereichen Schwarzen Löchern angeht. Von diesen Objekten wird es, wenn auch in unterschiedlicher Intensität, fast alle «erspähen».

Abbildung 8.4 enthält sämtliche Quellen von Gravitationswellen, die nach realistischen Erwartungen beobachtbar sind. Aber tatsächlich hoffen wir Forschenden alle auf die Messung eines Signals, das keinem von ihnen entspricht … Dies würde zwar aufzeigen, dass an unserer theoretischen Beschreibung von Quellen von Gravitationswellen etwas nicht stimmt, uns aber auch bestens motivieren, alles infrage zu stellen!

Die schwierige Paarbeziehung in einem Doppelsystem

Der erste Nachweis von Gravitationswellen wird gewöhnlich mit dem Ereignis GW150914 in Verbindung gebracht, dem Verschmelzen zweier Schwarzer Löcher eines Doppelsystems, dessen Signal LIGO 2015 gemessen hat. Dass Einstein Recht hatte und Gravitationswellen von einem Doppelsystem aus kompakten Objekten erzeugt werden, war allerdings schon seit den Neunzigerjahren klar, und dies dank einer Arbeit, die nochmals gut zwanzig Jahre früher ihren Anfang genommen hatte.

Doch der Reihe nach. Wie wir sahen, wurde 1967 der erste Pulsar entdeckt, worauf nachfolgend Neutronensterne als vereinzelte Pulsare oder in Doppelsystemen identifiziert wurden, in denen der Neutronenstern Röntgenstrahlung aussendet, weil er von einem gewöhnlichen Begleiter Materie abzieht. Da über 50 – oder vielleicht sogar 85 – Prozent der Sterne gravitativ in Doppelsysteme (oder sogar Dreifachsysteme) eingebunden sind, liegt die Annahme nahe, dass Pulsare nicht nur isoliert, sondern auch als Doppelsterne vorkommen.

Wahrscheinlich angesichts solcher Überlegungen starteten zu Beginn der Siebzigerjahre die beiden amerikanischen Astronomen Russell Hulse und Joseph Taylor eine Beobachtungskampagne, bei der sie systematisch Pulsare ins Visier nahmen, die als Komponenten eines Doppelsystems infrage kamen. Dazu nutzen sie das Radioteleskop des Arecibo-Observatoriums in Puerto Rico, dessen Reflektorschale in eine natürliche Senke hineingebaut ist und mit ihren 38 000 Aluminiumplatten einen Durchmesser von fast dreihundert Metern hat. Mit ihm konzentrierten sie ihre Beobachtungen bald auf den Pulsar PSR B1913+16, der 1974 entdeckt worden war.

Oberflächlich betrachtet, hat dieser Pulsar nichts Besonderes: Er bringt 1,44 Sonnenmassen auf die Waage und hat eine Rotationsperiode von rund 60 Millisekunden, dreht sich also 17 Mal pro Sekunde um die eigene Achse. Ungewöhnlich war allerdings etwas an seiner Radiostrahlung, das bei noch keinem der bislang bekannten Pulsare registriert worden war. Das merkwürdige Verhalten war nur dadurch zu erklären, dass er um einen unsichtbaren Begleiter kreiste, bei dem es sich ebenfalls um einen Neutronenstern handelte. Damit war das erste Doppelsystem aus Neutronensternen entdeckt, der *Hulse-Taylor-Doppelpulsar*, der seither deshalb so genannt wurde, weil es sich um ein Doppelsystem mit mindestens einem Pulsar handelte.

Dank der enormen Präzision radioastronomischer Beobachtungen von Pulsaren kennen wir das System PSR B1913+16 heute sehr genau und wissen zum Beispiel, dass beide Neutronensterne sehr ähnlich große Massen besitzen – der sichtbare 1,441 und sein Begleiter 1,387 Sonnenmassen – oder dass die Orbitalperiode 7,75 Stunden beträgt. Die Umläufe umeinander erfolgen elliptisch, weil beide Sterne um einen gemeinsamen Massenmittelpunkt kreisen, sodass sich ihr Abstand zueinander kontinuierlich verändert – mit einem geringsten (Periastron) von rund 1,1 Sonnenradien (746 600 km) und einem größten (Apoastron) von rund 4,8 Sonnenradien (3 153 600 km). Wegen der im Spiel befindlichen Massen und der hohen Orbitalgeschwindigkeiten der Sterne bildet der Doppelpulsar PSR B1913+16 ein System, in dem relativistische Effekte verstärkt auftreten und dadurch leichter messbar sind. Um nur eine Vorstellung zu geben: Die Umlaufbahn des Pulsars ist so wie die des Merkurs nicht geschlossen, sondern unterliegt einer Periastrondrehung. Als wichtiger Unterschied rückt das Periastron von PSR B1913+16 jedes Jahr um 4,2 Grad weiter voran, während sich das des Merkurs im gleichen Zeitraum nur um 0,4297 Bogensekunden verschiebt. Mit anderen Worten, die Umlaufbahn von PSR B1913+16 verändert sich an einem einzigen Tag so stark wie die des Merkurs in einem Jahrhundert!

Der wichtigste relativistische Effekt bei PSR B1913+16 ergibt sich allerdings daraus, dass er Gravitationswellen abstrahlt, die seiner Orbitalbewegung Energie entziehen, sodass sich beide Sterne immer stärker aneinander annähern. So verringert sich ihr Abstand zueinander mit jeder Periode um drei Millimeter, sodass er nach einem Jahr faktisch um rund 3,5 Meter geschrumpft ist. Obwohl PSR B1913+16, absolut gesehen, einen ziemlich hohen Energieverlust erleidet und der Pulsar in einer eher geringen Entfernung (21 000 Lichtjahre) in unserer Milchstraße angesiedelt ist, sendet er zu schwache Gravitationswellen aus, um von Detektoren wie LIGO oder Virgo registriert werden zu können, da diese für Systeme mit deutlich höheren Frequenzen (siehe Abbildung 8.4) ausgelegt sind. Aber diese Abstrahlung ist trotzdem «sichtbar», nämlich indirekt anhand ihrer Auswirkungen auf die Umlaufbahn des Pulsars und insbesondere durch das sich zeitlich immer weiter nach vorn verschiebende Eintreffen von PSR B1913+16 in seinem Periastron.

Abbildung 8.5 zeigt die Daten dieses Vorsprungs, also die Verringerung der Zeit, die der Doppelpulsar für einen vollen Umlauf benötigt, angegeben mit Blick auf das Beobachtungsjahr. Diese Angaben fassen Beobachtungen über einen Zeitraum von dreißig Jahren zusammen und zeigen uns, dass sich die Orbitalperiode von PSR B1913+16 (ca. 7 Stunden und 45 Minuten) um fast 40 Sekunden verkürzt hat oder dass der minimale Abstand der beiden Sterne zueinander um gut 105 Bogenminuten geschrumpft ist! Kurzum, daraus erklärt sich auch teilweise die Überschrift über diesem Abschnitt: Ein Objektpaar, das gravitativ

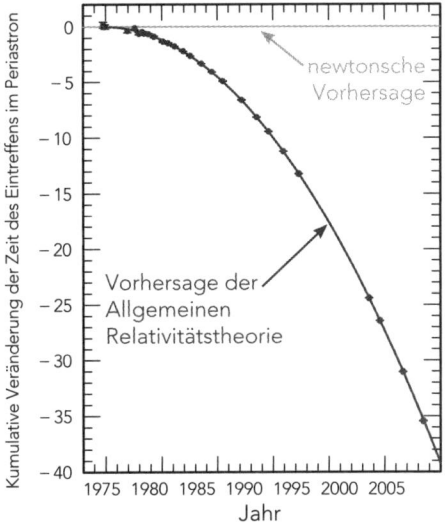

Abb. 8.5: Beobachtungen des Zerfalls der Umlaufbahn von PSR B1913+16 mit Blick auf den Vorsprung beim Eintreffen im Periastron.

aneinandergebunden ist, wird am Ende zwangsläufig ... «verschmelzen»! In den allermeisten Fällen läuft dieser Prozess über gewaltige Zeitskalen ab, die das bisherige Alter des Universums deutlich übertreffen. Für das Doppelsystem Erde-Mond steht diese Fusion beispielsweise erst in 65 Milliarden Jahren an, sodass wir uns keine allzu großen Sorgen machen müssen. Aber − zum Glück für uns Astrophysiker − sind die Zeitskalen bei Doppelsystemen mit kompakten Objekten − in einem Bereich von einigen zig Millionen Jahren − deutlich geringer. Dadurch können wir heute solchen Ereignissen «beiwohnen».

Die durchgezogenen Linien in Abbildung 8.5 beziehen sich auf die Vorhersagen der Veränderung beim Eintreffen im Periastron nach der newtonschen Gravitationstheorie − in Gestalt einer Geraden, da es laut Newton keine Variation geben kann − sowie nach Einsteins Allgemeiner Relativitätstheorie. Im letztgenannten Fall liegt eine Kurve vor, da sich die Umlaufbahn infolge der Abstrahlung von Gravitationswellen verändern muss. Wie wir feststellen können, passen die experimentellen Messungen perfekt zu dieser Kurve. Deshalb kann die Beobachtung von PSR B1913+16 mit Fug und Recht als der erste *indirekte* Nachweis für die Existenz von Gravitationswellen gelten. Die Messungen dieses

Prozesses trugen Hulse und Taylor 1993 den Nobelpreis für Physik ein. Dies schmälert natürlich nicht das Verdienst von LIGO und Virgo, die mit ihren Beobachtungen von GW150914 den ersten *direkten* Nachweis von Gravitationswellen lieferten.

Falls Sie das eben Erörterte verwirrt hat und Ihnen der Kopf schwirrt beim bloßen Gedanken daran, dass zwei Sterne mit einem Durchmesser von 25 Kilometern auf einer Umlaufbahn mit einer Geschwindigkeit von Millionen Stundenkilometern umeinander jagen, dann machen Sie sich auf noch mehr gefasst: Es gibt ein noch extremeres System! Im Jahr 2003 hat ein internationales Team, koordiniert von Marta Burgay, mithilfe des Radioteleskops im Parkes-Observatorium in Australien ein Doppelsystem – PSR J0737-3039 – entdeckt, in dem gleich beide Neutronensterne Pulsare sind. Dadurch lassen sich ihm deutlich mehr Informationen entnehmen. Zudem ist der Abstand der beiden im Apoastron mit der Länge des Sonnenradius (800 000 km) vergleichbar, während die Orbitalperiode ganze 2,45 Stunden beträgt! Letzteres ist besonders wichtig, weil wir gesehen haben, dass die Umlaufbahnen der beiden Sterne sich von den keplerschen, die Newtons Gravitationstheorie vorhersagt, etwas unterscheiden müssten. In der Allgemeinen Relativitätstheorie gibt es – sogenannte *post-keplersche* – Parameter, die dazu dienen, zu messen, um wie viel eine Umlaufbahn von dem von Newton vorhergesehenen Verhalten abweicht. Anhand dieser Messung lässt sich die Gravitationstheorie daraufhin überprüfen, ob die einsteinschen Vorhersagen richtig sind. Denn dank der kurzen Orbitalperiode in PSR J0737-3039 können die Daten in nur einem Drittel der Zeit zusammengetragen werden, sodass die gleichen Überprüfungen, die bei PSR B1913+16 dreißig Jahren gedauert haben, deutlich schneller stattfinden können. Nicht zufällig kennen wir also schon jetzt eine Fülle von Details zu PSR J0737-3039 wie die Masse der beiden Sterne (1,338I und 1,2489 Sonnenmassen), ihr Alter (210 Millionen Jahre beim massereicheren, 50 Millionen Jahre beim masseärmeren) sowie ihre Rotationsperiode (eine kurze von 22,7 Millisekunden beim älteren und eine «sehr lange» von 2,77 Sekunden beim jüngeren, dem *faulen Pulsar* (englisch: *lazy pulsar*), wie er deswegen auch getauft wurde.

Und falls Sie sich nun fragen, wann die beiden oben beschriebenen Systeme ihre Fusion erleben werden, da ihre beiden Sterne wegen der Abstrahlung von Gravitationswellen immer näher aneinanderrücken, gebe ich hier die Antwort: Auch wenn es Sie vielleicht enttäuscht, muss ich Ihnen mitteilen, dass es sich nicht lohnt, das Ereignis in Ihren Terminkalender einzutragen. Die Verschmelzung von PSR B1913+16 ist für eine Zeit in rund 300 Millionen Jahren zu erwarten, während die von PSR J0737-3039 deutlich früher, schon in rund 85 Millionen Jahren erfolgen wird. So ungefähr.

1 + 1 = 1: Die seltsame Arithmetik der binären Schwarzen Löcher

Wie schon geklärt, sind Doppelsysteme aus Schwarzen Löchern, aus Neutronensternen und aus beiden gemischt die intensivsten Quellen für Gravitationswellen. Wie solche Systeme entstehen, ist in groben Zügen ebenfalls gut bekannt.

Zunächst einmal bestätigt eine beträchtliche Menge an Beobachtungsdaten, dass Doppelsternsysteme häufiger vorkommen als Einzelsterne. Außerdem ist klar, dass Doppelsternsysteme existieren, die aus sehr massereichen Sternen bestehen, und dass diese – über eine Supernova-Explosion am Ende ihres Lebens – je nach Masse des Kerns zum Zeitpunkt des Kollapses Neutronensterne oder Schwarze Löcher erzeugen können.

Man kann sich bei einem solchen Doppelsystem also leicht eine Entwicklungslinie vorstellen, bei welcher der (primäre) massereichere Stern seinen Brennstoff schneller aufzehrt und als erstes bei einer Supernova-Explosion zu einem Schwarzen Loch oder einem Neutronenstern kollabiert. Unter günstigen Bedingungen – nämlich wenn der Rückstoß bei der Explosion nicht gleich das gesamte System zerstört – entsteht dabei ein Doppelstern, der aus einem kompakten (Schwarzes Loch oder Neutronenstern) und einem massereichen gewöhnlichen Stern (der sekundäre oder Begleitstern) besteht. Auch bei ihm nimmt, wenn auch langsamer, da er weniger Masse besitzt, die Entwicklung ihren Lauf bis zur Supernova, von der dann ebenfalls ein Schwarzes Loch oder ein Neutronenstern übrig bleibt. Von diesen Systemen, die auch durch die zweite Explosion in Gefahr geraten, bleibt zumindest ein kleiner Teil «intakt» zurück und endet als ein Doppelsystem aus kompakten Objekten. Es sind ideale Quellen für Gravitationswellen.

Was geschieht an diesem Punkt? Um diese Frage triftig zu beantworten, betrachten wir ein binäres System aus zwei Schwarzen Löchern.

Der Ablauf lässt sich in drei Phasen untergliedern: 1. eine fast kreisförmige Spiralbewegung; 2. eine rasante Spiralbewegung; 3. Fusion und Abklingzeit.

In der ersten Phase bewegen sich beide Objekte auf Bahnen, die exakt kreisförmig verlaufen würden, wären da nicht die winzigen Veränderungen, die der Verlust an Energie und Drehimpuls durch Abstrahlung von Gravitationswellen herbeiführt. Auch ursprünglich elliptische Bahnen, wie sie das Doppelsystem PSR B1913+16 aufweist, haben an diesem Punkt durch die Emission von Gravitationswellen ebenfalls eine nahezu kreisförmige Gestalt angenommen. In dieser Phase wird die Gravitationsstrahlung – über Millionen oder sogar zig Millionen Jahre, je nach dem ursprünglichen Abstand der beiden Komponenten zueinander und ihrer Masse – im Wesentlichen periodisch emittiert. Sie ist aber auch extrem schwach, da vergleichsweise geringe Geschwindigkeiten im Spiel sind. Diese Wellen werden in Frequenzen in der Größenordnung von Millionstel Herz ausgesandt, sodass sie für moderne Interferometer nicht messbar sind.

In der zweiten Phase, der einer rasanten Spiralbewegung, nähern sich die beiden Objekte des Doppelsystems in einem zusehends wilderen Tanz immer stärker aneinander an. Ihre Umlaufbahnen verlieren ihre Kreisform und geraten immer stärker zu ausgeprägten Spiralen. Und während die Distanz zwischen den beiden Objekten schrumpft, erhöhen sich die Amplitude und die Frequenz der Gravitationswellen. Die Annäherung geschieht in einem sich steigernden Rhythmus und einer Intensität, die an Ravels *Bolero* gemahnen, bis zum Schlussakt ihrer Kollision und Fusion miteinander. Dieser Prozess der Steigerung der Frequenz und Amplitude der Gravitationswellen, die das Doppelsystem aussendet, äußert sich im sogenannten *Chirp-Signal* (nach dem englischen *to chirp* für zwitschern oder schilpen), das an die Modulationen eines Vogelgesangs erinnert.

In der letzten Phase, der der Fusion (einschließlich der letzten Umläufe der Schwarzen Löcher umeinander) – fachsprachlich die Koaleszenz –, erreichen die Gravitationswellen eine maximale Frequenz und Intensität und klingen unmittelbar nach der Kollision ab. Die Frequenz des Gravitationssignals stellarer Schwarzer Löcher liegt dabei in einem Bereich von Hunderten Hz (also mit einer Periode von zehntausendstel Sekunden), während das von supermassereichen Schwarzen Löchern mit rund einer Million Sonnenmassen in einer Größenordnung von einem zehntausendstel Hz (also mit einer Periode von rund einer Viertelstunde) deutlich niedriger ist. Allein während dieser letzten Umläufe unmittelbar vor der Koaleszenz verliert das System vergleichbar viel Energie wie während der gesamten Zeit nach seiner Entstehung – bei stellaren Schwarzen Löchern in einem winzigen Sekundenbruchteil so viel wie zuvor in Millionen von Jahren. Abbildung 8.6 zeigt ein Beispiel für die dabei entstehende komplexe geometrische Struktur der Gravitationswellen, die des Signals eines Doppelsystems aus Schwarzen Löchern während der Koaleszenz. Dargestellt sind die beiden Plus-Polarisationen sowohl für die Gravitationswellen als auch für das am Ende entstandene Schwarze Loch.

Aus Sicht der Physik Schwarzer Löcher umschließt im Augenblick einer solchen Verschmelzung ein einziger *scheinbarer Horizont* die beiden einzelnen Horizonte der beiden Schwarzen Löcher und verleibt sie sich ein.[5] Dieses Phänomen tritt auf, wenn sich die beiden Himmelskörper so stark einander angenähert haben, dass ihre beiden scheinbaren Horizonte kurz vor der Berührung stehen, sodass eine hypothetische äußere Beobachterin von den beiden Schwarzen Löchern bei der Berührung nichts zu «sehen» bekäme (ich meine natürlich von den *umliegenden* Regionen um die scheinbaren Horizonte, die ihrerseits per Definition unsichtbar sind). Dies erklärt denn auch die rätselhafte Über-

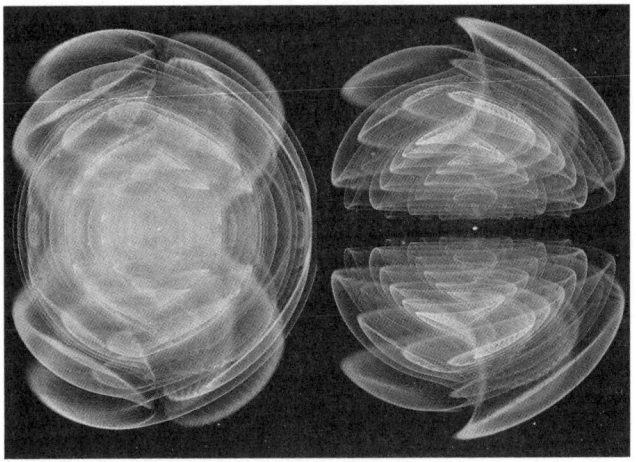

Abb. 8.6: Gravitationswellen, die bei der Fusion zweier
Schwarzer Löcher entstehen.

schrift über diesen Abschnitt. Sie fasst scherzhaft den Entwicklungs-
prozess zusammen: 1 (Schwarzes Loch) + 1 (Schwarzes Loch) = 1 (neues
Schwarzes Loch).

Die Masse des neuen, aus der Fusion hervorgehenden Himmelskörpers entspricht ungefähr der Summe der Massen der beiden ursprünglichen Schwarzen Löcher, ist aber doch etwas geringer. Die Differenz
ist in Form von Gravitationswellen verschwunden, denn die von ihnen
transportierte Energie ist völlig äquivalent zur Masse. (Daran erinnert
Gleichung (3.II).) Dabei kann dieser Bruchteil, den die Schwarzen Löcher an Masse verlieren, durchaus erheblich sein. So haben die Detektoren des LIGO beim Ereignis GW150914 zum Beispiel die Gravitationswellen eines Doppelsystems gemessen, das aus Schwarzen Löchern mit
rund 36 beziehungsweise 29 Sonnenmassen bestand und zu einem
Schwarzen Loch mit rund 62 Sonnenmassen verschmolzen ist. Der fehlende Teil (circa 3 Sonnenmassen) wurde in den letzten Millisekunden
vor der Koaleszenz in Form von Gravitationswellen abgestrahlt. Diese
verlorenen 5 Prozent der Masse des Doppelsystems sind in Gravitationswellen oder, wenn man so will, in den notwendigen Energieaufwand
geflossen, um das wenig elastische Gewebe der umliegenden Raumzeit
binnen weniger Millisekunden drastisch zu verzerren. Die Rate des Verlusts an Masse hängt von der ursprünglichen Ausgestaltung des Doppelsystems ab und kann bei rotierenden supermassereichen Schwarzen
Löchern bis zu 10 Prozent betragen. Wenn Sie jetzt daran denken, dass
die Energieausbeute nuklearer Spaltungsprozesse in Kernkraftwerken
bei 0,1 Prozent liegt, wird Ihnen sogleich klar, dass die Fusion zweier
Schwarzer Löcher der effizienteste Prozess der Energieerzeugung im gesamten Universum ist. Und dies erklärt auch, warum diese Quellen noch
aus Milliarden Lichtjahren Entfernung sichtbar sind.

Gleichzeitig liefert uns dieser gewaltige Energieverlust eine interessante Science-Fiction-Idee. Vielleicht hat unsere Zivilisation eines Tages
einen technologischen Stand erreicht, bei dem sie Energie nicht mehr –
wie derzeit in Kernkraftwerken – aus der Spaltung schwerer Atomkerne erzeugt, sondern durch die Kollision mikroskopischer Schwarzer
Löcher in einem «Schwarze-Löcher-Kraftwerk», das in gebührendem
Abstand zu uns im interstellaren Raum platziert ist. Mit einer derartigen Anlage ließe sich unter anderem das Entsorgungsproblem lösen,
indem die Produkte der Kollision schlicht in weite Ferne von uns «verschickt» würden. Denn bei der Fusion erfährt das daraus hervorge-

hende Schwarze Loch im Allgemeinen einen Rückstoß (im Englischen *kick-velocity*). Und wenn es sich dabei um eines mit elektrischer Ladung handelt, kann es leicht abgelenkt und in eine gewünschte Richtung gesteuert werden. Das ist natürlich ein Ausflug ins Reich der Fantasie, hat aber eine fundierte wissenschaftliche Grundlage. Aber auf jeden Fall gilt, wie man im Englischen sagt: *don't try this at home.*

Doch zurück zu den astrophysikalischen Schwarzen Löchern. Innerhalb der Allgemeinen Relativitätstheorie und abgesehen von ganz besonderen Situationen geht aus der Verschmelzung eines Doppelsystems Schwarzer Löcher ein rotierendes Schwarzes Loch hervor. Die Rotationsgeschwindigkeit und die Ausrichtung des Spinvektors hängen von den ursprünglichen Schwarzen Löchern, insbesondere von deren Massenverhältnissen und Spineigenschaften ab. Dennoch ist der frischgebackene am Ende entstandene Himmelskörper noch kein vollwertiges, sondern vielmehr ein «gestörtes» Kerr'sches Schwarzes Loch. Allerdings strahlt es sämtliche Unvollkommenheiten, die bei seiner gewalttätigen Geburt entstanden sind, binnen einigen Millisekunden (zumindest wenn es sich um ein stellares handelt) in Form von Gravitationswellen ab und richtet sich bequem in seinem (auch «asymptotisch» genannten) Endzustand ein. Das bei diesem «Abschütteln» ausgesandte Gravitationssignal wird als *Abklingen* bezeichnet (das englische *ringdown* gibt vielleicht einen klareren Eindruck …). Dieses sehr kurze Signal klingt mit exponentieller Geschwindigkeit ab, ähnlich dem Ton einer Glocke, der verstummt, wenn man den Klöppel an sie legt.

Und so, wie jede Glocke entsprechend ihren jeweiligen Eigenschaften (Masse, Form etc.) einen charakteristischen Klang hat, so hängt natürlich auch das Ringdown-Signal eines Schwarzen Lochs stark von dessen Masse und Spin ab. Eben deshalb ist es so wichtig, dieses Signal während der Koaleszenz eines Doppelsystems aus Schwarzen Löchern zu messen. Diese Messung gibt eindeutige Aufschlüsse über die Eigenschaften dieser Objekte, die auf anderen Wegen nicht zu bekommen sind. Auch dient sie zur Bestätigung, dass das Fusionsprodukt ein Schwarzes Loch und nichts anderes ist. Und wie ebenfalls gesagt werden muss, ist die Messung dieses Signals mit seiner verschwindend geringen Amplitude alles andere als einfach. Dennoch ist sie mit LIGO und Virgo gelungen, zum Beispiel bei GW150914. Anhand dieser Messung konnte unter anderem ausgeschlossen werden, dass beim fraglichen Ereignis ein Gravastern entstanden war.

An diesem Punkt fragen Sie sich vielleicht: «Aber woher wissen wir das alles?» Nun, wir wissen es deshalb, weil wir alles berechnet haben, und zwar schon gut zehn Jahre bevor das erste Signal von Gravitationswellen aufgefangen wurde. Tatsächlich hatte sich seit den Neunzigerjahren eine Gruppe aus theoretischen Physikern auf der ganzen Welt damit befasst, hochentwickelte Algorithmen zu erstellen und ausgefeilte numerische Codes zu konstruieren, mit denen sich das enorme Rechenpotenzial paralleler Supercomputer erschließen ließ. Mit diesen Anstrengungen wurde ein neuer Zweig der Physik, die sogenannte *numerische Gravitation* oder *Relativität*, aus der Taufe gehoben. Sie verfolgt das Ziel, die einsteinschen Gleichungen – zusammen mit denen der Hydrodynamik oder der Magnetohydrodynamik – numerisch zu lösen, um zu beschreiben, wie sich ein Doppelsystem aus Schwarzen Löchern oder Neutronensternen entwickelt. Das ist alles andere als banal, wenn man bedenkt, dass die Gleichungen der Allgemeinen Relativitätstheorie, die die Dynamik dieser Objekte beschreiben, zu den komplexesten bekannten gehören und dass starke Nichtlinearitäten und Singularitäten im Spiel sind, was ihre Lösung erheblich erschwert. Tatsächlich wurden auf dem Gebiet über viele Jahre hinweg nur zähe Fortschritte erzielt, gekennzeichnet durch wiederholte Rückschläge und große Frustration, sodass gegen Ende der Neunzigerjahre niemand mehr daran glaubte, dass bei den Berechnungen der numerischen Gravitation je etwas Nützliches herauskommen würde.

Diese Überzeugung gab den Anstoß zu einer berühmten Wette zwischen Kip Thorne, dem Nobelpreisträger für Physik 2017, und einem Dutzend Forschenden, die sich, mich eingeschlossen, mit numerischer Gravitation befassten. «Gestritten» wurde darum, wer zuerst eine Wende herbeiführen würde. Kip wettete, dass LIGO das Signal der Verschmelzung eines Doppelsystems Schwarzer Löcher messen würde, noch bevor es uns gelänge, es über Simulationen zu berechnen. Einsatz war eine Flasche Wein. Die Absicht hinter der Wette bestand natürlich darin, uns anzuspornen, was denn auch funktionierte. Die ersten theoretischen Signale von Gravitationswellen aus einem Doppelsystem Schwarzer Löcher wurden 2005 numerisch berechnet, während ein entsprechendes reales Signal erst zehn Jahre später, 2015 bei GW150914, gemessen wurde. Kip Thorne hat seine Niederlage sportlich anerkannt und sie sogar in seiner Nobelvorlesung am 8. Dezember 2017 in Stockholm erwähnt.

In den letzten fünfzehn Jahren wurden sowohl bei den analytischen Berechnungen für die Anfangsphasen in der Dynamik des Doppelsystems als auch bei den numerischen Simulationen für die Endphasen, die stärker nichtlinear und schwieriger zu berechnen sind, beachtliche Fortschritte erzielt. Dadurch sind binäre Systeme kompakter Objekte die aus theoretischer Sicht wahrscheinlich am besten verstandenen Quellen. Das spielte auch eine bedeutende Rolle bei deren experimenteller Beobachtung, weil sie zwar gewaltige Mengen an Energie in Form von Gravitationswellen freisetzen, aber in der Regel so weit von der Erde entfernt sind, dass ihre Signale, wie mehrfach wiederholt, eben nur ganz schwach bei uns eintreffen.

Messungen dieser Art liegen klar an der Grenze unserer technologischen Möglichkeiten, sodass das Aufspüren von Gravitationswellen nicht nur für die experimentelle, sondern auch für die theoretische Physik eine echte Herausforderung darstellt. Wie wir sahen, bringen die aus solchen Systemen erwarteten Wellen ein Signal hervor, das mit dem Hintergrundrauschen der Detektoren vergleichbar und somit im Grunde unmöglich messbar ist. Ein schon vorab bekanntes Signal lässt sich allerdings aus diesem Rauschen «extrahieren» – mit einem Optimalfilter oder der Technik der *Matched-Filter-Suche*. Stellen Sie sich vor, Sie lauschen einer stark gestörten Radiosendung, hören aber noch ein paar Wörter heraus. Da unser Gehirn über einige Grundinformationen verfügt (zum Beispiel die benutzte Sprache, das erörterte Thema, die Anzahl der Stimmen, die sich am Mikrofon abwechseln ...), kann es aus dem Rauschen das Signal «extrahieren» und fast die gesamte Sendung rekonstruieren. Und so stellte sich vor über zwanzig Jahren die – bis heute nicht ganz bewältigte – theoretische Aufgabe, die Form der Gravitationswelle zu berechnen, die von sämtlichen möglichen Anordnungen der intensivsten und häufigsten Quellen erzeugt wird. Anhand dieser Informationen können die Physiker, die an der Auswertung der Daten und dem Aufspüren des Signals arbeiten, das theoretisch vorhergesagte Signal aus dem Rauschen herausfiltern und es auch bei einem denkbar schlechten Signal-Rausch-Verhältnis identifizieren.

Auch wenn es so scheint, ist dieses Ziel keineswegs einfach erreichbar. Obwohl seit 2005 große Fortschritte erzielt wurden, bleibt die Lösung der einsteinschen Gleichungen ohne Näherungen und Symmetrien eben wegen deren besonderer Komplexität extrem schwierig. Hinzu kommen die notwendigen Gleichungen der Hydrodynamik und der Magnetohydrodynamik, um die Bewegung der Materie zu beschreiben. Aus all dem ergibt sich eine gewaltige Anzahl an gekoppelten Gleichungen, die nur mit den leistungsstärksten parallelen Supercomputern zu lösen sind. Aber trotz all dieser Schwierigkeiten, an deren Überwindung ich einen guten Teil meiner Berufslaufbahn gearbeitet habe, verfügen wir über eine Vorhersage zu Gravitationswellen aus kompakten Objekten, die noch nie so zuverlässig und präzise war. Damit ist die Synergie zwischen Theorie und Experimenten beim Aufspüren von Gravitationswellen deutlich effizienter geworden.

Zum Abschluss dieses Abschnitts bitte ich Sie, Ihr Augenmerk kurz auf Gleichung (8.I) und dort insbesondere auf den Term rechts zu richten. Entgegen dem, was ich bisher gesagt habe, dass nämlich die Konstanten nicht wichtig seien und in einer Gleichung vor allem das Nichtkonstante zähle, bitte ich Sie nun, sich bei dieser Gleichung gerade auf die Konstanten zu konzentrieren. Um diesen Wechsel deutlicher zu machen, setze ich – nur diesmal – die physikalischen Konstanten c und G in Schwarz und alles Übrige in Grau.

$$L_{GW} \simeq \frac{c^5}{G} \left(\frac{r_S}{R}\right)^2 \left(\frac{v}{c}\right)^6 \tag{8.II}$$

Wenn wir eine Quelle von Gravitationswellen betrachten, die die Größe des entsprechenden Schwarzschildradius hat und sich mit annähernder Lichtgeschwindigkeit bewegt (zum Beispiel unmittelbar vor der Verschmelzung zweier Schwarzer Löcher), bekommen wir $r_S/R \simeq 1$ und $v/c \simeq 1$. Gemäß Ausdruck (8.II) erhalten wir unter diesen Bedingungen eine Helligkeit, die schlicht bei $L_{GW} \simeq c^5/G \simeq 3{,}6 \times 10^{48}$ Watt liegt. Mit anderen Worten, ein binäres System aus Schwarzen Löchern kann – unabhängig von deren Masse – kurz vor der Verschmelzung Gravitationswellen mit einer Leistung von ungefähr 10^{48} Watt emittieren. Einfach gigantisch! Wenn wir uns vor Augen halten, dass es im Universum ca. 100 Milliarden (10^{11}) Galaxien gibt, von denen jede 100 Milliarden Sterne beherbergt (ein weiterer Faktor 10^{11}), von denen jeder eine Helligkeit von 10^{26} Watt hat, dann stellen wir fest, dass ein Doppelsystem aus Schwarzen Löchern im Moment seiner Fusion so viel Energie ausstrahlt, wie im gleichen Moment das gesamte übrige Universum im elektromagnetischen Bereich emittiert. Ich weiß nicht, ob Sie das beeindruckt, aber mich versetzt es in Staunen …

Die komplexe Dynamik der binären Neutronensterne

Ein Doppelsystem aus Neutronensternen verhält sich auffällig ähnlich wie das soeben betrachtete aus Schwarzen Löchern, zeigt aber auch grundlegende Unterschiede. Klassifizieren wir zunächst seine Entwicklungsphasen: 1. eine fast kreisförmige Spiralbewegung; 2. eine rasante Spiralbewegung; 3. Fusion und Post-Fusion; 4. Kollaps und Akkretion.

Die erste Phase – die kreisförmige Spiralbewegung – deckt sich fast mit der Schwarzer Löcher, da sich beide Systeme mit den gleichen Gleichungen beschreiben und als punktförmige Objekte behandeln lassen.

Auch die Dynamik der zweiten Phase – die rasante Spiralbewegung – ähnelt stark der bei Schwarzen Löchern, verläuft aber nicht ganz genau gleich. Vor allem deshalb nicht, weil Neutronensterne gegenüber Schwarzen Löchern bei gleicher Masse größer sind. Wie wir zum Beispiel sahen, bringt ein typischer Neutronenstern 1,4 Sonnenmassen auf die Waage und hat einen Radius von rund 12 Kilometern, während ein Schwarzes Loch mit der gleichen Masse einen Schwarzschildradius von rund 2 Kilometern hat. Dadurch verschmelzen zwei binäre Neutronensterne bei gleicher Masse schneller miteinander als zwei entsprechende Schwarze Löcher, weil sie sich schon bei einer Annäherung auf rund 24 Kilometer und nicht erst auf 8 Kilometer «berühren». Aber das unterschiedliche Verhalten hat auch damit zu tun, dass Neutronensterne, da sie aus Materie bestehen, von Gezeitenkräften verformt werden und sich daher auf Bahnen bewegen, die sich von denen Schwarzer Löcher mit gleicher Masse leicht unterscheiden.

Diesen besonders wichtigen Aspekt erkläre ich näher. Wie wir sahen, ruft ein nichtuniformes Schwerefeld Gezeitenkräfte hervor, die materielle Objekte (wie die Wassermassen auf der Erdoberfläche, die von den Gezeitenkräften des Mondes angehoben werden) verformen können. Ein Doppelsystem aus kompakten Objekten erzeugt natürlich ein nichtuniformes Schwerefeld, insofern die Raumzeitregion zwischen den beiden Objekten größer ist als die in entfernteren Regionen. Folglich wird ein verformbares Objekt in so einem Feld von diesem verändert. Als ein gravitativer Grenzfall ist ein Schwarzes Loch dagegen nicht verformbar und hat mit Blick auf Gezeitenkräfte einen Verformbarkeitskoeffizienten (die sogenannte *Love-Zahl*, englisch: *Love number*)[6] von null. Wir können davon ausgehen, dass ein sphärisches Schwarzes Loch auch dann als ein solches erhalten bleibt, wenn es innerhalb eines Doppelsystems in große Nähe zu einem gleichgearteten Begleiter gerät. Aber dies gilt absolut nicht für einen Neutronenstern. Isoliert ist er zwar kugelförmig, wird sich aber in der Nähe eines anderen Neutronensterns verformen.

Eine solche Verformung ist aus zwei Gründen sehr bedeutsam: Erstens führt sie dazu, dass die Neutronensterne gegenüber Schwarzen Löchern anderen Bahnen folgen. Folglich unterscheiden sich die Gravitationswellen, die binäre Neutronensterne in der Phase der rasanten Spiralbewegung erzeugen, von denen binärer Schwarzer Löcher mit gleicher Masse. Ist die Masse bekannt, lässt sich folglich erschließen, ob es sich bei einem kompakten Objekt um ein Schwarzes Loch oder um einen Neutronenstern handelt.[7]

Aber ein weiterer Aspekt ist noch wichtiger. Da die Deformierbarkeit von Neutronensternen durch Gezeitenkräfte von ihrer inneren Zusammensetzung abhängt, kann man ihre Zustandsgleichung im Prinzip schlicht dadurch ermitteln, dass man die Gravitationswellen analysiert, wenn sich die beiden Sterne gegen Ende ihrer Spiralbewegung am stärksten aneinander angenähert haben und die Gezeitenkräfte folglich am stärksten sind. Und genau dies führten LIGO und Virgo bei GW170817 durch, was eine erste – wenn auch noch ziemlich unsichere – Eingrenzung beim Wert der Deformierbarkeit von Neutronensternen durch Gezeitenkräfte ermöglicht hat.

Die Dynamik der dritten Phase – die der Fusion und Post-Fusion – unterscheidet sich deutlich von dem, was wir bei den Schwarzen Löchern gesehen haben. Wenn die beiden Neutronensterne miteinander verschmelzen, geht daraus in der Regel nicht sofort ein Schwarzes Loch, sondern ein sogenannter *hypermassiver Neutronenstern* (HMNS) hervor. «Hypermassiv» ist er deshalb, weil seine Masse der Summe der Massen seiner beiden Muttersterne entspricht, die nur um die bei der

Kollision verlorene (von der noch die Rede sein wird) vermindert ist. Die aber ist gewöhnlich größer als bei einem Neutronenstern. Dieser Stern stürzt nur deshalb nicht sofort zu einem Schwarzen Loch zusammen, weil er sich in einem – allerdings ziemlich prekären, einem *metastabilen* – Gleichgewicht befindet, da ihn eine Differenzialdrehung mit Höchstgeschwindigkeit stabilisiert. Der aus der Kollision hervorgegangene hypermassive Stern ficht einen verzweifelten Kampf gegen die Gravitation aus, in dem seine Massen in einem prekären Gleichgewicht unterschiedlich schnell, aber fast mit größtmöglicher Geschwindigkeit rotieren.

Leider ist dieses Gleichgewicht nicht lange aufrechtzuerhalten. Um die eigene Energie zu minimieren,[8] hat der rotierende Stern nicht nur eine asymmetrische Form angenommen, sondern ist zu einer «Erdnuss» deformiert, zu einer Gestalt, in der er durch Ausstrahlung von Gravitationswellen an Energie und Drehimpuls verliert. Dieser Verlust bedeutet unausweichlich sein Ende durch den gravitativen Kollaps zum rotierenden Schwarzen Loch … Eine Schätzung, wie lange sich der hypermassive Stern in seinem Kampf gegen die Schwerkraft behaupten kann, ist keineswegs einfach, weil das besonders heikle Gleichgewicht, in dem er sich befindet, auf nichtlineare Weise von einer Reihe von Faktoren abhängt, so von seiner Masse, dem Verhältnis der jeweiligen Masse der ursprünglichen Neutronensterne zueinander, der Zustandsgleichung und der Intensität von deren jeweiligem Magnetfeld. Die numerischen Simulationen können diese Phase als einzige akkurat beschreiben, weil sie zu dynamisch und nichtlinear ist, um sie mit analytischen Verfahren oder Störungsgleichungen zu nähern. Wie man diesen Simulationen entnehmen kann, bleibt der hypermassive Stern – je nach den erwähnten physikalischen Bedingungen – nur einige zig (bei sehr hohen Ausgangsmassen) oder mehrere Hundertstel Millisekunden erhalten. Jedenfalls scheint eine Überlebenszeit von mehr als einigen Sekunden für typische Neutronensterne, also solchen mit ursprünglich 1,3 bis 1,4 Sonnenmassen, sehr schwer erreichbar zu sein.

In seiner kurzen Lebenszeit erfüllt der hypermassive Stern jedoch zwei wesentliche Aufgaben. Erstens schleudert er in Form hochenergetischer Winde gewaltige Mengen an Materie in den interstellaren Raum hinaus (davon ist in Kürze die Rede). Zweitens – und vielleicht noch wichtiger – sendet er trotz seines metastabilen Gleichgewichts

Gravitationswellen aus (eben weil er in seiner Erdnussform rasant rotiert). Diese Ausstrahlung erfolgt in präzisen und fast konstanten Frequenzen, die von seinen Eigenschaften (hauptsächlich seiner Masse und seiner Zustandsgleichung) abhängen, und erzeugt dabei ein sogenanntes *Emissionsspektrum der Post-Fusion.* Schon die einfache Beobachtung der Frequenzen des Spektrums könnte uns im Prinzip Aufschlüsse über das liefern, was als heiliger Gral der Nuklearphysik gilt: die Zustandsgleichung der Materie mit Kerndichte.

In der Praxis ist die Beobachtung dieses Spektrums der Post-Fusion allerdings leider sehr schwierig, zumindest mit den gegenwärtigen Interferometern. Und zwar deshalb, weil die Frequenz des Gravitationssignals, die schon in der abschließenden Chirp-Phase mit rund 1 kHz ziemlich hoch ist, während der Ausstrahlung des hypermassiven Sterns noch weiter steigt und zeitlich konstante Werte um 2–3 kHz erreicht. Bei diesen Frequenzen und Quellen, die sich in den Entfernungen befinden, die bei binären Neutronensternen üblicherweise zu erwarten sind, ist das Signal leider deutlich zu schwach und so stark vom Rauschen beherrscht, dass Interferometer wie LIGO und Virgo für sie «taub» sind. Genau dies zeigte sich beim Ereignis GW170817, das für die Detektoren des LIGO vor der Fusion für eine gewisse Zeit sichtbar blieb, dessen Signal aber gleich nach ihr verschwand, weil die Frequenz für eine Messung zu hoch war. Zum Glück sind die interferometrischen Detektoren der dritten Generation – so das Einstein-Teleskop oder der Cosmic Explorer – so geplant, dass sie auch für den Bereich um 2–3 kHz empfindlich sind und dieses schwache, aber grundlegende Hochfrequenzsignal folglich messen können.

Wenn der hypermassive Stern am Ende seine Fähigkeit, sich gegen die Schwerkraft zu stemmen, erschöpft hat und zwangsläufig zum Schwarzen Loch kollabiert, wird nicht seine gesamte Materie vom entstehenden Ereignishorizont absorbiert. Möglich ist dies deshalb, weil sich der Zusammensturz im zentralen Teil vollzieht und dieser ziemlich ausgedehnt ist: Bei diesem Kollaps sind einige Bereiche beachtlich (15 bis 20 Kilometer) weit vom Zentrum entfernt. Da der entstandene Ereignishorizont einen Radius von rund 9 Kilometern hat, kreist ein Teil der Materie des Sterns auf stabilen Umlaufbahnen um das rotierende Schwarze Loch, ohne von ihm erfasst zu werden – zumindest nicht sofort. Auf diese Weise entsteht ein zusammengesetztes System aus einem Schwarzen Loch, um das Materie in hoher Dichte und mit hohen Temperaturen kreist: ein *Torus* – also ein Ringkörper oder Reifen als Akkretionsscheibe.*

Dieser Anordnung aus einem rotierenden Schwarzen Loch und einer sie umgebenden Akkretionsscheibe ist kein langes Leben beschieden. Die Materie des Torus ist hochgradig magnetisiert und – insbesondere magnetorotationalen – Instabilitäten unterworfen, die die Akkretion aufs Schwarze Loch befördern. Und so wird sie schon nach ein paar Sekunden vom Schwarzen Loch vollständig verschlungen, worauf dieses als einziges echtes Zeugnis des gesamten Ablaufs übrigbleibt, bei dem zwei binäre Neutronensterne miteinander verschmolzen sind. Wieder lässt sich die seltsame Arithmetik dieser Systeme zusammenfassen als: 1 (Neutronenstern) + 1 (Neutronenstern) = 1 (Schwarzes Loch).[9]

Viel mehr als Quellen von Gravitationswellen

Binäre Neutronensterne unterscheiden sich – ein ganz wichtiger Aspekt – von Doppelsystemen mit Schwarzen Löchern dadurch, dass von ihnen allgemein erwartet wird, dass sie sich auch im elektromagnetischen Spektrum bemerkbar machen. Wenn man miterlebt, wie am Lebensende eines solchen Systems zwei massereiche und kompakte Kugeln fast mit Lichtgeschwindigkeit miteinander kollidieren, geht man ganz selbstverständlich davon aus, dass dabei auch ein Lichtsignal ausgesandt wird. Aber da ist noch mehr – und das hat mit einem Geheimprojekt zu tun, das in den Siebzigerjahren, mitten im Kalten Krieg, gestartet wurde.

In diesen Jahren lieferten sich die beiden Blöcke bei der Aufrüstung wie auch bei der technologischen Entwicklung generell einen heftigen Wettstreit. Aus Gründen, die aus heutiger Sicht unmittelbar einleuchten, aber damals nur schwer akzeptiert wurden, hatten sich Staaten auf ein Verbot sämtlicher oberirdischer Atombombentests geeinigt. Vor diesem Hintergrund der Nichtweiterverbreitung von Kernwaffen, aber

---

* Eine genauere Vorstellung von diesen Abläufen vermittelt meine Website mit dem Abschnitt zur visuellen Darstellung der numerischen Simulationen, die meine Forschungsgruppe durchgeführt hat.

auch des allgemeinen Misstrauens zwischen den beiden Supermächten starteten die Vereinigten Staaten einen Geheimsatelliten, der Gammastrahlen aufspüren konnte. Entsprechend seiner Aufgabe war dieser Satellit entgegen den sonst üblichen Erwartungen nicht gen Himmel, sondern dauerhaft auf die Erde und insbesondere auf das Staatsgebiet der Sowjetunion gerichtet. Sein Zweck war ziemlich klar: Er sollte die Gammastrahlen aufspüren, die eine oberirdisch gezündete Atombombe freisetzen würden. Aber anstatt die Sowjets zu überführen – sie blieben tatsächlich vertragstreu –, spürte der Satellit paradoxerweise etwas anderes auf, dessentwegen sich die Investition dann doch gelohnt hatte. Er registrierte eine ganze Serie sehr intensiver Signale, die eindeutig aus dem All stammten. Wegen der militärischen Geheimhaltung blieben diese Ergebnisse den Wissenschaftskreisen zunächst weitgehend verborgen. Es dauerte noch viele Jahre, bis sie freigegeben wurden. Und erst nach weiteren Jahren wurde die Bedeutung dieser Gammaquellen bekannt, worauf zu Beginn der Neunzigerjahre ihre astronomische Erforschung in Gang kam.

Heute, nach rund dreißig Jahren der Beobachtung des «Gammahimmels», wissen wir, dass es neben den galaktischen und extragalaktischen Quellen, deren Eigenschaften dank wiederholter Messungen bekannt sind, von diesen zwei ebenso interessante wie geheimnisvolle Klassen gibt. Es handelt sich um *episodische* Quellen in dem Sinn, dass sie nur einmal und nur für sehr kurze Zeit beobachtet werden. Deswegen heißen sie *Gammablitze,* abgekürzt GRB (nach dem englischen *gamma-ray bursts*). Diese extrem kurzen und episodischen Ausbrüche tauchen ohne vorherige Ankündigung durch Signale in anderen Bereichen auf, sodass sie nur ein einziges Mal gemessen werden können. Deswegen herrscht immer noch große Unsicherheit darüber, wie sie entstehen. Immerhin wissen wir, dass sie sich in zwei Klassen unterteilen: in *kurze* und *lange Gammablitze* (*short* und *long gamma-ray bursts*). Trotz der Bezeichnung sind selbst die langen Blitze unglaublich kurz, mit einer Dauer von einigen Sekunden bis zu rund einer Minute. Die kurzen Blitze haben dagegen eine noch deutlich geringere Dauer, die vom Bruchteil einer Sekunde und bis zu rund zwei Sekunden reicht. Natürlich sind die kurzen – die rund 30 Prozent des Gesamtaufkommens stellen – von den langen Blitzen nicht immer leicht zu unterscheiden, aber die Statistik sämtlicher bislang beobachteter Gammablitze – rund 2300, gegenwärtig wird durchschnittlich einer pro Tag erfasst – zeigt deutlich, dass sie sich in zwei Populationen mit einer mittleren Dauer von 0,3 (die kurzen) bzw. rund 30 Sekunden (die langen) untergliedern. In beiden Fällen handelt es sich um gewaltige Ausbrüche, bei denen enorme Mengen an Energie – in der Größenordnung von 10^{50}–10^{52} Erg – binnen weniger Sekunden oder noch schneller freigesetzt werden. Zudem deuten die Beobachtungen klar auf einen auftauchenden Jet hin, der sich mit relativistischer Geschwindigkeit ausbreitet und die Gammastrahlung während dieser Ausbreitung oder beim Auftreffen auf ein interstellares Medium erzeugt. Um sich eine Vorstellung von den gigantischen Energiemengen zu machen, die diese Objekte in wenigen Sekunden freisetzen: Diese entsprechen der gesamten Energie, die sämtliche Sterne unserer Milchstraße – das sind Tausende Milliarden – im Verlauf eines ganzen Jahres emittieren! Eben aus diesem Grund sind diese Blitze aus enormen Entfernungen und sogar aus den entlegensten Winkeln unseres Universums noch sichtbar. Und dass sie so weit von uns entfernt entstehen, ist auch unser Glück. Würde die Erde von einem einzigen solchen Blitz getroffen, könnte dies für einen Großteil des Lebens auf ihr das Aus bedeuten ...

Kaum überraschend gibt es viele theoretische Modelle, welche die Erscheinungsformen der Gammablitze mehr oder weniger befriedigend erklären. Die fantasievollsten und exotischsten Hypothesen beiseitegelassen, ordnet die Wissenschaftsgemeinde heute übereinstimmend die langen Blitze der Implosion besonders massereicher Sterne zu. Beim Kollaps des Kerns soll ein Schwarzes Loch entstehen, das die Materie aus der Sternhülle in Form einer Akkretionsscheibe absorbiert.[10]

Dagegen sollen die kurzen Gammablitze laut einer Erklärung, die schon Ende der Achtzigerjahre vorgeschlagen wurde, bei der Verschmelzung binärer Neutronensterne entstehen.[11] Diese Hypothese leuchtete von Anfang an vollkommen ein, da sich so eine Fusion auf einer Zeitskala von 0,1 bis 1 Sekunde vollzieht. Dabei ist die gravitative Energiereserve eines solchen Systems so groß, dass nur einige Hundertstel von ihr freigesetzt werden müssen, um die gemessenen Werte zu erreichen. Aber obwohl im Verlauf der letzten dreißig Jahre Hunderte von kurzen Gammablitzen beobachtet wurden, erhielt diese Hypothese ihre Bestätigung erst 2017 durch ein Ereignis, von dem schon die Rede war: GW170817.

Wie ich sagte, riss das Signal der Gravitationswellen, das LIGO damals gemessen hat, im Augenblick der Verschmelzung beider Sterne abrupt ab. Nicht gesagt habe ist allerdings, dass sich diese Quelle knapp 1,74 Sekunden später über einen anderen Kanal, nämlich den elektromagnetischen, als kurzer Gammablitz «zurückgemeldet hat»: als GRB 170817A! Die Wissenschaftler der Kooperation von LIGO und Virgo hatten die jeweilige Ankunftszeit des Gravitationssignals der beiden LIGO-Detektoren miteinander abgeglichen. Da Virgo es, obwohl theoretisch möglich, nicht aufgefangen hatte, konnten sie anhand von dessen *blindem Fleck*[12] die weite, aber doch begrenzte Himmelsregion ausmachen, aus der das Signal stammte. So spähten schon wenige Sekunden nach der Registrierung von GW170817 Dutzende Beobachter und Satelliten in diese Richtung auf der Suche nach einem Übergangsereignis, das mit ihm möglicherweise zusammenhing. Ermöglicht wurde dies dank der Kooperationsverträge, derentwegen LIGO/Virgo und eine Reihe von Beobachtern, verteilt über den ganzen Globus, sowie Nutzer von Satelliten im Orbit regelmäßig Signale melden und Daten austauschen. Aber während frühere Beobachtungen dieser Art – immer im Zusammenhang mit binären Schwarzen Löchern –, stets im Sande verlaufen waren,[13] kam diesmal, wenn auch sehr schwach, ein elektromagnetischer Gegenpart zum Vorschein. Dieses Signal eines kurzen Gammablitzes – mit GRB 170817A benannt – erschien ziemlich gewöhnlich, abgesehen von seiner Helligkeit, die die schwächste war, die bei so einem Phänomen jemals beobachtet wurde. Heute sind wir der Meinung, dass dies nichts Ungewöhnliches ist. Dass es sich so schwach zeigte, heißt nur, dass es uns sehr wahrscheinlich «entgangen» wäre, hätten wir nicht zum richtigen Zeitpunkt die richtige Himmelsregion abgesucht.

Es sei daran erinnert, dass Beobachtungen kurzer oder langer Gammablitze auf einen kollimierten Jet aus Gammastrahlen hindeuten, die wir dann auf der Erde registrieren. Ähnlich wie bei der Radiostrahlung von Pulsaren können wir einen Gammablitz mit ausreichend Glück nur dann klar beobachten, wenn sein Strahl in der Bewegung seiner Ausbreitung die Erde trifft. Wenn wir uns den Jet als einen sehr schlanken Kegel vorstellen, ist der Gammablitz dann messbar, wenn die Erde annähernd in den Öffnungswinkel dieses Kegels eintritt. Dieser liegt in der Regel bei unter 10 Grad. Folglich beobachten wir nicht *alle* Gammablitze, nicht einmal dann, wenn sie in relativer Nähe zu uns ausgesandt werden. Vielmehr sehen wir *nur* die auf die Erde «gerichteten», also ein Hundertstel des Gesamtaufkommens. Die relativ schwache Helligkeit von GRB 170817A führen wir heute darauf zurück, dass die Erde vom

Kegel des relativistischen Jets nur «gestreift» wurde. Das Signal wäre so aller Wahrscheinlichkeit nach untergegangen, hätte wir nicht die besten Teleskope zum geeigneten Augenblick auf die entsprechende Himmelsregion gerichtet. Und so hat sich dank der Hartnäckigkeit der Astronomen mit dem Bestreben, erstmals den elektromagnetischen Gegenpart zu einem Gravitationssignal aufzuspüren, das Fenster der *Multimessenger-Gravitationsastronomie* schließlich geöffnet, mit allen wichtigen erörterten Konsequenzen. Auch wurde mit diesem Ereignis der Nachweis erbracht, dass die vor fast dreißig Jahren aufgestellte Hypothese, wonach die kurzen Gammablitze auf die Verschmelzung von Neutronensternen zurückzuführen seien, tatsächlich richtig ist.

An diesem Punkt fragen Sie sich vielleicht: «Wie entsteht bei einem Gammablitzereignis ein relativistischer Jet?» Schließlich ist nicht unbedingt offensichtlich, wie zwei kollidierende massereiche Objekte einen strahlungsintensiven Jet hervorbringen. Auch hier lautet die Antwort, dass wir es zwar noch nicht wissen, es aber nützliche Anhaltspunkte gibt. Und sie stammen aus den numerischen Simulationen. Nur sie können uns ein hinreichend genaues und realistisches Bild vermitteln.

Ein entsprechendes Beispiel zeigt Abbildung 8.7. Es ist nicht das einzig mögliche und nicht einmal das neueste, liegt mir aber am Herzen, weil es das erste untersuchte dieses Typs ist und von meiner Gruppe durchgeführt wurde.[14] Dargestellt sind verschiedene Augenblicke einer numerischen Simulation der Koaleszenz zweier magnetisierter Neutronensterne, also solchen mit einem starken Magnetfeld.

Die Simulation erfolgte anhand starker Vereinfachung und ist Einschränkungen unterworfen. So sind zum Beispiel die Geschwindigkeiten des Plasmas entlang des Jets deutlich geringer angesetzt, als sie bei Beobachtungen kurzer Gammablitze gemessen wurden. Ihr Verdienst hingegen bestand von Anfang an und bereits 2011 darin, zu zeigen, dass die Anwesenheit eines Magnetfeldes essentiell ist, um einen Jet aus der Koaleszenz eines binären Systems von Neutronensternen zu erzeugen. Wir haben aus diesen Simulationen gelernt, dass die gemeinsame Lösung der einsteinschen Gleichungen und derjenigen der relativistischen Magnetohydrodynamik es erlaubt, in groben Zügen die Phänomene zu reproduzieren, die in kurzen Gammablitzen beobachtet werden, sowohl was die Zeitskalen als auch was die freigesetzte Energie angeht. Wir sind noch weit davon entfernt, einen kurzen Gammablitz realistisch simulieren zu können, aber die entwickelten numerischen Codes weisen

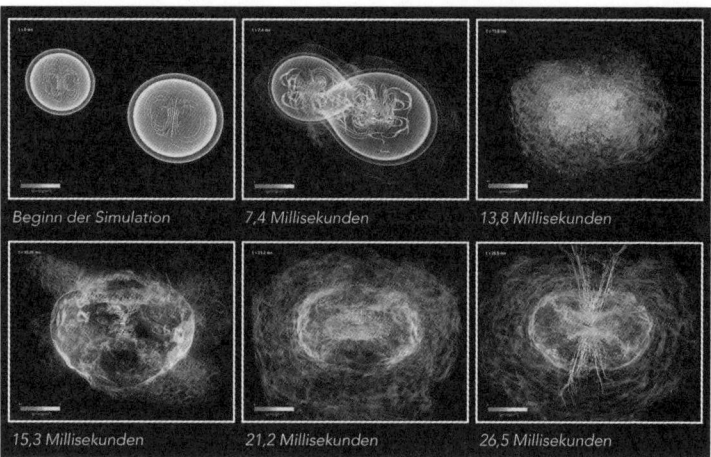

Abb. 8.7: Verschiedene Phasen einer numerischen Simulation der
Verschmelzung zweier magnetisierter Neutronensterne.

uns immer klarer darauf hin, dass Doppelsysteme aus magnetisierten
Neutronensternen den vielversprechendsten Weg darstellen, um die
Entstehung solcher Jets nachzuvollziehen, die sich mit relativistischer
Geschwindigkeit auf uns zu bewegen und von einem der katastrophals-
ten Ereignisse im Universum künden.

In den Stunden und Tagen nach der Beobachtung von GRB 170817A,
der ersten ihrer Art, machte sich das elektromagnetische Signal – das
anfangs natürlich im Gammabereich eintraf – auch in anderen, zunehmend tieferen Frequenzen bemerkbar, vom Röntgenbereich über den
sichtbaren bis schließlich zum infraroten. Jetzt, nach Hunderten von
Tagen, wird es im Radiobereich registriert. Diese Art Signal, die *Post-
lumineszenz* – oder einfach das *Nachglühen* (englisch: *afterglow*), rührt
daher, dass die Strahlungsemission aus dem Prozess der Koaleszenz, die
anfangs bei hohen Energien erfolgt, sich mit der Bewegung, der Expansion und der Abkühlung der Quelle verändert. Dabei verliert sie an
Intensität, wobei sich das Strahlungsmaximum in immer größere Wellenlängen verschiebt. Entsprechendes geschieht auch beim Feuerwerk:
Die Leuchtkraft schwächt sich bis zum vollständigen Erlöschen desto
mehr ab, je stärker sich die heiße, bei der Explosion entstandene Gas-
wolke ausdehnt und abkühlt.

Abgesehen vom Nachglühen können kurze Gammablitze auch mit

Abstrahlung im ultravioletten und optischen Bereich einhergehen. Dieses Signal hat einen ganz anderen Ursprung und geht auf radioaktive Zerfallsprozesse des Materials zurück, das während der Verschmelzung ausgestoßen wird. Tatsächlich kann bei der Fusion eines Doppelsystems aus Neutronensternen ein Teil der Materie, aus der die beiden ursprünglichen Objekte bestanden, der Schwerkraft entkommen und somit «verloren» gehen; denn sie ist hochenergetisch und bewegt sich mit Geschwindigkeiten, die über der Fluchtgeschwindigkeit des Schwerefelds ihrer Systems liegen. Die Simulationen ermöglichen noch keine ausreichend genauen Schätzungen dazu, wie viel Masse ausgeschleudert wird, unter anderem weil dies von einer ganzen Reihe von Faktoren innerhalb des Doppelsystems abhängt. Aber der Verlust lässt sich ziemlich klar auf einen Bereich zwischen einem Zehntel und einigen Hundertstel Sonnenmasse eingrenzen. Aber selbst wenn dieser verlorene Teil insgesamt sehr gering ist, sehen wir in Kürze, welch entscheidende Bedeutung er hat.

Deutlich weniger einleuchtend als der Gedanke, dass ein Teil der Materie des Doppelsystems ausgestoßen wird, erscheint die – schon 1998 von Li-Xin Li und Bohdan Paczyński (1940–2007) getroffene – Vorhersage, was mit dieser Materie geschieht.[15] Anhand der Ergebnisse eines vereinfachten Modells vertraten die beiden Forscher die Ansicht, dass sie radioaktiv zerfallen und so elektromagnetische Strahlung erzeugen könnte, zunächst im ultravioletten und dann auch im sichtbaren und infraroten Bereich. Dieses Leuchtsignal, das folglich ganz andere Ursprünge hat als das Nachglühen, wurde als *Kilonova* bezeichnet, weil seine Leuchtkraft Schätzungen zufolge die einer *Nova* um das Tausendfache (daher Kilo) übertrifft.[16]

Genau ein solches Kilonova-Signal aber wurde bei GRB 170817A beobachtet. Rund 24 Stunden nach der ersten Emission im Gammabereich wurde die schwache Strahlung eines radioaktiven Zerfalls registriert. Nach dem ersten Auftauchen vornehmlich im Blaubereich (weshalb es *blaue Kilonova* oder *blue kilonova* getauft wurde) klang es allmählich in längeren Wellenlängen hauptsächlich im Rotbereich (*rote Kilonova* oder *red kilonova*) aus. Kurzum, ein eindeutig schönes Feuerwerk, aber auch eine solide Bestätigung der Vorhersage des Kilonova-Signals. Aber, wichtiger noch, bestätigt die Kilonova-Emission unstritig, dass das Signal eines kurzen Gammablitzes grundsätzlich mit der Verschmelzung binärer Neutronensterne verknüpft ist. Tatsächlich wäre nur dieses

Phänomen in der Lage, das notwendige Material mit einem hohen Anteil an Neutronen auszuschleudern, um eine Kilonova hervorzurufen und zu befeuern.

Das ausgestoßene Material beschränkt sich aber nicht darauf, beim radioaktiven Zerfall ein schwaches Lichtsignal einer Kilonova auszusenden und damit die besagte Vorhersage zu bestätigen. Tatsächlich liefert es einen Beleg dafür, dass eine gewisse Menge an Material mit schweren Kernen und reich an Neutronen in den interstellaren Raum verteilt wird. Und damit bietet es eine Lösung für ein anderes Problem, mit dem die Astronomie seit Jahren zu kämpfen hat.

Wie wir sahen, verarbeiten Sterne im Lauf ihres Lebens leichtere Elemente zu immer schwereren über eine Fusionskette, die ausgehend vom Wasserstoff zur Produktion von Helium, Kohlenstoff, Stickstoff und Neon bis hin zum Eisen in massereicheren Sternen reicht. Es sei daran erinnert, dass als *schwere Elemente* solche mit einer Atommasse über der des Eisens mit seiner Massenzahl 56 bezeichnet werden. Beispiele sind Strontium (mit einer gerundeten Atommasse von 88), Cäsium (133), Europium (152), Platin (195), Gold (197) und natürlich Uran (238). Sterne erzeugen schwere Elemente in sehr begrenzten Mengen, da die wichtigste Kette der nuklearen Produktion über die Fusionsprozesse läuft, die beim Wasserstoff beginnen und beim Eisen enden. All diese Elemente – ob schwer oder nicht – verbleiben natürlich in den Sternen, wenn diese erlöschen, ohne die Möglichkeit, im interstellaren Raum verteilt zu werden. Damit stellt sich die Frage, wie ein Planet wie unserer konkret entstehen konnte, da er doch auch sehr schwere Elemente wie Platin oder Uran enthält. Woher hat er diese Elemente bezogen?

Eine erste Antwort lieferte zu Beginn der Sechzigerjahre die Erkenntnis, dass massereiche Sterne, deren Kern Elemente bis zum Eisen enthält, als Supernova explodieren und solche Elemente folglich in den interstellaren Raum hinausschleudern. Zudem laufen auch bei dieser Explosion und bei der Ausdehnung des ausgestoßenen Materials Prozesse der sogenannten *Nukleosynthese* ab, bei denen Atomkerne immer massereicherer chemischer Elemente entstehen. Somit stammt sämtliche Materie auf der Erde, einschließlich unserer Körper, die zu kleinen Teilen aus Eisen und schweren Elementen bestehen, aus dem Material von Sternen, aus dem diese über Jahrmillionen durch explosive und andere Nukleosynthesen hervorgegangen sind. Mit anderen Worten, wir sind «Kinder der Sterne», zumindest aus Sicht der Atomphysik.

Wie sich in den letzten zwanzig Jahren allerdings immer deutlich zeigte, lässt diese – so plausible und teilweise auch richtige – Erklärung außer Acht, warum in den Sternen um uns herum so große Mengen an schweren Elementen gemessen werden. So sagen insbesondere die Simulationen zu ihrer Entstehung aus Supernovae-Explosionen deutlich geringere Vorkommen als die gemessenen voraus. Kurz und gut, nach den Supernova-Explosionen zu urteilen, gibt es zu viel Gold im Universum ...

Eine Lösung wurde erstmals Mitte der Siebzigerjahre vorgeschlagen, als das Problem eigentlich noch gar nicht aufgetaucht war. Danach sind Supernova-Explosionen nicht das einzige Ereignis, das große Mengen an neutronenreichem Material ausstößt und Prozesse in Gang setzt, aus denen eine ganze Reihe schwerer Elemente hervorgehen. Einen ebenso wirksamen Beitrag leistet nach dieser Auffassung auch die Koaleszenz eines Doppelsystems, an dem mindestens ein Neutronenstern beteiligt ist.[17] Teilweise motiviert durch diesen Vorschlag, zeigte in den letzten Jahren eine ganze Reihe von Simulationen sehr deutlich, dass bei der Verschmelzung binärer Neutronensterne ideale Temperaturen und Dichten entstehen, um die Synthese schwerer Elemente zu beschleunigen. Und mehr noch: Die Mengen der so erzeugten schweren Elemente decken sich mit den Beobachtungen und hängen nur geringfügig davon ab, welche besonderen Eigenschaften das jeweilige Doppelsystem hat. Kurzum, laut dem Paradigma, das sich im Verlauf der letzten zehn Jahre herausgebildet hat, besitzen Doppelsysteme mit Neutronensternen das volle Potenzial, um als «Produktionsstätte» der schweren Elemente im Universum zu dienen.

All dies waren freilich nur theoretische Vorhersagen – interessante Ergebnisse aus komplexen numerischen Simulationen, die durch keinerlei Beobachtungen gestützt waren. Zum Glück hat sich dies mit dem Ereignis GW 170817 verändert. Die Beobachtung des Kilonova-Signals lieferte faktisch die Bestätigung, dass Doppelsysteme mit Neutronensternen nicht nur erhebliche Mengen an Materie in den interstellaren Raum schleudern, sondern dass dieses Material auch eine Nukleosynthese schwerer Elemente in Gang bringen kann, wie sie die theoretischen Simulationen vorhergesagt haben. Insbesondere lieferte der Beobachtungsnachweis von Strontium im Kilonova-Signal GRB 170817A die seit Jahren gesuchte Bestätigung. Bei der Fusion der betreffenden Sterne sind schwere Elemente entstanden! Um eine Vorstellung von der außerordentlichen Bedeutung dieses Ergebnisses zu gewinnen, müssen Sie sich nur vor Augen halten, dass die Menge dieser schweren Elemente dem 16 000-Fachen der Erdmasse entspricht. Noch eindrucksvoller ist die Vorstellung, dass ein guter Teil davon – ungefähr die zehnfache Erdmasse – aus Platin und Gold besteht. Kurzum, wenn Sie auf der Suche nach Edelmetallen sind, müssen sie nur in Richtung GW170817 ziehen, dann stoßen Sie auf mehr davon, als Sie zurückschleppen können … Alle diese Beobachtungen legen den Schluss nahe, dass wir zwar Kinder von Sternen sind, aber vor allem auch Kinder von Neutronensternen!

Ich beschließe diese *Tour de Force* mit einer allgemeinen Feststellung. Wie ich mir vorstellen kann, hat Sie die Menge an Informationen, die ich Ihnen zur Dynamik eines Doppelsystems aus Neutronensternen geliefert habe, einigermaßen verwirrt. Aber wie ich Ihnen garantieren kann, machen diese Systeme auch die Wissenschaftsgemeinschaft demütig, die sie seit Jahrzehnten erforscht. Dafür bin ich selbst ein Musterbeispiel. Wie soll man nicht verblüfft sein angesichts der Erkenntnis, dass GW170817 im Verlauf weniger Stunden ganz klar Fragen beantwortet hat, die über Jahrzehnte offengeblieben waren? Wir erhielten die Bestätigung, dass binäre Neutronensterne nicht nur exzellente Quellen von Gravitationswellen sind, sondern dass diese auch einen elektromagnetischen Gegenpart in Form kurzer Gammablitze haben. Zudem stoßen sie einige Hundertstel Sonnenmasse an einer besonders neutronenreichen Materie aus, die sich im interstellaren Raum verteilt und dabei einen Großteil der schwersten Elementen erzeugt, die wir im Universum finden – nicht zuletzt Gold, für das wir uns Menschen doch offenbar besonders interessieren.

Die Verschmelzung eines Doppelsystems aus Neutronensternen ist nicht nur ein Feuerwerk von unglaublicher Schönheit, sondern auch ein Ereignis, in das sämtliche grundlegenden Aspekte der modernen Physik einfließen: gewaltige Raumzeitkrümmungen, Gravitationswellen, relativistische Hydrodynamik und Plasmaphysik, Nuklearphysik und Synthese von Elementen. Eben deshalb bezeichne ich solche Abläufe als das produktivste «Labor» in Einsteins Universum.

Das Ende der Reise

Die Schwerkraft ... zieht an! Das war Ihnen schon klar, noch ehe Sie dieses Buch zur Hand nahmen, und ist Ihnen jetzt wohl noch klarer. Aber ich hoffe, Sie sind mit mir nun auch darin eins, dass die Gravitation auch im geistigen Sinne anzieht, insofern von ihr eine gewaltige Faszination ausgeht.

Dieses Buch ist aus dem Anliegen heraus entstanden, Ihnen zu zeigen, welche Anziehungskraft der Gravitation innewohnt und wie untrennbar sie mit dem zusammenhängt, was wir über die Welt um uns herum und über die entlegensten Winkel des Universums wissen, in denen gleichwohl deren Gesetze herrschen.

Unsere gemeinsame Reise führte virtuell in die Welt der Gravitation, wie sie uns Einstein vor über hundert Jahren geoffenbart hat. Ich kann mir gut vorstellen, dass sie manche von Ihnen aufgerieben hat, weil ich Ihrer Vorstellungskraft ungewöhnliche Anstrengungen abverlangt und Sie mit Konzepten konfrontiert habe, die zugegebenermaßen nicht leicht zu akzeptieren sind, zumindest auf Anhieb nicht. So erging es auch mir, als ich mich vor zwanzig Jahren aus eigenem Antrieb daran gemacht habe, mich mit dieser Theorie auseinanderzusetzen. Aber ich hatte Sie ja auch darauf hingewiesen, im Reisegepäck ein reichhaltiges Maß an Vorstellungskraft und einen ausreichenden Vorrat an Geduld mitzubringen.

Auf dieser Reise haben wir Antworten auf eine Reihe schlichter, aber keineswegs banaler Fragen gesucht, an die ich nochmals erinnere.

Warum fällt ein Apfel vom Baum herab, anstatt in der Luft zu schweben? Was ist die Raumzeit? Worin besteht ihre Krümmung, und wie kommt sie zustande? Kann man die Zeit krümmen? Wie funktioniert ein Schwarzes Loch, und wie können wir eines «konstruieren»? Wie kann man es fotografieren, wenn es kein Licht ausstrahlt? Was sind Gravitationswellen, und warum sind sie schwierig zu messen?

Vielleicht erscheinen Ihnen diese Fragen immer noch sinnlos und ohne Antwort. Vielleicht aber auch nicht. Vielleicht finden Sie sie jetzt vernünftig und sogar interessant. Vielleicht wissen Sie schließlich, dass es auf jede eine einigermaßen verständliche Antwort gibt. Wenn dem so wäre, dann hätten sich die Mühen beim Schreiben dieses Buchs – und Ihre beim Lesen! – tatsächlich gelohnt.

Damit endet unsere gemeinsame Reise, zumindest für den Augenblick. Ich hoffe, dass dieses Buch, wenn es erst zugeklappt ist, jedenfalls eine Spur der wichtigsten Botschaft zurücklässt, die es zu übermitteln versucht hat: Zögern Sie nicht, sich neugierige Fragen zu stellen, auch besonders seltsam erscheinende. Lassen Sie sich von Ihrer Intuition leiten, sich von ihr aber nicht beherrschen. Wie ich mit zahllosen Beispielen gezeigt habe, hängt unsere Vorstellung davon, wie die Welt «funktioniert», zwangsläufig von unseren begrenzten Erfahrungen im Verlauf eines Lebens auf der Erde ab. Und die bilden nur einen Tropfen im Ozean des physikalisch Möglichen. Setzen Sie schließlich und vor allem Ihrer Fantasie keinerlei Grenzen. Vor moderner Mathematik, komplexen Simulationen und ausgeklügelten Experimenten – obwohl alle unverzichtbar – braucht es den regen Geist, der seine eigene Vorstellungskraft auf Reisen erkundet. Mehr als alles andere ermöglicht er es uns, die Grenzen des Wissens auszuweiten.

Frankfurt am Main, September 2021

Anhang

Danksagung

Ich habe die Idee, dieses Buch zu schreiben, zahllose Male erwogen und wieder verworfen. Immer aus demselben Grund: Zeitmangel. Die Wende – also der Entschluss, ein allgemeinverständliches Buch zu verfassen – kam an Bord der *Alea,* einer kleinen Segeljacht auf dem Mittelmeer bei Diskussionen, die ich mit meinem brüderlichen Segelkameraden Luca Bonatti über die Naturwissenschaft führte. Gegenüber einem so feinsinnigen Geist, der zugleich mit einer neunmalklugen Unwissenheit gesegnet war, fühlte ich mich geradezu gezwungen, die Grundlagen der modernen Gravitationstheorie in einem Buch darzulegen. An erster Stelle danke ich folglich Luca dafür, dass er mich zur Aktion getrieben hat.

Dank geht auch an jene, die den technischen Ablauf bei der Entstehung dieses Buchs ermöglichten. Angefangen mit Marina Forlizzi, die von Anfang an und mehr als ich an es geglaubt hat, über Manuela Galbiati und das Team des Rizzoli-Verlags, die mir geduldige Anleitung gaben bei einem Projekt, das so ganz anders war als meine gewohnten, und in einer Sprache, die ich leider nur gelegentlich verwende. Dank schulde ich auch Donato Bini, Carlo Rovelli und Olindo Zanotti für ihre aufmerksame Lektüre in unmöglichen Zeiten, sowie allen meinen Studierenden und Mitarbeitenden, die geduldig auf das Ende all dieser Umstände gewartet haben, um sich wieder einem normalen Leben in Forschung und Lehre zuzuwenden.

Danken muss ich unbedingt auch Carolin, Anna, Emilia und Dominik dafür, dass sie mit stoischer Gelassenheit alle frustrierenden Momente hinnahmen, die mit dem Schreiben eines Buchs einhergehen, für ihre Begeisterung für etwas, das mir häufig nutzlos erschien, und dass sie mich allzu viele Wochenenden vor einem kleinen Bildschirm anstatt vor einem offenen Horizont zubringen ließen.

Und schließlich gebührt mein Dank für die deutsche Ausgabe meinem Lektor Stefan Bollmann und meinem Übersetzer Enrico Heinemann.

Anmerkungen

1. Die Schwerkraft ... zieht an

1 Und nebenbei bemerkt, ist den meisten irrigerweise gar nicht klar, dass auch unser Körper Radioaktivität enthält. Wir sind nämlich ständig Gasen, Flüssigkeiten und Festkörpern ausgesetzt, die von Natur aus radioaktiv sind, und nehmen sie in uns auf, sodass auch wir strahlen. Soweit es die natürliche betrifft, ist diese Radioaktivität ungefährlich. Erst wenn bestimmte Dosen überschritten werden, wird es für uns riskant. So gesehen, müssen wir uns keine Sorgen machen: Wir sind weder für uns selbst noch für unsere Umwelt eine Gefahr.

2. Die Väter der Schwerkraft

1 In einem Bezugssystem, in dem die beiden Körper eine Position, gegeben durch die Vektoren $\vec{r}_1$ und $\vec{r}_2$, haben, wird ihr Abstand vom Differenzvektor zwischen den beiden $\vec{r} = \vec{r}_1 - \vec{r}_2$ gegeben, dessen Größe (oder Modulus) $\mid \vec{r} \mid = r$ ist.

2 Die Bogensekunde als Maßeinheit findet in der Navigation wie auch in der Astronomie Verwendung. Mit ihr wird die Winkelweite als Gradmaß in Abgrenzung zum Bogenmaß in Radiant ausgedrückt. In der Praxis wird die Winkelweite nicht nur in Grad – dem uns gewohnten System –, sondern auch in kleineren Einheiten angegeben: in *Bogenminuten und -sekunden*. Demnach unterteilt sich ein Bogengrad in 60 Bogenminuten (zu je 0,017 Grad) und 3600 Bogensekunden (zu je 0,00028 Grad). In der häufiger gebrauchten Einheit ausgedrückt, verändert sich das Merkurperihel nur um 0,0121 Grad pro Jahrhundert!

3. Raumzeit, Krümmung und Gravitation

1 Für Interessierte, die es streng mathematisch ausgedrückt mögen, ist die Raumzeit als eine *mathematische Mannigfaltigkeit* definiert, deren Elemente Ereignisse sind. Einer solchen Mannigfaltigkeit lässt sich eine «Karte» aus Koordinaten zuordnen, durch die sich die invarianten Abstände zwischen Ereignissen messen lassen. Eine solche Karte wird von einem Tensor zweiten Ranges, einem sogenannten *metrischen Tensor* oder einer *Metrik* beschrieben. Die Entfernung zwischen Ereignissen wird folglich durch das – von der Metrik vermittelte – Skalarprodukt der Abstände zwischen Ereignissen gemessen und ist eine skalare Invariante.

2 Genau gesagt, gibt das *m* in der Gleichung (3.II) nur die sogenannte *Ruhemasse* oder den Anteil an der Masse an, der nicht vom Bewegungszustand des Objekts abhängt. Bei einem Photon entfällt der Wert, weil es eine Ruhemasse null hat. Ein allgemeinerer Ausdruck der Gleichung (3.II), der für alle Arten von Teilchen gilt, lautet: $E^2 = m^2 c^4 + p^2 c^2$, wobei *p* der Impuls (englisch: *linear momentum*) des Objekts ist. Dieser Ausdruck gilt auch für ein Photon. Es hat immer einen Impuls von nicht null, und dieser ist proportional zu seiner Frequenz.

3 Für interessierte Leser sei kurz hinzugefügt, dass es sich bei den einsteinschen Feldgleichungen, die in der Formel (3.III) zusammengefasst sind, um zehn partielle Differentialgleichungen zweiter Ordnung handelt, die hochgradig nichtlinear sind. Sie werden in kovarianter Form unter Nutzung zweier Tensoren zweiten Ranges geschrieben, als Einstein-Tensor ($G_{\mu\nu}$) und Energie-Impuls-Tensor ($T_{\mu\nu}$).

4 Dabei ist zu betonen, dass das Beispiel mit dem Bettlaken und der Bowlingkugel eine logische Schwachstelle enthält: Es beschreibt die Gravitation anhand der Auswirkung einer solchen Kugel, aber diese unterliegt ihrerseits *schon* einem Gravitationsfeld. Auf diese Frage gehen wir weiter hinten im Kapitel ein, wenn wir zeigen, wie man eine Krümmung auch messen kann, ohne auf den Vergleich mit einem «Bettlaken» zurückzugreifen. Hier ist nur hervorzuheben, dass dieser Vergleich perfekt passt: Das Wichtige an dieser Stelle ist, dass Materie Krümmung hervorruft.

5 Wer Lust auf ein kleines Quiz hat, der stelle sich die Frage: Welches ist dagegen die längste Strecke, die man auf der Erdoberfläche zurücklegen muss, um von einem Punkt A zu einem Punkt B zu gelangen? Die Antwort lautet: der sie verbindende *Großkreis*, also ein Kreis, der durch A und B verläuft und dessen Mittelpunkt im Zentrum der Erde liegt. Wenn wir uns zum Beispiel vorstellen, dass die beiden Punkte auf demselben Längenkreis liegen, würde diese Stecke diesem entlang über den Nord- und den Südpol verlaufen – ein sehr langer Weg ans Ziel …

4. Die Raumzeit krümmen

1 Wie in Kapitel 2 erwähnt, ist die Gravitationskonstante *G gleich* 6,67430(15) × 10^{-11} m³/(kg s²), wobei m, kg, und s für Meter, Kilogramm sowie Sekunden stehen. Damit ist das Ergebnis von $GM/(c^2 R)$ keine bestimmte Maßeinheit nach dem internationalen Einheitensystem (SI), sondern eine *reine Zahl*.

2 In der Astronomie steht das Symbol ⊕ für den Planeten Erde. Um ein Beispiel zu geben: M⊕ gibt die Masse unseres Planeten an. Entsprechend steht das Symbol ⊙, das wir in Kürze verwenden, für die Sonne und Größen mit einem Bezug zu ihr.

3 Das Parsec wird in der Astronomie als Längenmaß deshalb häufig verwendet, weil sich mit ihm die gewaltigen Entfernungen ausdrücken lassen, mit denen man es außerhalb unseres Sonnensystems zu tun hat. Deswegen werden in der

Astronomie nie Kilometer, sondern vielmehr Lichtjahre und deren Vielfache verwendet. Es sei daran erinnert, dass ein «Lichtjahr» keinen zeitlichen, sondern einen räumlichen Abstand misst: die Entfernung, die Licht in einem Jahr zurücklegt, also rund 10 000 Milliarden (10^{13}) Kilometer. Dagegen entspricht ein Parsec 3,26 Lichtjahren, also rund 30 000 Milliarden Kilometer.

4 Wie wir bereits sahen, sieht die Allgemeine Relativitätstheorie eine Zeitdilatation vor, wonach der Abstand zwischen zwei Ereignissen vom Wert der lokalen Krümmung abhängt. Indes tauchen eine Zeitdilatation und eine Längenkontraktion schon in der Speziellen Relativitätstheorie auf, also auch ohne Krümmung. So besagt diese Theorie, dass sich für einen stationären Beobachter die Länge eines Objekts entlang seiner Bewegungsrichtung verringert, wenn sich dieses mit nahezu Lichtgeschwindigkeit bewegt.

5. Neutronensterne: Wunder der Physik

1 Elektromagnetische Wellen sind durch zwei Grundgrößen gekennzeichnet: die *Wellenlänge* (also der Abstand zwischen zwei «Scheitelpunkten» der Welle) und die *Frequenz* (also die Anzahl der Scheitelpunkte, die in einem bestimmten Zeitintervall eintreffen. Die Wellenlänge λ und die Frequenz f der elektromagnetischen Strahlung sind umgekehrt proportional zueinander: mathematisch ausgedrückt, ist $\lambda = c/f$, wobei c die Lichtgeschwindigkeit ist.

2 Strahlung dieses Typs wird auch als *weiche* Röntgenstrahlung bezeichnet, zur Unterscheidung von der höherenergetischen, der sogenannten *harten* Röntgenstrahlung. Die *Härte* eines Photons im Röntgenbereich bemisst sich also an seiner Energie (oder entsprechend, seiner Frequenz): weiche Röntgenstrahlen zeichnen sich in der Regel durch eine Energie zwischen 0,1 und 0,3 keV (Kiloelektronenvolt) aus, während die der harten bei einem Wert zwischen 10 und 100 keV liegt.

3 Um richtig klar zu machen, wie bizarr dieses Phänomen anmutete, müssen wir etwas weiter in die Tiefe gehen.

Die Zeitskalen, in denen sich die Helligkeit von Himmelskörper verändern, hängen den Erwartungen nach proportional von deren Größe ab: Die Helligkeit größerer schwankt nur langsam, während sich die kleinerer (immer noch in astronomischer Größenordnung!) schneller verändert.

Dies ergibt sich aus einer grundlegenden Eigenschaft des Lichts, also aus einem *kausalen Zusammenhang*. Das soll heißen: Die Helligkeitsschwankungen erfolgen nicht beliebig rasch, sondern in einer Zeitskala (ΔT), die größer als die Zeit sein muss, die ein sich mit Lichtgeschwindigkeit (c) bewegendes Photon benötigt, um seine Quelle zu durchqueren. Eine solche Zeitskala heißt deswegen auch *Lichtlaufzeit* (englisch: *light-crossing time*). Mathematisch lässt sich diese Beziehung auf eine präzise Formel bringen: Wenn R der Radius der Quelle ist, muss zwangsläufig $R < c\,\Delta T$ gelten. Da (ΔT) bei Beobachtungen gemessen wurde, ergibt sich daraus mit einer einfachen Rechnung eine Obergrenze für R. Um eine Vergleichsgröße zu geben: Auch die Helligkeit der

Sonne ist Schwankungen unterworfen, aber diese vollziehen sich in einer
Zeitskala von rund 11 Jahren, also in der Größenordnung von 0,1 Prozent der
Lichtlaufzeit, da ein im Zentrum der Sonne erzeugtes Photon circa 10 000 Jahre
benötigt, bis es (nach Milliarden von Kollisionen) die Oberfläche erreicht …
Vor diesem Hintergrund konnte der Primärstern angesichts seiner beobachteten Veränderlichkeit – in der Größenordnung von Zehntel- oder Hunderts-
telsekunden – unmöglich einen Radius von Hunderttausenden Kilometern
haben, wie es ein gewöhnlicher Stern mit einer 1,4-fachen Sonnenmasse erwarten ließe. Wieder deuteten sämtliche Beobachtungen darauf hin, dass die
Röntgenquelle Sco X-1 *weitaus* kleiner als ein normaler Stern war.

4 Es sei daran erinnert, dass die Sterne in den ersten Klassifikationen nach
«Farben» geordnet wurden, eben nach der vorherrschenden Farbe in ihrem
Emissionsspektrum: vom Weißblau der heißesten bis zum Orangerot der
«kältesten». Aus der absteigenden Rangfolge nach Hitze von Blau zu Rot er-
gaben sich die Klassen O, B, A, F, G, K und M. Um sich diese Reihenfolge besser merken zu können, führte die US-Astronomin Annie Jump Cannon
(1863–1941), die diese Unterteilung erstellt hatte, einen englischen Satz ein:
Oh, be a fine girl/guy, kiss me! (In etwa: «O sei ein nettes Mädchen/netter
Junge, küss mich.»)

5 I. Šklovskij, in: *Soviet astronomy* 11(749) (1968).

6 W. Baade und F. Zwicky, in: *Proceedings of the National Academy of Sciences of
the United States of America* 20(254) (1934).

7 A. Hewish, S. J. Bell, J. D. H. Pilkington, P. F. Scott und R. A. Collins, in *Nature* 217(709) (1968).

8 Da die Elektronen zur Atommasse fast nichts beitragen, ist diese beinahe de-
ckungsgleich mit der Massenzahl, also der Anzahl der Protonen und Neutronen in einem bestimmten Atomkern. Dagegen gibt die *Ordnungszahl* oder
Atomnummer nur die Anzahl der Protonen im Atomkern an. Wasserstoff hat
die Massenzahl 1 und die Ordnungszahl 1, weil sein Kern nur aus einem Proton besteht. Dagegen hat Helium – mit einem Kern aus zwei Protonen und
zwei Neutronen – die Massenzahl 4 und die Ordnungszahl 2.

9 Neutronen sind Teilchen des Typs *Fermion*, gehorchen also der Fermi-Dirac-
Statistik und unterliegen damit dem Pauli-Prinzip (Ausschließungsprinzip).
Dies legt fest, dass ein Quantenzustand höchstens von einem Teilchen dieses
Typs besetzt werden kann. Ebendieses Prinzip ist für den Entartungsdruck
verantwortlich. Um einen heute leider nur zu deutlichen Vergleich zu ziehen,
ist es so, als seien die Fermionen einem «social distancing», also einem Ab-
standsgebot, unterworfen und dürften sich folglich nicht allzu nahekommen.
Wenn dies doch geschieht, erzeugen sie einen gewaltigen Druck, der eine weitere Verdichtung verhindert.

10 In der Quantenmechanik stellt die Wellenfunktion den Zustand eines physikalischen Systems dar, zum Beispiel ein Elementarteilchen. Sie ist eine Funktion der Zeit und der Position, kann aber auch zur Berechnung der Wahr-

scheinlichkeit genutzt werden, dass sich das Teilchen zu einer bestimmten Zeit in einer bestimmten Raumregion aufhält.

11 G. Gamow und M. Schönberg, in: *Physical Review* 59(539) (1941).

12 Ich habe das sogenannte *Blitzar*-Modell vorgeschlagen, in dem ein Neutronenstern zu einem Schwarzen Loch kollabiert und dabei sein Magnetfeld verliert. Numerische Simulationen eines solchen Szenarios zeigen, dass dabei ein Signal, ganz ähnlich dem beobachteten, entstünde, sowohl was die Dauer als auch was die Menge der emittierten Energie angeht. Das heißt natürlich nicht, dass das Modell den tatsächlichen Abläufen entspricht und die Beobachtungen wirklich erklärt: Hier muss das Urteil erst noch gesprochen werden ...

13 F. Pacini, in: *Nature* 219(145) (1968).

14 Ich habe hier bewusst ein anderes Beispiel als PSR J0437-4715 gewählt, um deutlich zu machen, dass es sich um «gewöhnliche» Pulsare handelt.

6. Schwarze Löcher: Meister der Krümmung

1 Zumindest für eine gewisse Zeit hatte der Begriff «Schwarzes Loch» noch einen Rivalen: *Gefrorener Stern*. Diese Benennung sollte hervorheben, dass ein Stern bei seinem Zusammensturz, aus dem ein Schwarzes Loch entsteht, gleichsam «einfriert». Von außen betrachtet, erscheint seine Entwicklung blockiert. Allerdings blieb es nicht lange bei dieser Konkurrenz zwischen Begriffen. Die Wissenschaftsgemeinde übernahm ziemlich schnell die treffende und eingängige Bezeichnung, die uns heute allen vertraut ist.

2 Ja, ich weiß, dass es normalerweise *Beobachter* heißt. Aber diese Form ist ein Relikt der Vergangenheit, in der die Wissenschaft – zum Beispiel die theoretische Physik – noch rein männlich besetzt war. Ich halte dieses Erbe für einen Anachronismus, und weil ich möchte, dass sich Mädchen und Frauen ebenfalls als Protagonistinnen der Wissenschaft und insbesondere der theoretischen Physik fühlen, gebrauche ich im übrigen Buch die weibliche Form, wo normalerweise die männliche verwendet wird. Es ist nur eine kleine Geste, aber ich hoffe, es schafft ihnen hier ein vertrauteres Umfeld. Und ich weiß, dass es anfangs etwas fremd klingt, aber man gewöhnt sich schnell daran.

3 Bei einem Schwarzen Loch in einer Größenordnung von nur wenigen Sonnenmassen wären die Gezeitenkräfte – also die Unterschiede in der Stärke eines Gravitationsfelds von einem Punkt zum anderen – dagegen auch über geringe Entfernungen so groß, dass Sie vom Kopf bis zu den Beinen wie ein Gummiband auseinandergezogen, sozusagen «in Spaghettiform gebracht» würden. Eine Erfahrung, die ich, offen gestanden, nicht empfehle ...

4 J. Michell, in: *Philosophical Transactions of the Royal Society of London* 74(35) (1784).

5 R. P. Kerr und R. Kerr, in: *Physical Review Letters* 11(237) (1963).

6 R. Ruffini und J. A. Wheeler, in: Physics Today 24(30) (1971).

7 S. W. Hawking, in: *Communications of Mathematical Physics* 43(199) (1975); ders., in: *Nature* 248(3031) (1974).

8 Wie erwähnt, sind die Gravitationsfelder supermassereicher Schwarzer Löcher, gemessen an menschlichen Maßstäben (also an solchen von «Objekten mit einer Ausdehnung in der Größenordnung von Metern»), in ihrer jeweiligen Stärke durch eher sanfte Übergänge gekennzeichnet. Deswegen habe ich ein solches Loch für mein Beispiel gewählt.

9 Die beiden Merkmale sind nicht unbedingt aneinandergekoppelt: Tatsächlich gibt es Lösungen als Schwarzes Loch mit Ereignishorizont, aber ohne physikalische Singularität im Zentrum, also als ein sogenanntes *reguläres* Schwarzes Loch.

10 P. O. Mazur und E. Mottola, in: *Proceedings of the National Academy of Sciences, USA* 101(9545) (2004).

11 C. Misner und J. A. Wheeler, in: *Annals of Physics* 2(525) (1957).

7. Die erste Aufnahme eines Schwarzen Lochs

1 Plasma ist einer der vier Aggregatzustände von Materie, neben dem festen, flüssigen und gasförmigen. Es zeichnet sich durch eine Mischung aus Ionen (Atomen, denen einige Elektronen entzogen sind) und freien Elektronen aus. Materie im Plasmazustand begegnet man in der Astrophysik häufig wegen der gewaltig hohen Temperaturen, auf die man im Kosmos (zum Beispiel auf der Oberfläche eines Sterns) stößt.

2 H. Falcke, M. Kramer, L. Rezzolla, ERC Synergy Grant «BlackHoleCam: Imaging the Event Horizon of Black Holes»; Grant No. 610058 (2013–2021).

3 Unter dem Stoßparameter versteht man in der Teilchen-, aber auch der Gravitationsphysik den minimalen Abstand zwischen den Schwerpunkten zweier Teilchen, die sich auf geradlinigen Bahnen passieren würden, wenn zwischen ihnen keine Kraft wirkte.

4 Angesichts der sphärischen Symmetrie eines Schwarzschild'schen Schwarzen Lochs ist die instabile Kreisbahn natürlich in Wirklichkeit eine ganze Kugeloberfläche mit einem Radius entsprechend dem des Lichtrings. Das Konzept des Lichtrings lässt sich auch auf rotierende Schwarze Löcher ausweiten, aber in dem Fall ist das Bild deutlich komplizierter. Hier ist nicht nur zwischen *korotierenden* und *kontrarotierenden* Bahnen in Bezug auf das Schwarze Loch zu unterscheiden. Zudem zeigt der Lichtring anstatt einer sphärischen Oberfläche eine Region, die nur näherungsweise kugelförmig ist.

5 R. Penrose und R. M. Floyd, in: *Nature Physical Science* 229(177) (1971).

6 Tatsächlich wird dieses Phänomen als *longitudinaler Doppler-Effekt* bezeichnet, im Gegensatz zum sogenannten *transversalen*, der ebenfalls eine Frequenzveränderung herbeiführt, wenn die Bewegung in Querrichtung zu der der Lichtemission verläuft. Der zuletzt genannte Effekt spielt in unserem Fall aber keine bedeutende Rolle.

7 In der Mathematik drückt man das Ganze im *Grad der Nichtlinearität* der Gleichungen aus, also in einem Maß, das angibt, inwieweit eine kleine Veränderung bei einer Eigenschaft des Plasmas zu gewaltigen Veränderungen in dessen Verhalten führen kann.

8 Ein Positron ist das entsprechende Antimaterieteilchen zum Elektron, also eines mit derselben Ruhemasse, aber mit positiver Ladung.

9 Es gibt eine ganze Reihe von Szenarien, aus denen sich diese Energie potenziell speisen könnte. Als eine Möglichkeit wird sie vielleicht über den sogenannten *Blandford-Znajek-Prozess* unmittelbar aus der Rotationsenergie des Schwarzen Lochs bezogen. Siehe hierzu R. D. Blandford und R. L. Znajek, in: *Monthly Notices of the Royal Astronomical Society* 179(433) (1977). Als eine andere stammt sie über den sogenannten *Blandford-Payne-Prozess* aus der Rotationsenergie der Akkretionsscheibe. Siehe hierzu R. D. Blandford und D. G. Payne, in: *Monthly Notices of the Royal Astronomical Society* 199(883) (1982). Und schließlich sieht ein weiteres Szenario vor, dass die Beschleunigung durch dissipative Prozesse im Inneren des magnetisierten Plasmas erfolgt.

10 T. Karras, S. Laine und T. Aila, *A Style-Based Generator Architecture for Generative Adversarial Networks*, arXiv:1812.04948.

11 Y. Mizuno, Z. Younsi, C. M. Fromm, O. Porth, M. De Laurentis, H. Olivares, H. Falcke, M. Kramer und L. Rezzolla, in: *Nature Astronomy* 2(585) (2018); H. Olivares, Z. Younsi, C. M. Fromm, M. De Laurentis, O. Porth, Y. Mizuno, H. Falcke, M. Kramer und L. Rezzolla, in: *Monthly Notices of the Royal Astronomical Society* 497(521) (2020).

8. Gravitationswellen: Krümmung in Bewegung

1 Eine Wellenfunktion für ein Skalarfeld ϕ lässt sich schriftlich folglich darstellen als $\Box \, \phi = 0$, wobei $\Box$ der D'Alembert-Operator ist und zusammengefasst eine Reihe partieller Ableitungen zweiter Ordnung angibt. Um ein Beispiel in einem kartesianischen Koordinatensystem mit drei Raumdimensionen zu geben: $\Box = \partial_t^2 - v^2(\partial_x^2 + \partial_y^2 + \partial_z^2)$, wobei v die Ausbreitungsgeschwindigkeit ist.

2 Wie gesagt, ist diese Beschreibung eine zur ersten Ordnung in der Störung. Wollen wir auch nichtlineare Effekte berücksichtigen – also Beträge zur Dynamik von höheren Ordnungen als der ersten – würde sich die Matratze auch in der Ausbreitungsrichtung der Welle bewegen, insofern diese teilweise auch längs verläuft und einen gewissen Impuls überträgt.

3 Neben diesen beiden gibt es noch zwei zirkulare Polarisierungen – eine für jede Rotationsrichtung –, bei der die Deformation um die Ausbreitungsrichtung der Welle rotiert. Mit Blick auf Abbildung 8.2 heißt dies, dass der vitruvianische Mensch entlang einer Richtung gestaucht und gestreckt wird, die sich in dem Maß dreht, in dem sich die Welle ausbreitet.

4 In seinen allerersten Augenblicken war das Universum so extrem heiß und dicht, dass Materie und Strahlung aneinander «gekoppelt» waren und sich ihre Temperaturen in gleicher Weise entwickelten. Als das Universum sich ausreichend ausgedehnt und abgekühlt hatte, «entkoppelten» sich Materie und Strahlung voneinander und gingen mit Blick auf ihre thermische Entwicklung «getrennte Wege». Der Augenblick der Entkopplung stellte inso-

fern etwas ganz Besonderes dar, als sich die Photonen schließlich «frei» ausbreiten konnten, ohne ständig auf irgendwelche Teilchen zu stoßen. Diese Photonen, die 380 000 Jahre nach dem Urknall entstanden, sind heute noch in der *kosmischen Hintergrundstrahlung*, einem sehr gleichförmig verteilten Strahlungsbad, sichtbar. Wenn unsere Augen für Mikrowellen empfindlich wären, würde uns der Nachthimmel nicht dunkel, sondern von dieser uranfänglichen Strahlung leicht erhellt erscheinen.

5 Während sich ein Ereignishorizont in einer statischen oder stationären Raumzeit leicht bestimmen lässt, ist er deutlich schwieriger zu berechnen, wenn man es mit einer dynamischen zu tun hat, beispielsweise wenn zwei Schwarze Löcher unmittelbar vor der Verschmelzung stehen oder kurz bevor ein Stern vor dem Kollaps zum Schwarzen Loch steht. In diesen Fällen wird folglich das Konzept des *scheinbaren Horizonts* dazu genutzt, die zweidimensionale Oberfläche zu definieren, hinter der das Licht gefangen ist. Bei statischen oder stationären Raumzeiten decken sich die beiden Typen des Ereignishorizonts.

6 Die *Love number* hat nichts mit Gefühlen zu tun: Sie ist nach dem britischen Physiker Augustus Edward Hough Love (1863–1940) benannt, der sie in seiner Elastizitätstheorie erstmals definiert hat.

7 Es versteht sich von selbst, dass es sich bei einem Objekt von mehr als drei Sonnenmassen nicht um einen Neutronenstern, sondern um ein Schwarzes Loch handelt. Allerdings gibt es Beobachtungen, bei denen nicht klar ist, ob es sich bei dem Objekt vor der Fusion um ein Schwarzes Loch mit der geringsten jemals beobachteten Masse oder um den massereichsten jemals beobachteten Neutronenstern handelt, zum Beispiel beim Ereignis GW190814, bei dem das weniger massereiche Objekt ungefähr 2,6 Sonnenmassen auf die Waage brachte. Siehe hierzu The LIGO Collaboration and Virgo Collaboration, in: *Astrophysical Journal Letters* 896(L44) (2020).

8 Ein physikalisches System, das keinen äußeren Einflüssen unterworfen ist, strebt einen minimalen Energiezustand an, so wie ein auf der Bergspitze positionierter Felsbrocken ins Tal rollen wird, wenn ihn nichts daran hindert. Er strebt danach, seine potenzielle Gravitationsenergie möglichst zu verringern.

9 Ein Großteil dessen, was wir bei Doppelsystemen aus Schwarzen Löchern oder Neutronensternen gesehen haben, gilt auch für ein gemischtes binäres System aus einem Schwarzen Loch und einem Neutronenstern, aber mit zwei wichtigen Ausnahmen. Die erste betrifft das Verhältnis zwischen den jeweiligen Massen beider Objekte, das bei 10 zu 1 oder auch darüber liegen kann, wenn man die beteiligten charakteristischen Massen (das Schwarze Loch bringt 15–25 Sonnenmassen, der Neutronenstern dagegen nur 1,3–2,3 Sonnenmassen auf die Waage) betrachtet. Der zweite Unterschied: Die Koaleszenz eines gemischten Systems kann nicht zur Bildung eines hypermassiven Sterns führen. In dem Fall wird der Neutronenstern durch die Gezeitenkräfte vernichtet oder sogar «vollständig absorbiert».

10 Siehe hierzu E. Nakar, in: *Physics Reports* 442(166) (2007).

11 Siehe hierzu S. E. Woosley und J. S. Bloom, in: *Annual Review of Astronomy and Astrophysics* 44(507) (2006).

12 Gravitationswellendetektoren sind im Allgemeinen für fast sämtliche Richtungen der Herkunft des Signals empfindlich, aber eben nicht für alle und auch nicht mit gleicher Empfindlichkeit. Tatsächlich gibt es Richtungen, in die sie maximal und andere, in die sie fast überhaupt nicht anschlagen – sodass sich für den interferometrischen Detektor – so wie für eine Radioantenne – eine Karte der Empfindlichkeit erstellen lässt. Dass Vigo GW170817 nicht gemessen hat, lieferte gleichwohl wertvolle Aufschlüsse, die es ermöglichten, den Suchbereich für das elektromagnetische Signal einzugrenzen und GRB170817A folglich aufzuspüren.

13 Bei der Verschmelzung binärer Schwarzer Löcher mit stellarer Masse ist ein elektromagnetischer Gegenpart nicht grundsätzlich zu erwarten. Und zwar deshalb nicht, weil diese Systeme das Endstadium eines binären Systems darstellen, das jede Spur von Materie verloren hat, entweder durch die Abläufe beim Zusammensturz, aus denen die Schwarzen Löcher hervorgegangen sind, oder durch die Supernova-Explosionen und die einhergehenden Schockwellen.

14 L. Rezzolla, B. Giacomazzo, L. Baiotti, J. Granot, K. Koveliotou und M.-A. Aloy, in: *The Astrophysical Journal Letters* 732(L6) (2011).

15 L.-X. Li und B. Paczyński, in: *The Astrophysical Journal Letters* 507(L59) (1998).

16 Als *Nova* wird in der Astronomie eine thermonukleare Explosion auf der Oberfläche eines Weißen Zwerges bezeichnet, hervorgerufen durch angesammelten Wasserstoff, der über Akkretion einem Begleitstern in einem Doppelsystem entrissen wird. Die Explosion kann über mehrere Tage hinweg sichtbar bleiben und erreicht eine Helligkeit, die sich in einem Bereich zwischen dem 10 000- und dem 100 000-Fachen der Leuchtkraft der Sonne bewegt. Solche Explosionen sind sehr energiereich und mit Gammablitzen vergleichbar.

17 J. M. Lattimer und D. N. Schramm, in: *The Astrophysical Journal* 210(549) (1976).

Bildnachweis

Naturwissenschaften bei C.H.Beck

Stefan Buijsman
Ada und die Algorithmen
Wahre Geschichten aus der Welt der künstlichen Intelligenz
Aus dem Niederländischen von Bärbel Jänicke
2021. 236 Seiten mit 43 Schwarz-Weiß-Abbildungen und
17 Farbabbildungen. Gebunden

Marcus du Sautoy
Der Creativity-Code
Wie künstliche Intelligenz schreibt, malt und denkt
Aus dem Englischen von Sigrid Schmid
2021. 319 Seiten mit 15 Abbildungen. Gebunden

Manuela Lenzen
Künstliche Intelligenz
Fakten, Chancen, Risiken
2020. 128 Seiten. Broschiert

Hannah Fry
Hello World
Was Algorithmen können und wie sie unser Leben verändern
Aus dem Englischen von Sigrid Schmid
3. Auflage. 2019. 272 Seiten mit 9 Abbildungen
Gebunden

Yuval Noah Harari
Homo Deus
Eine Geschichte von Morgen
Aus dem Englischen von Andreas Wirthensohn
13. Auflage. 2020. 653 Seiten mit 55 Abbildungen
Broschiert

C.H.Beck

Naturwissenschaften bei C.H.Beck

Charles Seife
Stephen Hawking
Genie des Universums
Aus dem Englischen von Judith Elze und Enrico Heinemann
2021. 450 Seiten mit 20 Abbildungen. Gebunden

Frank Wilczek
Fundamentals
Die zehn Prinzipien der modernen Physik
Aus dem Englischen von Jens Hagestedt
2021. 255 Seiten. Gebunden

Christophe Galfard
Das Universum in deiner Hand
Die unglaubliche Reise durch die Weiten von Raum und Zeit und zu
den Dingen dahinter
Aus dem Englischen von Jens Hagestedt und Ursula Held
2. Auflage. 2020. 400 Seiten. Paperback

Guido Tonelli
Genesis
Die Geschichte des Universums in sieben Tagen
Aus dem Italienischen von Enrico Heinemann
2020. 219 Seiten. Gebunden

Paolo Zellini
Eine kurze Geschichte der Unendlichkeit
Aus dem Italienischen von Enrico Heinemann
2010. 256 Seiten. Gebunden

C.H.Beck